JN437484

석유생산공학

Petroleum Production Engineering

Petroleum Production Engineering ■ ■ ■

CONTENTS

목 차

CHAPTER 1

제1장 석유생산 시스템의 개요 ········· 1

1.1 저류층 ········· 4

1.2 생산정 ········· 6

1.3 생산시설 ········· 7

참고문헌 ········· 10

CHAPTER 2

제2장 오일과 천연가스의 물성 ········· 11

2.1 오일 물성 ········· 13

2.1.1 용해가스-오일비 ········· 13

2.1.2 오일 밀도 ········· 14

2.1.3 오일 용적인자 ········· 15

2.1.4 오일 점도 ········· 16

2.2 천연가스 물성 ········· 17

2.2.1 가스 비중 ········· 18

2.2.2 가스 유사임계압력과 온도 ········· 19

2.2.3 가스 점도 ········· 21

2.2.4 가스 압축도 인자 ········· 23

2.2.5 가스 밀도 ········· 26

2.2.6 가스 용적인자 ········· 27

2.2.7 가스 압축도 ········· 28

참고문헌 ········· 28

CHAPTER 3

제3장 저류층 생산성 29
3.1 서론 31
3.2 유동 상태 32
3.2.1 천이 유동 32
3.2.2 정상상태 유동 34
3.2.3 유사정상상태 유동 35
3.2.4 수평정 37
3.3 유입 거동관계 37
3.3.1 단일(액체)상 저류층의 IPR 38
3.3.2 2상 저류층의 IPR 41
3.3.3 부분 2상 저류층의 IPR 44
3.4 생산시험자료를 이용한 IPR 곡선 47
3.5 다층생산 저류층의 복합 IPR 51
3.5.1 복합 IPR 모델 52
3.5.2 적용 54
3.6 유입거동관계(IPR) 예측 58
3.6.1 Vogel의 방법 59
3.6.2 Fetkovich의 방법 61
참고문헌 64

CHAPTER 4

제4장 정호 거동: 파이프 유동 해석 65
4.1 서론 67
4.2 단상 액체 유동 68
4.3 유정 내에서의 다상류 71
4.3.1 유동체계 72
4.3.2 액체 점유율 72
4.3.3 튜빙거동관계(TPR) 모델 73
4.4 단상 가스 유동 83
4.4.1 평균 온도와 압축계수 방법 83

4.4.2 Cullender와 Smith 방법 · · · 85
4.5 가스 유정의 미세 분무 유동 · · · 87
참고문헌 · · · 88

CHAPTER 5

제5장 초크 거동 · · · 89
5.1 서론 · · · 91
5.2 음속와 아음속 유동 · · · 91
5.3 단상 액체 유동 · · · 92
5.4 단상 가스 유동 · · · 94
5.4.1 아음속 유동 · · · 95
5.4.2 음파 유동 · · · 96
5.4.3 초크에서의 온도 · · · 96
5.4.4 적용 · · · 97
5.5 다상 유동 · · · 100
5.5.1 임계 유동 · · · 100
5.5.2 미임계유동 · · · 101
참고문헌 · · · 105

CHAPTER 6

제6장 정호 생산성 : 노달분석 · · · 107
6.1 서론 · · · 109
6.2 노달 분석 · · · 109
6.2.1 공저 노드의 분석 · · · 110
6.2.2 정두 노드의 분석 · · · 115
6.3 다중가지 유정의 생산성 · · · 118
6.3.1 가스정 · · · 121
6.3.2 오일 유정 · · · 123
참고문헌 · · · 126

CHAPTER 7

제7장 생산 예측 ········ 127
7.1 천이 유동기 중 오일 생산 ········ 129
7.2 유사정상상태 유동기 중 오일 생산 ········ 131
7.2.1 단상유동 중 오일 생산 ········ 131
7.2.2 2상유동 중 오일 생산 ········ 135
7.3 천이 유동기 중 가스 생산 ········ 143
7.4 유사정상상태 유동기 중 가스 생산 ········ 145
참고문헌 ········ 148

CHAPTER 8

제8장 생산감퇴분석 ········ 149
8.1 지수감퇴 ········ 151
8.1.1 상대감퇴율 ········ 152
8.1.2 생산율 감퇴 ········ 154
8.1.3 누적 생산량 ········ 155
8.1.4 감퇴율 결정 ········ 155
8.1.5 유효 감퇴율 ········ 156
8.2 조화감퇴 ········ 159
8.3 쌍곡선 감퇴 ········ 160
8.4 모델 판별 ········ 163
8.5 모델인자 결정 ········ 164
참고문헌 ········ 170

CHAPTER 9

제9장 생산 설비 ········ 171
9.1 생산튜빙 ········ 173
9.1.1 개요 ········ 173
9.1.2 생산튜빙의 강도 ········ 173
9.1.3 생산튜빙 설계 ········ 178

9.2 분리 시스템 · · · 180
9.2.1 개요 · · · 180
9.2.2 분리 시스템 · · · 180
9.2.3 탈수 시스템 · · · 191
9.3 수송 시스템 · · · 200
9.3.1 개요 · · · 200
9.3.2 펌프 · · · 200
9.3.3 압축기 · · · 201
9.3.4 파이프라인 · · · 204
참고문헌 · · · 213

CHAPTER 10

제10장 인공 채유법 · · · 215
10.1 흡입 로드 · · · 217
10.1.1 개요 · · · 217
10.1.2 펌핑 시스템 · · · 217
10.1.3 Polished rod 동작 · · · 221
10.1.4 펌핑 장비의 하중 · · · 224
10.1.5 펌핑 장비의 선택 과정 · · · 230
10.2 가스리프트 · · · 231
10.2.1 개요 · · · 231
10.2.2 가스 리프트 시스템 · · · 232
10.2.3 가스리프트의 생산성 평가 · · · 234
10.2.4 가스리프트 가스 압축 요구량 · · · 237
10.2.5 가스리프트 밸브의 선택 · · · 242
10.2.6 가스리프트 설치방법 설계 · · · 248
10.3 기타 인공채유 방법 · · · 249
10.3.1 개요 · · · 249
10.3.2 전기공저펌프 · · · 249
10.3.3 수압피스톤펌프 · · · 254
10.3.4 Progressive cavity pump · · · 259
참고문헌 · · · 264

CHAPTER 11

제11장 생산 증대 기법 · · · 265

11.1 유정 문제 판별 · · · 267

11.1.1 개요 · · · 267

11.1.2 낮은 생산성 · · · 268

11.1.3 과도한 가스 생산 · · · 278

11.1.4 과도한 물 생산 · · · 279

11.1.5 가스정의 액체 집적 · · · 280

11.2 암체 산처리 · · · 281

11.2.1 서론 · · · 281

11.2.2 산-암석의 상호작용 · · · 281

11.2.3 사암의 산 처리법 설계 · · · 283

11.2.4 탄산염암의 산 처리법 설계 · · · 290

11.3 수압파쇄 · · · 293

11.3.1 개요 · · · 293

11.3.2 파쇄 형태 · · · 295

11.3.3 파쇄요소의 결정 · · · 299

11.3.4 파쇄 후보지 선정 · · · 301

11.3.5 기계적인 고려사항 · · · 307

11.3.6 최대 지상 주입압력 · · · 309

11.4 생산 최적화 · · · 317

11.4.1 소개 · · · 317

11.4.2 일반유정 · · · 318

11.4.3 가스-리프트 유정 · · · 320

11.4.4 흡입대 펌프 유정 · · · 320

11.4.5 분리기 · · · 324

11.4.6 배관망 · · · 329

11.4.7 단일 배관 시스템에서의 정상유동 · · · 339

11.4.8 가스-리프트 설비 · · · 352

11.4.9 석유 · 가스 생산현장 · · · 352

참고문헌 · · · 355

찾아보기 · · · 357

서문

석유생산공학은 기존의 생산 시스템을 분석하여 생산성을 극대화할 수 있는 솔루션을 제공하거나 신규 생산 시스템을 설계할 수 있는 석유생산 엔지니어를 교육하기 위한 학문 분야이다. 이처럼 석유공학의 중요한 부문임에도 불구하고 본 교재 개발에 참여한 여섯 명의 저자들은 지금까지 대학교에서 석유생산공학을 교육하거나 산업계에서 생산 시스템 설계 및 운용을 담당하면서 주로 외국 도서를 활용할 수밖에 없었다. 그러나 석유공학이 별도의 학과로 개설되어 있는 외국 대학의 교과서와 교과내용을 그대로 받아들이는 것은 적절치 못하다는 한계를 절감하고 새로운 한글 교재의 필요성에 공감하였다. 이러한 공감대와 상호간 토의를 바탕으로 우리나라의 대학과 산업계에서 필요로 하는 석유생산공학의 기본 교재가 될 수 있도록 주제와 난이도를 결정하였다.

본 도서는 기본적으로 자원공학 관련학과에서 학부 고학년 또는 석사과정에 재학 중인 학생들의 석유생산공학 교재로 목표로 집필되었으나 산업계 종사자들에게도 좋은 참고도서가 될 수 있도록 구성하였다. 1장에서 7장까지는 석유생산공학의 기초 원리를 다루고 있으며 석유생산 시스템, 오일 및 가스 물성, 유동기별 저류층 생산성, 정호 거동, 쵸크 거동과 이를 결합한 노달 분석, 유정 경제성 평가를 위한 생산 예측 및 생산 감퇴 분석 등을 주제로 각 장을 구성하였다. 9장에서는 석유생산 시스템의 주요 요소인 튜빙, 분리 및 수송 시스템에 대하여 서술하였으며 현장 엔지니어에게도 도움이 될 수 있는 실질적인 내용을 소개하였다. 10장은 주요 인공 채유법을 다루고 있으며 11장에서는 생산 증대를 위한 유정 자극법과 생산 최적화 기법을 서술하였다. 각 장에서는 독자들의 이해를 돕기 위하여 다양한 그림을 수록하였고 이론을 바탕으로 실제 문제의 해결 능력을 기르는데 도움을 줄 수 있는 예제를 추가하였다.

본 교재 집필에 참여한 여섯 명의 저자들은 석유생산과 관련된 다양한 주제들을 깊이있게 다루고자 최선의 노력을 경주하였으나 본 주제의 난이도와 지면수 및 편집 상의 한계로 인하여 모든 독자들을 만족시키기에는 미흡한 면이 많을 것이라 생각된다. 그러나 보다 완벽한 책을 만들기 위하여 더 많은 시간을 소요하기보다 전국의 관련 학과에서 개설된 석유생산공학 강좌의 수요를 충족하고 산업계에도 기본 도서로 제공하고자 출간을 결정하게 된 점에 대하여 독자들의 양해를 구하고자 한다.

앞으로 이 도서 외에도 석유가스개발공학 분야의 도서들이 시리즈 형태로 출간되었거나 출간 예정으로 작업 중에 있다. 본 교재를 연관 도서와 함께 활용하면 더욱 큰 효과를 볼 수 있으리라 믿는다. 이 책이 만들어지기까지 자원개발특성화대학사업을 통하여 재정지원을 해주신 산업통상자원부와 행정적으로 물심양면 적극 지원하고 수고해주신 해외자원개발협회 그리고 한국자원공학회에 감사의 마음을 전하고자 한다.

2014.7

저자대표 이 근 상

CHAPTER 1

제1장 석유생산 시스템의 개요

1.1 저류층
1.2 생산정
1.3 생산시설

chapter 1

제1장 석유생산 시스템의 개요

석유 산업의 상류 부문에는 석유 부존 탐사 및 생산 활동(E&P)이 포함된다. 탐사 활동을 통해 석유의 부존을 확인하면 개발 단계를 거쳐 생산 단계에 진입하게 되고 생산된 오일과 가스는 하류 부문인 정제 과정을 거치게 된다. 이 과정에서, 석유의 생산 활동은 석유 산업의 심장이라 할 만큼 중요한 과정이다.

석유의 생산 활동을 다루는 석유생산공학은 비용 효율성 측면에서 석유의 생산량을 최대화하는데 목적이 있다. 이를 위해서 석유생산공학자는 그들이 작업하는 석유생산 시스템에 대한 전반적 이해가 필요하다. 즉, 생산공학 전문가에게는 유체의 특성과 생산정 및 지상 생산시설에 대한 확실한 이해가 중요하다. 그림 1.1에서 보듯이, 석유생산 시스템은 저류층 내 생산정, 생산유동라인, 분리기, 펌프, 압축기, 수송 파이프라인으로 구성된다. 저류층은 생산정을 통해 원유와 가스를 공급하는 공급원이다. 생산정은 공저에서 지상으로 석유가 유동하는 통로 역할을 하며, 동시에 생산량을 조절하는 기능을 하기도 한다. 생산된 유체는 생산유동라인을 통해 유체분리기로 이동되고, 분리기에서 원유로부터 가스와 물을 분리한다. 펌프와 압축기는 석유를 파이프라인을 통해 판매지로 수송하기 위해 사용된다.

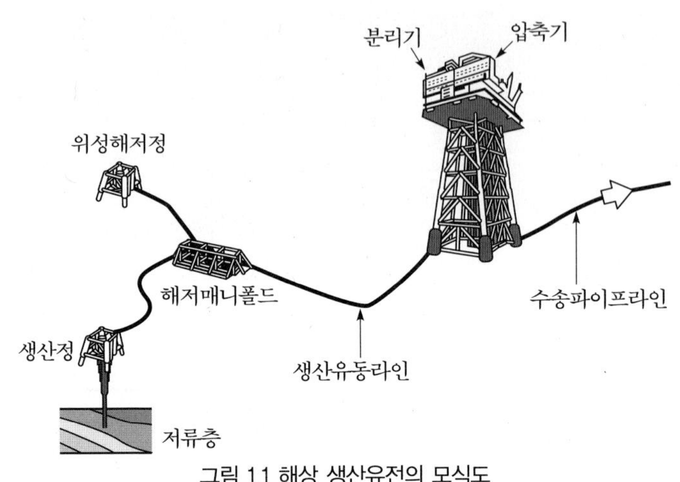

그림 1.1 해상 생산유전의 모식도

1.1 저류층

트랩에 집적된 탄화수소는 저류층, 유전, 풀(pool)로 분류된다. “저류층”은 다공질의 투과성 지층으로 불투과성 암체나 대수층에 의해 갇힌 탄화수소 저장층이다. “유전”은 동일한 구조적 특징을 갖는 다수의 저류층을 포함한 지역을 의미한다. “풀”은 독립된 구조의 형태로 다수의 저류층이 존재할 때 사용된다.

탄화수소 집적물은 저류층의 초기압력 조건에 따라 오일, 가스 컨덴세이트, 가스 저류층으로 분류된다. 기포점압 이상의 압력조건에서 오일은 더 많은 가스를 용해시킬 수 있으므로 불포화오일이라 한다. 불포화오일 저류층에서는 단상유체유동이 지배적이고, 반면에 포화오일 저류층에서는 2상, 즉 오일과 자유가스 유동이 발생한다. 저류층 내 생산정은 생산되는 가스-오일비에 따라 유정, 컨덴세이트정, 가스정으로 구분된다. 가스정의 경우 생산 가스-오일비가 100,000 scf/STB 이상; 컨덴세이트정은 5,000 scf/STB 이상이고 100,000 scf/STB 이하; 5,000 scf/STB 이하인 경우에는 유정으로 분류된다. 오일 저류층은 드라이브 메커니즘을 결정하는 조건에 근거하여 다음과 같이 구분된다.

- 물드라이브 오일 저류층
- 가스캡드라이브 오일 저류층(가스캡팽창 저류층)
- 용해가스드라이브 오일 저류층

물드라이브 오일 저류층의 경우, 석유집적구간은 지하수 시스템(대수층)과 접해있다. 지표에까지 이르는 지하수층에 의한 압력으로 오일(또는 가스)은 저류층 상부로 유동하다가 상부에 불투과성 암층이 존재하게 되면 트랩된다(트랩 경계). 이 압력으로 인해 오일, 가스, 물이 생산정으로 유동되는 것이다. 저류층이 강력한 대수층과 접해 있을 경우, 생산정으로 유동하는 만큼의 오일만 생산하면 저류층 압력은 다른 드라이브 메커니즘에 비해 상대적으로 오래 유지된다. 이때 주변 물드라이브 저류층이 하부 물드라이브 저류층에 비해 훨씬 양호한 형태의 저류층이다. 활발한 물드라이브 상태의 오일저류층에서는 저류층 압력은 초기 기포점압 이상으로 유지될 수 있고, 이 경우 저류층 내에서 단상유동만을 하여 생산정에서 최대의 오일 생산성을 얻을 수 있다. 주변 물드라이브 저류층에서는 대수층의 물이 처음으로 생산되는 시점(water breakthrough time) 이전까지 상당기간 정상상태 유동 조건이 유지될 수 있다. 그러나 하부 물드라이브 저류층의 경우에는, 물코닝 문제가 발생하여 많은 물이 생산되므로 물 처리 및 물 폐기에 비용이 소요되어 오일 생산의 경제성을 저하시킬 수 있다.

가스캡드라이브 오일 저류층은 오일층 상부에 자유가스 형태로 가스캡을 형성하고 있는 저류층이다. 이 저류층의 경우 오일층에서 생산이 진행되면 압력이 강하되면서 상부층의 가스캡이 팽창되고 이에 의해 가스캡 하부의 오일이 생산정으로 밀려나가게 되는 드라이브 메커니즘을 갖는다(그림 1.2). 만일 생산 과정에서 가스캡 내의 자유가스가 이른 시점에서 생산되면 저류층 압력은 급격히 낮아진다. 일반적으로 오일 저류층은 물드라이브와 가스캡드라이브의 복합적 영향을 받는다.

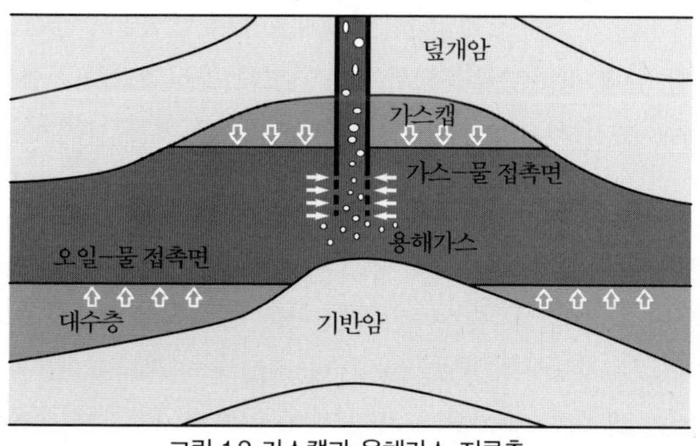

그림 1.2 가스캡과 용해가스 저류층

용해가스드라이브 저류층(그림 1.2)은 영문으로는 “dissolved-gas drive reservoir” 또는 ”solution-gas drive reservoir”으로 불린다. 용해가스드라이브는 저류층 내에서는 가스가 오일이나 물에 용해된 액체 상태로 존재하고 있는 저류층에서 발생할 수 있는 드라이브 메커니즘이다. 물드라이브와 가스캡드라이브 저류층에 비하면, 오일 내에 녹아있다 방출되면서 발생되는 용해가스의 체적 팽창에 의해 오일을 밀어내는 기능은 비교적 약한 드라이브 메커니즘이다. 즉, 오일의 압력이 기포점압 이하로 떨어지는 저류층에서는 가스가 오일로부터 방출되어 오일-가스 2상유동이 발생하게 되므로 오일회수율이 낮다. 용해가스 저류층에서 오일의 회수를 증진시키기 위해서는 생산 초반부터 압력 유지에 유의하며 운영해야 한다.

1.2 생산정

생산정은 직경이 가장 큰 섹션이 상단에 위치하는 모양으로, 거꾸로 세워진 망원경 모양과 흡사하다. 각 섹션은 지표까지 케이싱이나 라이너로 연결되어 있으며, 이들을 고정시키기 위해 시멘팅한다.

생산정에서 마지막으로 설치되는 케이싱은 생산케이싱이나 생산라이너이다. 이 생산케이싱으로 시멘팅 한 후에는 그 내부에 생산튜빙을 집어넣는다. 케이싱과 튜빙 설치가 완료되면 튜빙과 케이싱 사이의 환체공간을 천공구간으로부터 고립시키기 위해서 튜빙 하단부에 패커를 설치한다. 이러한 방법으로 천공구간으로부터 유입되는 생산 유체가 튜빙 내부로 들어갈 수 있게 된다. 여기서 패커는 기계식이나 유압식으로 작동된다. 일반적으로 생산튜빙은 초기 생산과정에서 발생할 수 있는 과도한 생산과 이에 의한 과도한 압력 강하(손실)를 제어하기 위해 공저초크를 사용한다. 한편 지상초크는 생산유량을 조절하는 장치로서 대부분의 유정은 초크 사이즈를 조절하여 생산량을 변화시킨다.

“정두(wellhead)”는 마스터밸브(master valve) 아래에 위치한 지상장비로 정의된다. 정두는 몇 개의 케이싱헤드와 보통 1개의 튜빙헤드로 구성되어 있으며, 가장 아랫부분의 케이싱헤드는 지표케이싱(surface casing)에 연결되어 있다. 정두의 상단부에는 “크리스마스트리”라고 불리는 생산정두 장치가 위치하는데 이는 튜빙헤드 위에 설치하여 유동을 조절한다. 크리스마스트리는 마스터밸브, 윙밸브, 니들밸브와 지상초크로 구성되어 있으며 이 밸브들은 유정을 닫을 때 사용된다. 그림 1.3은 전형적인 생산정을 묘사한 그림으로서 케이싱, 튜빙, 패커, 생산정두 장치, 지상초크로 구성되어 있다.

1.3 생산시설

생산시설은 오일, 가스, 물을 분리하는 분리기, 오일을 밀어주기 위한 펌프, 가스압력을 부스팅 해 주기 위한 가스 압축기, 파이프라인으로 이루어진다.

유정에서 생산된 석유는 수 백 가지 성분으로 이루어진 복잡한 혼합물로서, 이들은 일반적으로 유정 내에서 매우 빠른 난류유동을 보이며 수증기, 물, 고형물 등과의 혼합으로 인해 지속적으로 가스와 탄화수소 액체 혼합물의 팽창이 발생한다. 이러한 혼합물이 지상으로 올라오게 되면 상 별 혹은 성분 별 분리를 위해 분리기가 이용된다. 일반적으로 분리기는 수평형, 수직형, 구형으로 세 가지 종류가 있다. 분리기 종류의 선택은 보통 생산 유체의 특성, 설치 공간, 수송, 비용에 따라 결정된다.

수평 분리기는 높은 가스-오일비의 유정이거나 액상-액상 분리 시에 주로 선정되는데, 무엇보다 낮은 가격 때문에 가장 많이 사용된다. 이 분리기는 크고 길기 때문에 기체-액체의 접촉면이 넓고, 설치 및 정비가 비교적 쉬운 편이다. 수평 분리기에서는 기체가 수평 방향으로 흐르면서 액화 방울은 아래로 떨어지는 과정으로 분리된다. 수직 분리기는 중간 정도의 가스-오일비 유정 또는 상대적으로 액상 슬러그가 많은 유정에서 사용된다. 이 분리기는 설치 공간을 적게 차지하기 때문에 해상플랫폼과 같이 공간 제약이 있는 곳에 많이 설치된다. 구형 분리기는 비싸지 않지만, 조밀한 구조 때문에 기체와 액체의 분리공간이 좁아서 액체-기체면 수위와 그 조정이 매우 중요하다.

유체가 분리기에서 분리된 후 오일은 파이프라인을 통해 판매처로 운송되는데, 여기서 원활한 운송을 위한 물리적 힘을 발생시키기 위해 펌프를 사용한다. 펌프는 피스톤의 왕복운동을 통해 오일을 운송하는 기계적 에너지를 발생시키는데, 피스톤 스트로크의 형태는 단일-액션형과 이중-액션형이 있다. 이중-액션형 스트로크는 이단

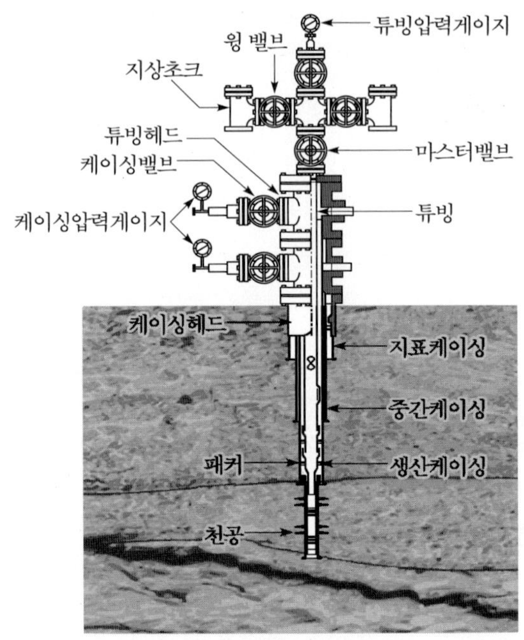

그림 1.3 전형적 유정시스템

펌프에 사용되고, 단일 스트로크는 삼단 펌프 이상의 피스톤 펌프에 사용된다.

압축기는 파이프라인을 통한 가스 수송 또는 유정에서 오일을 뽑아 올리기 위한 가스-리프트 작업에서 필요한 가스압력을 제공하기 위해 사용된다. 천연가스 생산업계에서 주로 이용되는 압축기는 반복압축기와 회전압축기 두 가지 타입으로 분류된다. 반복압축기는 천연가스업계에서 가장 많이 이용되며, 사실상 거의 모든 압력 범위와 용량에 적용할 수 있도록 설계되어 있다. 일반 반복압축기는 최대 30,000 ft^3/min(cfm)의 가스량을 최대 10,000 psig의 압력까지 배출할 수 있다. 회전압축기는 원심압축기와 회전송풍기의 두 종류로 분류되며, 100,000 cfm 이상의 가스량을 최대 100 psig까지 배출할 수 있다.

파이프라인을 통한 오일이나 가스의 수송은 끊임없이 이루어지고 신뢰할 만한 작업으로 진행되어야 한다. 파이프라인 수송은 원거리의 다양한 환경조건에서도 원활하게 석유를 수송할 수 있어야 한다. 파이프라인의 크기는 현장에서 요구하는 압력 및 유체 유동의 특성에 의해 결정된다.

안전 관리시스템은 인적, 주변 환경적 및 설비 시설의 보호를 위한 목적의 시스템이다. 즉, 안전 관리시스템의 주요 목적은 운영설비로부터 오일, 가스의 방출을 막고, 방출되었을 경우에 그로 인한 재해를 최소화하기 위함이다. 이는 다음과 같은 과정들을 통해 달성된다: 1. 돌발상황에 대한 사전 방지, 2. 처리설비의 폐쇄, 3. 방출된 유체의 회수, 4. 폭발과 점화 예방

참고문헌

- American Petroleum Institute Production Dept., 1987, Bulletin on *Performance Properties of Casing, Tubing, and Drill Pipe,* 20th Ed., American Petroleum Institute, Washington, DC, USA.
- American Petroleum Institute Production Dept., 1987, *Recommended Practice for Analysis, Design, Installation, and Testing of Basic Surface Safety Systems for Offshore Production Platforms,* 20th Ed., American Petroleum Institute, Washington, DC, USA.
- Guo, B. and Ghalambor, A., 2005, *Natural Gas Engineering Handbook,* Gulf Publishing Company, Houston, Texas, USA.
- Guo, B., Song, S., Chacko, J. and Ghalambor, A., 2005, *Offshore Pipelines,* Elsevier, Amsterdam, Netherlands.
- Sivalls, C.R., 1977, "Fundamentals of Oil and Gas Separation," *Gas Conditioning Conference,* University of Oklahoma, Norman, Oklahoma, USA.
- Wolbert, G.S., 1952, *American Pipelines,* University of Oklahoma Press, Norman, Oklahoma, USA.

CHAPTER 2

제2장 오일과 천연가스의 물성

2.1 오일 물성
2.2 천연가스 물성

chapter 2

제2장 오일과 천연가스의 물성

오일/가스 생산 시스템을 설계하고 분석하려면 오일과 천연가스의 물성을 반드시 알아야 한다. 본 장에서는 유체 물성의 정의와 실험 측정 외에 상관식 등의 방법으로 물성값들을 구하는 방법들을 소개하고자 한다.

2.1 오일 물성

2.1.1 용해가스-오일비

용해가스-오일비(solution gas-oil ratio, GOR)는 저류층 온도, 압력 조건 하에서 단위 체적의 오일에 용해되어 있는 가스의 체적(표준상태, standard condition)으로 정의한다.

$$R_s = \frac{V_{\text{gas}}}{V_{\text{oil}}} \tag{2.1}$$

여기에서 R_s = 용해 GOR [scf/STB]

V_{gas} = 표준상태에서 가스 체적 [scf]

V_{oil} = 저유탱크(stock tank) 조건에서 오일 체적 [STB]

표준상태는 미국 대부분의 주에서 p_{sc}=14.7 psia, T_{sc}=60° F=520° R로 정의한다.

기포점 압력(bubble point pressure) p_b는 기포점에서 시스템 내 유체의 압력으로 정의하며 포화압력(saturation pressure)이라고도 한다. 기포점 압력[psi]은 다음 식으로 추정할 수 있다.

$$p_b = 18.2\left[\left(\frac{R_s}{\gamma_g}\right)^{0.83} \times 10^{(0.00091T - 0.0125^\circ \mathrm{API})} - 1.4\right] \tag{2.2}$$

여기에서 γ_g와 °API는 아래에서 설명할 가스 비중과 API 비중이고 p는 압력[psia], T는 온도[°F]이다. 주어진 저류층 온도에서 용해 GOR은 기포점 압력 이상에서는 일정하다. 기포점 압력 이하에서는 압력이 감소함에 따라 하락한다.

용해 GOR은 PVT 실험실에서 측정하거나 PVT 실험실 데이터를 기반으로 유도한 경험적 상관식으로 추정한다.

$$R_s = \gamma_g\left[\frac{p}{18}\frac{10^{0.0125(^\circ \mathrm{API})}}{10^{0.00091T}}\right]^{1.2048} \tag{2.3}$$

용해 GOR은 저류공학에서 고갈 유가스전 거동을 계산하거나 오일 밀도와 같이 다른 유체 물성을 추정할 때 기본 인지로 사용한다.

2.1.2 오일 밀도

오일 밀도는 단위 체적 당 질량으로 정의하며 미국 현장단위계에서 로 나타낸다. 가스 함량으로 인하여 오일 밀도는 압력 의존적이다. 표준상태에서 오일 밀도는 API 비중으로 표시한다. 저유탱크 오일의 밀도와 비중, API 비중 간 관계는 다음과 같다.

$$^\circ \mathrm{API} = \frac{141.5}{\gamma_o} - 131.5 \tag{2.4}$$

$$\gamma_o = \frac{\rho_{o,\mathrm{st}}}{\rho_w} = \frac{141.5}{131.5 + {}^\circ \mathrm{API}} \tag{2.5}$$

여기에서 °API = 저유탱크 오일의 API 비중

γ_o = 저유탱크 오일의 비중

$\rho_{o,st}$ = 저유탱크 오일의 밀도[lbm/ft^3]

ρ_w= 담수의 밀도(62.4 lbm/ft^3)

고온 고압 상태에서 오일의 밀도는 다수의 연구자들이 유도한 경험적 상관식으로 추정할 수 있다. Standing(1981)은 용해 GOR, 오일 용적인자, 저유탱크 오일의 비중, 용해가스의 비중, 온도의 함수로 오일 용적인자를 추정하였다. 오일 용적인자의 수학적 정의와 Standing의 상관식을 결합하여 Ahmed(1989)는 오일 밀도에 대한 식을 제시하였다.

$$\rho_o = \frac{62.4\gamma_o + 0.0136 R_s \gamma_g}{0.972 + 0.000147\left[R_s\sqrt{\frac{\gamma_g}{\gamma_o}} + 1.25\,T\right]^{1.175}} \tag{2.6}$$

여기에서 T는 온도[°F], γ_g는 가스 비중이다.

2.1.3 오일 용적인자

오일 용적인자(formation volume factor) B_o[RB/STB]는 저유탱크 오일의 체적 V_{st}[STB]와 용해가스가 저류층 온도, 압력 조건에서 차지하는 체적 V_{res}[res bbl]로 정의한다.

$$B_o = \frac{V_{res}}{V_{st}} \tag{2.7}$$

저유탱크 조건보다 저류층 조건에서 많은 가스가 용해되기 때문에 오일 용적인자는 항상 1보다 크다. 저류층 온도 하에서 압력이 기포점 이상이면 오일 용적인자는 거의 일정하고 기포점 이하의 압력 범위에서는 압력이 감소함에 따라 하락한다(그림 2.1).

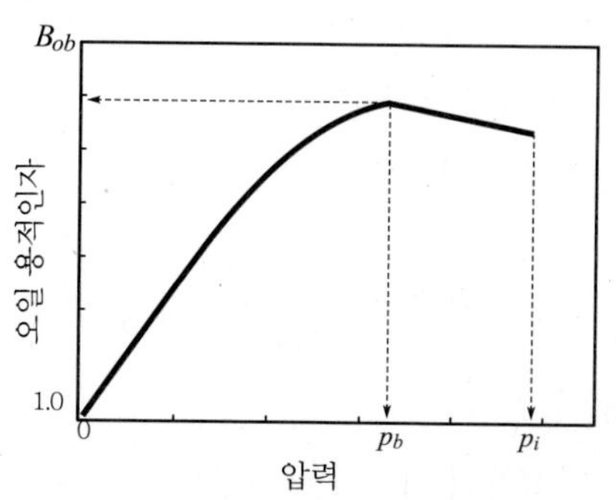

그림 2.1 압력의 함수로 나타낸 오일 용적인자

오일 용적인자는 PVT 실험실에서 측정하나 경험적 상관식도 많이 있다. 기포점 압력 이하에서 상관식은

$$B_o = 0.9759 + 0.00012\left[R_s\sqrt{\frac{\gamma_g}{\gamma_o}} + 1.25\,T\right]^{1.2} \tag{2.8}$$

이고 기포점 이상에서는 기포점에서의 용적인자 B_{ob}로부터 계산한다.

$$B_o = B_{ob}e^{-c_o(p_b - p)} \tag{2.9}$$

여기에서 c_o는 오일 압축도이다.

오일 용적인자는 저류층 체적을 저유탱크 체적으로 변환할 때 사용하며 고갈 저류층 및 유정 유입(inflow) 계산이나 다른 유체 물성을 추정할 때 기본 인자로 사용한다.

2.1.4 오일 점도

점도는 유체 유동에 대한 저항을 표현하는 경험적 인자이다. 오일 점도는 생산공학에서 유정 유입이나 수리 계산에 사용된다. 오일 점도는 PVT 실험실에서 측정할 수도 있으나 통상적으로 경험적 상관식으로 추정한다. 그림 2.2에서 알 수 있듯이 포화 조건에서는 용해가스의 방출로 인하여 압력이 감소할수록 오일 점도는 증가한다.

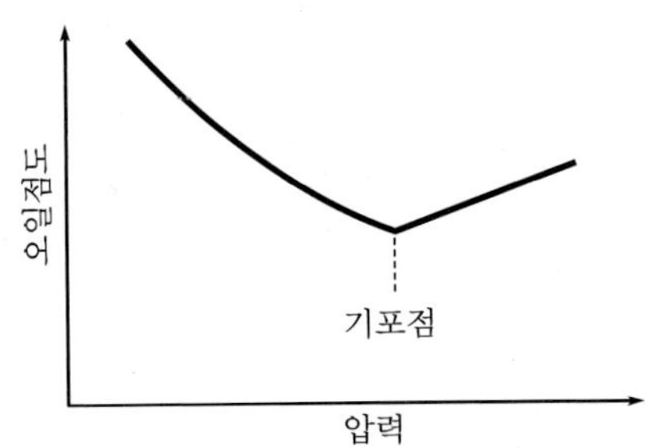

그림 2.2 압력의 함수로 나타낸 오일 점도

가스를 포함하지 않은 사오일(dead oil)의 점도 μ_{od}[cp]에 대한 Standing(1981)의 상관식은 다음과 같다.

$$\mu_{od} = \left(0.32 + \frac{1.8\times10^7}{\mathrm{API}^{4.53}}\right)\left(\frac{360}{T+200}\right)^A \tag{2.10}$$

여기에서 $A = 10^{\left(0.43 + \frac{8.33}{°\mathrm{API}}\right)}$ 이다.

포화 원유의 점도 μ_{ob}[cp]에 대한 Standing(1981)의 상관식은 다음과 같다.

$$\mu_{ob} = 10^a \mu_{od}^b \tag{2.11}$$

여기에서 $a = R_s\left(2.2\times10^{-7}R_s - 7.4\times10^{-4}\right)$

$$b = \frac{0.68}{10^c} + \frac{0.25}{10^d} + \frac{0.062}{10^e}$$

$$c = 8.62\times10^{-5}R_s$$

$$d = 1.10\times10^{-3}R_s$$

$$e = 3.74\times10^{-3}R_s$$

불포화 원유의 점도 μ_o[cp]에 대한 Standing의 상관식은 다음과 같다.

$$\mu_o = \mu_{ob} + 0.001\left(p - p_b\right)\left(0.024\mu_{ob}^{1.6} + 0.38\mu_{ob}^{0.56}\right) \tag{2.12}$$

2.1.5 오일 압축도

오일 압축도는 다음과 같이 정의한다.

$$c_o = -\frac{1}{V}\left(\frac{\partial V}{\partial p}\right)_T \tag{2.13}$$

여기에서 T, V는 온도와 체적이다. 오일 압축도는 PVT 실험실에서 측정하며 유정 유입 거동 모델링이나 저류층 시뮬레이션에 사용한다.

2.2 천연가스 물성

가스 물성으로는 가스 비중, 유사임계 압력과 온도, 가스 점도, 가스 압축도 인자, 가스 밀도, 가스 용적인자, 가스 압축도 등이 있다. 이중 가스 비중, 유사임계 압력과 온도는 조성 의존적이고 나머지는 압력 의존적이다.

2.2.1 가스 비중

가스 비중은 동일 온도, 압력 조건에서 건조 공기 밀도에 대한 가스 밀도의 비로 정의한다. 표준 상태에서 이상기체를 가정하면 비중은 공기에 대한 가스의 겉보기 분자량(apparent molecular weight)의 비로 표현할 수 있다. 질소 79%, 산소 21%로 구성된 공기의 분자량은 28.97이다. 따라서 가스의 비중은

$$\gamma_g = \frac{\rho_g}{\rho_{\text{air}}} = \frac{\text{MW}_a}{28.97} \tag{2.14}$$

이다. 분자량이 MW_i인 N_c개의 성분으로 이루어진 가스 혼합물의 겉보기 분자량(apparent molecular weight) MW_a는 가스 조성을 기반으로 계산한다. 가스 조성은 실험실에서 결정하여 각 성분별 몰 분율(mole fraction)로 표시한다.

몰 분율은 총 몰수에 대한 성분 i의 몰수($y_i = \frac{n_i}{\sum_{i=1}^{N_c} n_i}$)로 정의하며 겉보기 분자량은 혼합법칙(mixing rule)으로 수식화할 수 있다.

$$\text{MW}_a = \sum_{i=1}^{N_c} y_i \text{MW}_i \tag{2.15}$$

표 2.1 천연가스 순성분의 분자량과 임계 물성

화합물	화학조성	기호	분자량	임계압력(psi)	임계온도(°R)
메탄(methane)	CH_4	C_1	16.04	673	344
에탄(ethane)	C_2H_6	C_2	30.07	709	550
프로판(propane)	C_3H_8	C_3	44.09	618	666
이소부탄(*iso*–butane)	C_4H_{10}	i–C_4	58.12	530	733
n–부탄(n–butane)	C_4H_{10}	n–C_4	58.12	551	766
이소펜탄(*iso*–pentane)	C_5H_{12}	i–C_5	72.15	482	830
n–펜탄(n–pentane)	C_5H_{12}	n–C_5	72.15	485	847
헥산(n–hexane)	C_6H_{14}	n–C_6	86.17	434	915
헵탄(n–heptane)	C_7H_{16}	n–C_7	100.20	397	973
옥탄(n–octane)	C_8H_{18}	n–C_8	114.20	361	1,024
질소(nitrogen)	N_2	N_2	28.02	492	227
이산화탄소(carbon dioxide)	CO_2	CO_2	44.01	1,072	548
황화수소(hydrogen sulfide)	H_2S	H_2S	34.08	1,306	673

가스 비중은 0.55~0.9 정도의 값을 가진다. 표 2.1은 천연가스 저류층에서 주로 발견되는 탄화수소 및 비탄화수소 가스들의 분자량과 임계 물성을 정리한 것이다.

예제

메탄, 에탄, 프로판, 이산화탄소의 몰 분율이 각각 0.880, 0.082, 0.021, 0.017인 천연가스의 비중은 얼마인가?

풀이

표 2.1의 자료와 주어진 몰 분율을 사용하면 천연가스의 분자량은 다음과 같다.

화합물	조성	$y_i MW_i$
C_1	0.880	14.115
C_2	0.082	2.466
C_3	0.021	0.926
CO_2	0.017	0.748
		18.255

따라서 천연가스의 비중은 $\gamma_g = \dfrac{18.225}{28.97} = 0.63$ 이다.

2.2.2 가스 유사임계압력과 온도

가스의 겉보기 분자량과 유사하게 가스의 임계 물성(critical property)도 혼합법칙(mixing rule)을 이용하여 성분의 임계 물성으로 결정할 수 있는데 이를 유사임계 물성(pseudocritical property)이라고 한다. 가스의 유사임계압력(p_{pc})과 유사임계온도(T_{pc})는 각각 다음과 같이 나타낼 수 있다.

$$p_{pc} = \sum_{i=1}^{N_c} y_i p_{ci} \tag{2.16}$$

$$T_{pc} = \sum_{i=1}^{N_c} y_i T_{ci} \tag{2.17}$$

여기에서 p_{ci}와 T_{ci}는 각각 성분 i의 임계압력과 임계온도이다.

만약 가스 조성을 모르고 가스 비중만 알고 있다면 유사임계압력과 온도는 그림 2.3과 같은 차트나 상관식으로 결정할 수 있다. $H_2S<2\%$, $N_2<5\%$, 비유기성분의 총량이 7%이하일 때 가장 단순한 상관식은 다음과 같다.

$$p_{pc} = 709.604 - 58.718\gamma_g \tag{2.18}$$

$$p_{pc} = 709.604 - 58.718\gamma_g \tag{2.19}$$

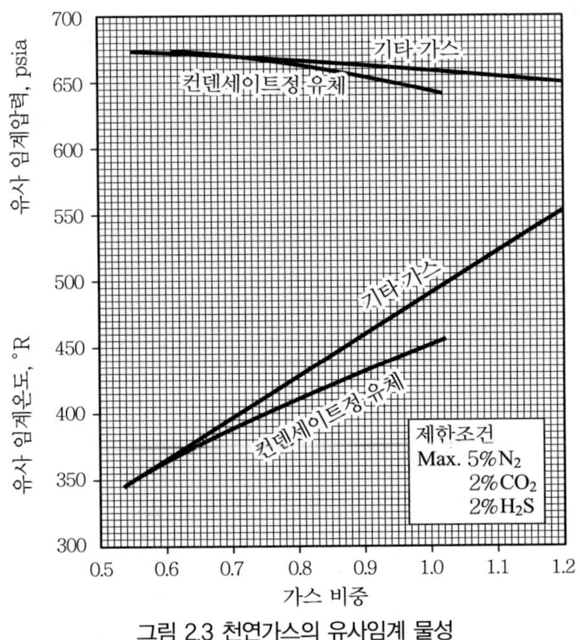

그림 2.3 천연가스의 유사임계 물성

H_2S나 CO_2를 함유한 고황가스(sour gas)의 경우 불순물에 대한 보정이 필요하다. 보정 유사임계 온도 T_{pc}'[° R]과 압력 p_{pc}'[psia]은

$$T_{pc}' = T_{pc} - \epsilon_3 \tag{2.20}$$

$$p_{pc}' = \frac{p_{pc}T_{pc}'}{T_{pc} + B(1-B)\epsilon_3} \tag{2.21}$$

이고 이때 보정인자는 다음과 같다.

$$A = y_{H_2O} + y_{CO_2}$$

$$B = y_{H_2S}$$

$$\epsilon_3 = 120\left(A^{0.9} - A^{1.6}\right) + 15\left(B^{0.5} - B^{4.0}\right)$$

혼합물의 임계물성에 대한 불순물 상관식도 제안되어 있다.

$$p_{pc} = 678 - 50(\gamma_g - 0.5) - 206.7y_{N_2} + 440y_{CO_2} + 606.7y_{H_2S} \tag{2.22}$$

$$T_{pc} = 326 + 315.7(\gamma_g - 0.5) - 240y_{N_2} - 83.3y_{CO_2} + 133.3y_{H_2S} \tag{2.23}$$

석유공학에서 유사임계압력과 온도를 적용할 때 보통 다음과 같이 정의된 유사환산 압력과 온도를 사용한다.

$$p_{pr} = \frac{p}{p_{pc}} \tag{2.24}$$

$$T_{pr} = \frac{T}{T_{pc}} \tag{2.25}$$

2.2.3 가스 점도

석유공학에서는 역학점도(dynamic viscosity) μ_g[cp]를 주로 사용한다. 동점도(kinematic viscosity) ν_g는 역학점도를 밀도(ρ_g)로 나눈 값으로 천연가스공학에서는 잘 사용하지 않는다.

$$\nu_g = \frac{\mu_g}{\rho_g} \tag{2.26}$$

새로운 가스에 대해서는 점도를 직접 측정한다. 가스 조성과 각 성분의 점도를 알고 있으면 가스 혼합물의 점도는 혼합법칙으로 결정한다.

$$\mu_g = \frac{\sum\left(\mu_{gi} y_i \sqrt{\mathrm{MW}_i}\right)}{\sum\left(y_i \sqrt{\mathrm{MW}_i}\right)} \tag{2.27}$$

가스 점도는 종종 차트나 차트 기반의 상관식으로 추정한다. Carr *et al.* (1954)의 상관식은 2단계 추정법이다. 가스 비중과 비유기성분의 함량으로부터 저류층 온도, 대기압에서의 점도를 추정한다. 환산 온도 압력에서의 기체 상태를 기반으로 한 보정인자를 이용하여 대기압 점도를 저류층 압력에서의 점도로 조정한다. 대기압 점도 μ_1은 다음과 같다.

$$\mu_1 = \mu_{1HC} + \mu_{1N_2} + \mu_{1CO_2} + \mu_{1H_2S} \tag{2.28}$$

여기에서

$$\mu_{1HC} = 8.188 \times 10^{-3} - 6.15 \times 10^{-3} \log(\gamma_g) + \left(1.709 \times 10^{-5} - 2.062 \times 10^{-6} \gamma_g\right) T$$

$$\mu_{1N_2} = \left[9.59 \times 10^{-3} + 8.48 \times 10^{-3} \log(\gamma_g)\right] y_{N_2}$$

$$\mu_{1CO_2} = \left[6.24 \times 10^{-3} + 9.08 \times 10^{-3} \log(\gamma_g)\right] y_{CO_2}$$

$$\mu_{1H_2S} = \left[3.73 \times 10^{-3} + 8.49 \times 10^{-3} \log(\gamma_g)\right] y_{H_2S}$$

$$\begin{aligned} \mu_r &= \ln\left(\frac{\mu_g}{\mu_1} T_{pr}\right) \\ &= a_0 + a_1 p_{pr} + a_2 p_{pr}^2 + a_3 p_{pr}^3 + T_{pr}\left(a_4 + a_5 p_{pr} + a_6 p_{pr}^2 + a_7 p_{pr}^3\right) \\ &\quad + T_{pr}^2\left(a_8 + a_9 p_{pr} + a_{10} p_{pr}^2 + a_{11} p_{pr}^3\right) + T_{pr}^3\left(a_{12} + a_{13} p_{pr} + a_{14} p_{pr}^2 + a_{15} p_{pr}^3\right) \end{aligned}$$

$a_0 = -2.46211820$

$a_1 = 2.97054714$

$a_2 = -0.28626405$

$a_3 = 0.00805420$

$a_4 = 2.80860949$

$a_5 = -3.49803305$

$a_6 = 0.36037302$

$a_7 = -0.01044324$

$a_8 = -0.79338568$

$a_9 = 1.39643306$

$a_{10} = -0.14914493$

$a_{11} = 0.00441016$

$a_{12} = 0.08393872$

$a_{13} = -0.18640885$

$$a_{14} = 0.02033679$$
$$a_{15} = -0.00060958$$

μ_r을 결정하면 저류층 압력에서의 가스 점도는 다음 식으로 구할 수 있다.

$$\mu_g = \frac{\mu_1}{T_{pr}} e^{\mu_r} \tag{2.29}$$

2.2.4 가스 압축도 인자

일반적인 조건 하에서 탄화수소 가스는 이상기체 법칙에서 편차를 나타내므로 보정 인자가 필요하다. 가스 압축도 인자(compressibility factor)는 주어진 온도, 압력에서 실제기체가 이상기체로부터 얼마나 편차가 있는지 나타내는 값으로 편차인자(deviation factor) 또는 z-인자라고도 한다. 압축도 인자의 정의는 다음과 같다.

$$z = \frac{V_{\text{actual}}}{V_{\text{ideal gas}}} \tag{2.30}$$

z-인자를 이상기체 법칙에 도입하면 실제기체 법칙이 된다.

$$pV = nzRT \tag{2.31}$$

여기에서 $n = \frac{m}{\text{MW}}$ 은 기체 몰수이다. $\boldsymbol{p}$가 psia, $\boldsymbol{V}$가 ft^3, $\boldsymbol{T}$가 °R일 때 기체상수 $\boldsymbol{R}$은 $10.73 \frac{\text{psia.ft}^3}{\text{mole.}^\circ\text{R}}$ 이다.

오일 압축도는 PVT 실험실 측정값을 기반으로 결정한다. 일정량의 가스에 대하여 온도를 일정하게 유지하고 14.7 psia와 고압 $\boldsymbol{p}_1$에서 체적 $\boldsymbol{V}_0$와 $\boldsymbol{V}_1$을 측정하면 z-인자는 다음 식으로 결정할 수 있다.

$$z = \frac{p_1}{14.7} \frac{V_1}{V_0} \tag{2.32}$$

통상 z-인자는 Standing and Katz(1954)가 개발한 차트(그림 2.4)나 상관식으로 추정한다. 공학 계산에서는 다음과 같은 Brill and Beggs(1974)의 상관식이 널리 사용된다.

$$z = A + \frac{1-A}{e^B} + Cp_{pr}^D \tag{2.33}$$

여기에서

$$A = 1.39(T_{pr} - 0.92)^{0.5} - 0.36T_{pr} - 0.10$$

$$B = (0.06 - 0.23T_{pr})p_{pr} + \left(\frac{0.066}{T_{pr} - 0.86} - 0.037\right)p_{pr}^2 + \frac{0.32p_{pr}^6}{10^E}$$

$$C = 0.132 - 0.32\log(T_{pr})$$

$$D = 10^F$$

$$E = 9(T_{pr} - 1)$$

$$F = 0.3106 - 0.49T_{pr} + 0.1824T_{pr}^2$$

$$z = A + \frac{1-A}{e^B} + Cp_{pr}^D$$

Hall and Yarborough(1973)는 천연가스의 z-인자에 대하여 보다 정확한 상관식을 제시하였다.

$$z = \frac{Ap_{pr}}{Y} \tag{2.34}$$

여기에서

$$A = 0.06125t_r e^{-1.2(1-t_r)^2}$$

$$B = t_r(14.76 - 9.76t_r + 4.58t_r^2)$$

$$C = t_r(90.7 - 242.2t_r + 42.4t_r^2)$$

$$D = 2.18 + 2.82t_r$$

$$t_r = \frac{1}{T_{pr}}$$

Y는 다음 식으로 계산하는 환산밀도(reduced density)이다.

$$f(Y) = \frac{Y + Y^2 + Y^3 - Y^4}{(1-Y)^3} - Ap_{pr} - BY^2 + CY^D = 0 \tag{2.35}$$

Newton-Raphson 방법으로 식 (2.35)를 풀려면 다음과 같은 도함수가 필요하다.

$$\frac{df(Y)}{dY}=\frac{1+4Y+4Y^2-4Y^3+Y^4}{(1-Y)^4}-2BY+CDY^{D-1} \tag{2.36}$$

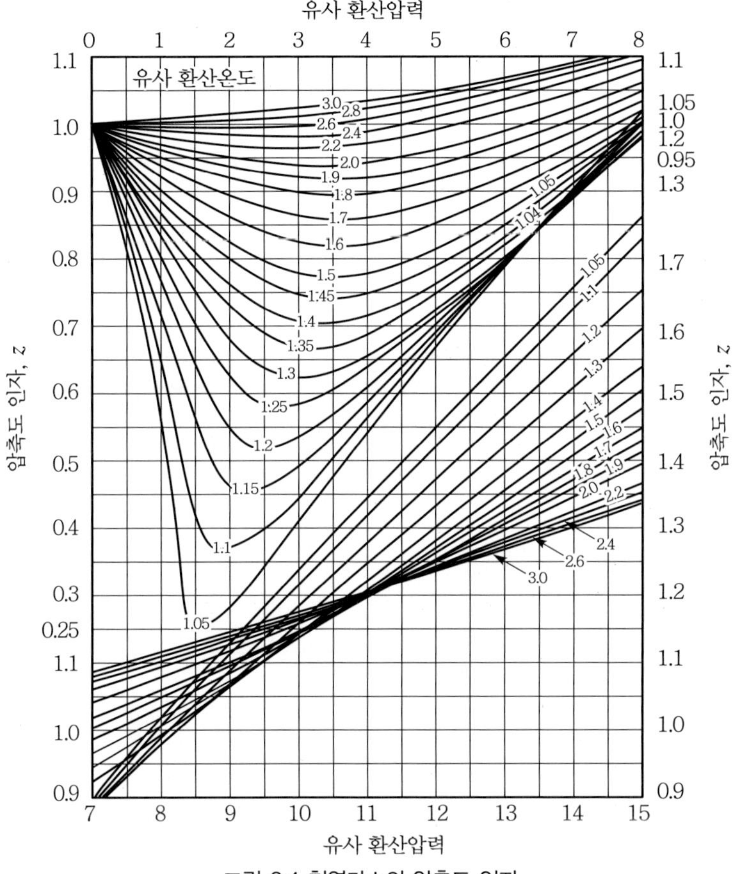

그림 2.4 천연가스의 압축도 인자

예제

C_1, C_2, C_3, i–C_4, n–C_4, i–C_5, n–C_5, n–C_6, C_7+의 몰 분율이 각각 0.875, 0.083, 0.021, 0.006, 0.002, 0.003, 0.008, 0.001, 0.001인 천연가스 1 lbmol이 T=180°F, p= 4,000 psi인 저류층 조건에서 차지하는 체적은 얼마인가?

풀이

우선 혼합물의 유사 임계 물성을 계산하여야 한다. 임계 물성은 천연가스의 각 구성 성분들의 기여치를 몰분율로 가중하여 계산할 수 있다. 이것은 이상 혼합 기체에 대한 고전 열역학 법칙과 분압에 대한 Dalton의 법칙을 기반으로 한다. 아래의 표는 계산 결과를 나타낸다.

화합물	y_i	MW_i	y_iMW_i	p_{ci}	y_ip_{ci}	T_{ci}	y_iT_{ci}
C_1	0.875	16.04	14.035	673	588.87	344	301
C_2	0.083	30.07	2.496	709	58.85	550	45.65
C_3	0.021	44.10	0.926	618	12.98	666	12.99
i-C_4	0.006	58.12	0.349	530	3.18	733	4.40
n-C_4	0.002	58.12	0.116	551	1.10	766	1.53
i-C_5	0.003	72.15	0.216	482	1.45	830	2.49
n-C_5	0.008	72.15	0.577	485	3.88	847	6.78
n-C_6	0.001	86.18	0.086	434	0.43	915	0.92
C_7+	0.001	114.23a	0.114	361a	0.36	1024a	1.02
			18.92		$671=p_{pc}$		$378=T_{pc}$

유사 환산 물성은 각각 p_{pr}=4000/671=5.96, T_{pr}=(180+460)/378=1.69이다. 그림 2.4로부터 z=0.855이고 식 (2.31)에 의하면 주어진 저류층 조건에서 차지하는 천연가스의 체적은 다음과 같다.

$$V=\frac{(0.855)(1)(10.73)(640)}{4000}=1.47\ \text{ft}^3$$

2.2.5 가스 밀도

가스는 압축성이므로 밀도는 압력과 온도 의존적이다. 가스 밀도 ρ_g[lbm/ft^3]는 실제기체 법칙으로부터 계산할 수 있다.

$$\rho_g=\frac{m}{V}=\frac{MW_a p}{zRT} \tag{2.37}$$

여기에서 m은 기체 질량이다. 공기 분자량을 28.97, $R=10.73\frac{\text{psia. ft}^3}{\text{mole.}^\circ\text{R}}$라 하면 $MW_a=28.97\gamma_g$이므로 재정렬하면 다음과 같다.

$$\rho_g=\frac{2.7\gamma_g p}{zT} \tag{2.38}$$

2.2.6 가스 용적인자

가스 용적인자는 표준상태 하의 가스 체적에 대한 저류층 조건 하의 가스 체적비이다.

$$B_g = \frac{V}{V_{sc}} = \frac{\dfrac{znRT}{p}}{\dfrac{nRT_{sc}}{p_{sc}}} = \frac{p_{sc}}{T_{sc}}\frac{zT}{p} = 0.0283\frac{zT}{p} \tag{2.39}$$

여기에서 용적인자의 단위는 ft^3/scf이고 RB/scf 단위로 표시하면 다음과 같다.

$$B_g = 0.00504\frac{zT}{p} \tag{2.40}$$

가스 용적인자는 가스정의 유입거동관계(inflow performance relationship, IPR)를 수학적으로 모델링할 때 자주 사용한다.

용적인자는 가스 팽창인자(expansion factor)[scf/ft^3 또는 scf/RB]로 표시하기도 하며 식 (2.39)와 (2.40)의 역수를 취하면 단위에 따라 다음과 같이 나타낼 수 있다.

$$E = \frac{1}{B_g} = 35.3\frac{p}{zT} \tag{2.41}$$

$$E = 198.32\frac{p}{zT} \tag{2.42}$$

예제

아래 변수를 가진 가스 저류층의 면적이 1,900 acre일 때 초기 가스부존량을 계산하시오.

h= 78 ft, p_i= 4,613 psi , z_i= 0.945, ϕ= 0.14, S_w=0.27, T=180° F=640° R

풀이

초기 가스용적계수를 계산하면

$$B_g = 0.0283\frac{zT}{p} = 0.0283\frac{(0.945)(640)}{4,613} = 371\times 10^{-3}\ \text{ft}^3/\text{scf}$$

이므로 초기 부존량은 다음과 같다.

$$G_i = 43,560\frac{Ah\phi(1-S_w)}{B_{gi}} = 43,560\frac{(1,900)(78)(0.14)(1-0.27)}{371\times 10^{-3}} = 1.78\times 10^{11}\ \text{scf}$$

2.2.7 가스 압축도

등온 가스 압축도는 다음과 같이 정의한다.

$$c_g = -\frac{1}{V}\left(\frac{\partial V}{\partial p}\right)_T = \frac{1}{\rho}\left(\frac{\partial \rho}{\partial p}\right)_T \tag{2.43}$$

실제기체 법칙 $V = \dfrac{nzRT}{p}$에 따라

$$\left(\frac{\partial V}{\partial p}\right)_T = nRT\left(\frac{1}{p}\frac{\partial z}{\partial p} - \frac{z}{p^2}\right) \tag{2.44}$$

이므로 이를 압축도의 정의(식 2.43)에 대입하면

$$c_g = \frac{1}{p} - \frac{1}{z}\frac{\partial z}{\partial p} \tag{2.45}$$

가 된다. 이상 기체나 우변의 두 번째 항이 매우 작은 경우 가스 압축도는 압력의 역수로 근사시킬 수 있다($c_g \approx \frac{1}{p}$).

참고문헌

- Ahmed, T., 1989, *Hydrocarbon Phase Behavior*, Vol. 7, Gulf Publishing Company, Houston, USA.
- Brill, J.P. and Beggs, H.D., 1974, *Two-Phase Flow in Pipes*, INTERCOMP Course, The Hague.
- Carr, N.L., Kobayashi, R., and Burrows, D.B, 1954, "Viscosity of Hydrocarbon Gases under Pressure," *J. of Petro. Tech.*, Vol. 6, No. 10, pp. 47–55.
- Hall, K.R. and Yarborough, L., 1973, "A New Equation of State for Z-factor Calculations," *Oil Gas J.*, pp. 82–92.
- Standing, M.B., 1977, *Volumetric and Phase Behavior of Oil Field Hydrocarbon Systems*, 9th Ed., Society of Petroleum Engineers, Dallas, USA.
- Standing, M.B. and Katz, D.L., 1942, "Density of Crude Oils Saturated with Natural Gas," *Transactions of the AIME*, Vol. 146, No.1, pp. 159–165.

CHAPTER 3

제3장 저류층 생산성

3.1 서론
3.2 유동 상태
3.3 유입 거동관계
3.4 생산시험자료를 사용한 IPR 곡선 작성
3.5 다층생산 저류층의 복합 IPR
3.6 유입거동관계(IPR) 예측

chapter 3

제3장 저류층 생산성

3.1 서론

저류층의 생산성(deliverability)은 주어진 공저 압력에서 저류층으로부터 얻을 수 있는 오일/가스 생산량으로 정의되며 유정 생산성에 영향을 미치는 주요 요인이다. 저류층 생산성은 생산정 완결의 유형 및 사용될 인공 채유 방법을 결정하는데 필수적이다. 저류층의 생산성에 대한 충분한 이해는 생산 기술자에게 필수적이며 다음과 같은 여러 요인에 따라 달라진다.

- 저류층 압력
- 생산층 두께와 투과도
- 저류층 경계 유형과 거리
- 시추공 반경
- 저류층 유체 특성
- 시추공 주변 조건
- 저류층 상대 투과도

저류층의 생산성은 천이 유동, 정상 상태 유동, 유사 정상 상태 유동과 같은 유동 상태를 근거로 하여 수학적으로 모델화 될 수 있으며 주어진 유동상태 조건에서 공저 압력과 생산량간의 관계를 공식화 할 수 있다. 이러한 관계를 "유입거동관계(Inflow Performance Relationship, IPR)"라고 한다.

3.2 유동 상태

수직정에서 생산량 q로 오일 생산을 시작하면, 시추공 주변에 그림 3.1a에서 점선과 같은 반경 r의 압력 변화가 깔때기 모형으로 형성된다. 이 저류층 모델에서, h는 저류층 두께이고, k는 저류층의 유효 수평 투과도이다. 그리고 B_o는 오일 용적계수, r_w는 시추공 반경, p_{wf}는 유동 공저 압력, p는 시추공 중심에서 거리 r에서의저류층의 압력이다. 원통 지역에서의 유동 스트림 라인은 그림 3.1b같은 수평 방사형 유동 패턴을 만든다.

3.2.1 천이 유동

"천이 유동"은 시추공으로부터의 압력 파동 전달이 저류층 경계에 도달하지 않을 때 유동 상태로 정의되며, 천이 유동시 생성되는 압력변화의 깔때기모형 크기는 저류층 크기에 비해서 무척 작기 때문에 저류층은 천이 압력 분석 관점에서 보면 무한히 큰 것처럼 거동한다. 저류층의 단일상 오일 유동으로 가정하여, 천이 유동을 설명하기 위한 여러 분석적 해법들이 개발되었다. 그것들은 Dake(1978)와 같은 고전적 교재를 참고하여 활용할 수 있다. 식 (3.1)에 의해 표현된 등량(constant-rate) 해법은 생산공학에서 자주 사용된다.

$$p_{wf}=p_i-\frac{162.6qB_o\mu_o}{kh}\times\left(\log t+\log\frac{k}{\phi\mu_o c_t r_w^2}-3.23+0.87S\right) \tag{3.1}$$

여기에서

p_{wf} = 유동 공저 압력, psia

p_i = 초기 저류층 압력, psia

q = 오일 생산량, STB/D

μ_o = 오일 점성도, *cp*

k = 오일 유효수직투과도, ***md***

h = 저류층 두께, ***ft***

t = 유동시간,***hour***

ø = 공극률, fraction

c_t = 총 압축률, psi^{-1}

r_w = 시추공 반경, ft

S = 스킨인자

석유 생산정이 일반적으로 일정한 초크 사이즈에 의해 부과된 일정한 정두 압력으로 인해 일정한 공저 압력에서 운영되기 때문에, 일정 공저 압력 해법이 유입 생산성 분석에 더 적합하다. 적절한 내부 경계 조건을 사용하여, Earlougher(1977)는 식 (3.1)과 유사한 일정 공저 압력 해법을 개발하였으며 천이 유정 생산성 분석에 사용된다.

$$q = \frac{kh(p_i - p_{wf})}{162.6 B_o \mu_o \left(\log t + \log \frac{k}{\Phi \mu_o c_t r_w^2} - 3.23 + 0.87S \right)} \tag{3.2}$$

식 (3.2)은 오일 생산량이 유동 시간이 증가함에 따라 감소함을 보여준다. 이것은 시간이 지남에 따른 압력($p_i - p_{wf}$) 강하를 통한 깔때기모형의 압력 반경이 시간에 따라 증가하기 때문이다. 즉, 전반적인 저류층의 압력구배는 시간에 따라 감소한다.

가스정에서, 천이 유동의 해(solution)는 아래와 같으며,

$$q_g = \frac{kh[m(p_i) - m(p_{wf})]}{1{,}638\, T \left(\log t + \log \frac{k}{\Phi \mu_o c_t r_w^2} - 3.23 + 0.87S \right)} \tag{3.3}$$

여기에서 q_g는 생산량(Mscf/d) 이고, T는 온도(°R), 그리고 $m(p)$는 실제가스 유사-압력이며 아래와 같이 정의된다.

$$m(p) = \int_{pb}^{p} \frac{2p}{\mu z} dp \tag{3.4}$$

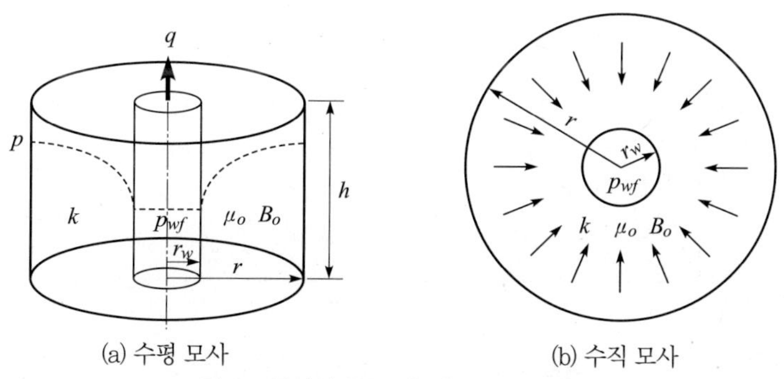

그림 3.1 방사상 유동 저류층 모델 모식도

3.2.2 정상상태 유동

"정상상태 유동"은 어떤 지점에서의 저류층의 압력이 시간에 따라 일정하게 유지되는 유동 상태로 정의된다. 이 유동 조건은 그림 3.1에서의 깔때기모형 압력반경이 정압 경계에 도달했을 때 우세하게 나타난다. 정압 경계는 저류층 주변 대수층 또는 물 주입정이 될 수 있다. 이 저류층 모델은 그림 3.2과 같으며, p_e는 정압 경계에서의 압력을 나타낸다. 단일상 유동이라 가정하면, 시추공에서 거리 r_e 만큼 떨어진 곳에서의 원형 정압 경계 로 인해 정상상태 유동 하의 저류층은 Darcy의 법칙으로 유도될 수 있다.

$$q = \frac{kh(p_e - p_{wf})}{141.2 B_o \mu_o \left(\ln \frac{r_e}{r_w} + S \right)} \tag{3.5}$$

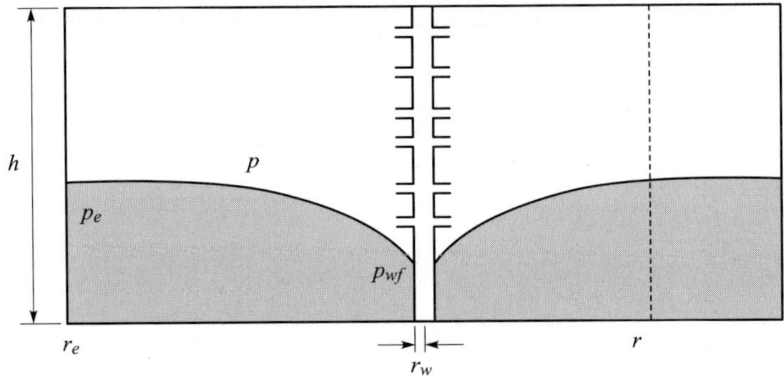

그림 3.2 정압 경계를 가진 저류층 모형

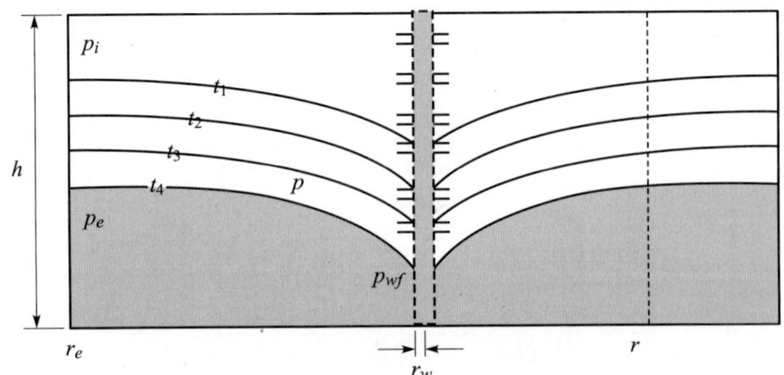

그림 3.3 비유동 경계를 가진 저류층 모형

3.2.3 유사정상상태 유동

"유사정상상태" 유동은 저류층내 어떤 지점에서의 압력이 시간에 따라 일정하게 같은 비율로 감소하는 유동 상태로 정의된다. 이 유동 조건은 그림 3.1에서 보여지는 깔때기 모형 압력(pressure funnel) 반경이 비유동 경계에 도달한 후에 우세하게 나타난다. 비유동 경계는 밀봉 단층, 생산층의 첨멸, 생산정의 배유면적 경계가 될 수 있다. 저류층 모델은 그림 3.3에서 보여지고, p_e는 시간 t_4때 비유동 경계에서의 압력을 나타낸다. 단일상 유동이라 가정하면, 시추공부터 r_e만큼 떨어진 원형 비유동 경계에 의해 유사정상상태 하의 저류층은 Darcy의 법칙으로부터 다음과 같이 유도될 수 있다.

$$q = \frac{kh(p_e - p_{wf})}{141.2 B_o \mu_o \left(\ln \frac{r_e}{r_w} - \frac{1}{2} + S \right)} \tag{3.6}$$

압력 깔때기모형 지역이 원형 경계에 도달하는 유동 시간은 다음과 같이 표현된다.

$$t_{pss} = 1{,}200 \frac{\Phi \mu_o c_t r_e^2}{k} \tag{3.7}$$

식 (3.6)에서 주어진 시간에서 p_e는 모르기 때문에, 평균 저류층 압력에 사용되는 다음 표현은 매우 유용하다.

$$q = \frac{kh(\bar{p} - p_{wf})}{141.2 B_o \mu_o \left(\ln \frac{r_e}{r_w} - \frac{3}{4} + S \right)} \tag{3.8}$$

여기에서 $\bar{p}$는 평균 저류층 압력 (psia)이다.

$$q = \frac{kh(\bar{p} - p_{wf})}{141.2 B_o \mu_o \left(\frac{1}{2} ln \frac{4A}{\gamma C_A r_w^2} - \frac{3}{4} + S \right)} \tag{3.9}$$

여기에서

A = 배유면적, ft^2 γ = 1.78 = 오일러 상수 C_A = 배유면적 형상인자

형상인자 C_A 의 값은 그림 3.4에서 찾을 수 있다.

가스정이 원형 배유면적의 중심에 위치하기 때문에, 유사정상상태의 해를 구하는 식은 다음과 같이 정의된다.

$$q_g = \frac{kh(m(\bar{p}) - m(p_{wf}))}{1,424\,T\left(\ln\frac{r_e}{r_w} - \frac{3}{4} + S + Dq_g\right)} \tag{3.10}$$

여기에서 D = 비-Darcy 유동 계수, d/Mscf.

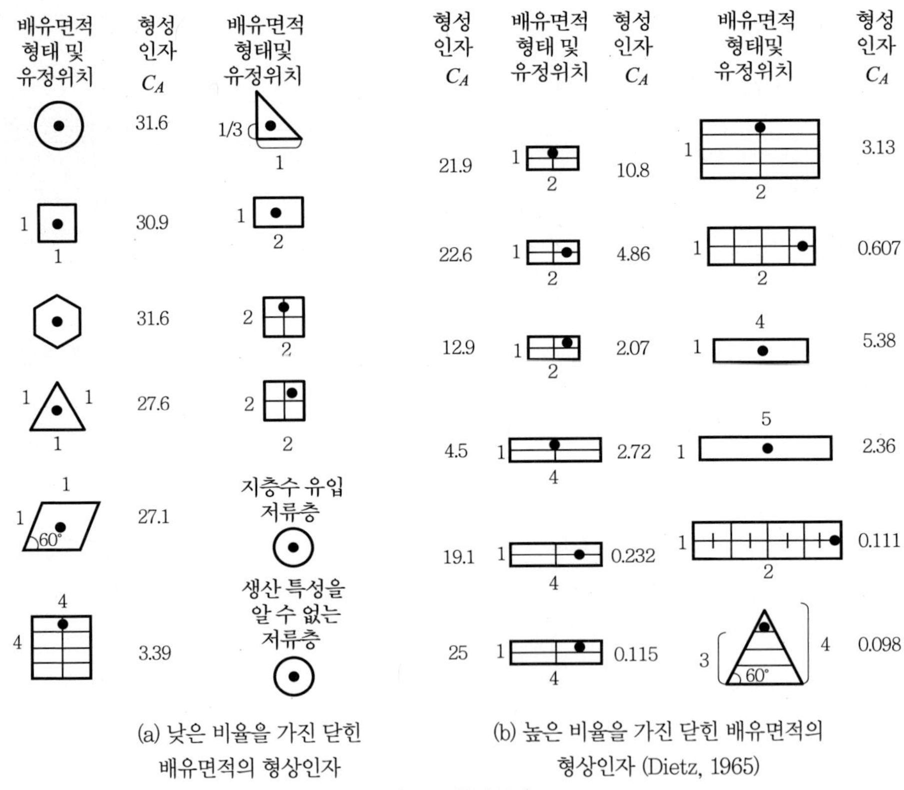

(a) 낮은 비율을 가진 닫힌 배유면적의 형상인자

(b) 높은 비율을 가진 닫힌 배유면적의 형상인자 (Dietz, 1965)

그림 3.4 형상인자

3.2.4 수평정

천이 유동, 정상상태 유동, 그리고 유사정상상태 유동은 수평정에 의해 개발되는 저류층에서도 존재한다. 다양한 수학적인 모델들은 문헌을 통해 알 수 있으며 Joshi(1988)는 수평면에서의 정상상태 오일 유동과 수직면에서의 유사정상상태의 오일의 유동을 고려한 다음의 관계식을 보여주었다.

$$q = \frac{k_H h(p_e - p_{wf})}{141.2B\mu \ln\left\{\left[\frac{a+\sqrt{a^2-(L/2)^2}}{L/2}\right] + \frac{I_{ani}h}{L}\ln\left[\frac{I_{ani}h}{r_w(I_{ani}+1)}\right]\right\}} \tag{3.11}$$

여기에서

$$a = \frac{L}{2}\sqrt{\frac{1}{2}+\sqrt{\left[\frac{1}{4}+\left(\frac{r_{eH}}{L/2}\right)^4\right]}} \tag{3.12}$$

$$I_{ani} = \sqrt{\frac{k_H}{k_V}} \tag{3.13}$$

그리고,

k_H = 평균 수평투과도, md　　k_V = 수직투과도, md

r_{eH} = 배유면적 반경, ft　　L = 수평 시추공 길이($L/2 < 0.9r_{eH}$), ft

3.3 유입 거동관계

유입거동관계(Inflow Performance Relationship, IPR)은 생산 공학에서 저류층 생산성을 평가하는데 사용된다. IPR 곡선은 유동 공저 압력과 유체 생산량 사이의 관계를 그래프로 표현한 것이며 전형적인 IPR 곡선은 그림 3.5과 같다. IPR 곡선의 기울기 크기를 "생산지수"(PI 또는 J)라 부르며,

$$J = \frac{q}{(p_e - p_{wf})} \tag{3.14}$$

여기에서 J는 생산지수이다. J는 2상 유동에서는 일정한 값을 갖지 않는다.

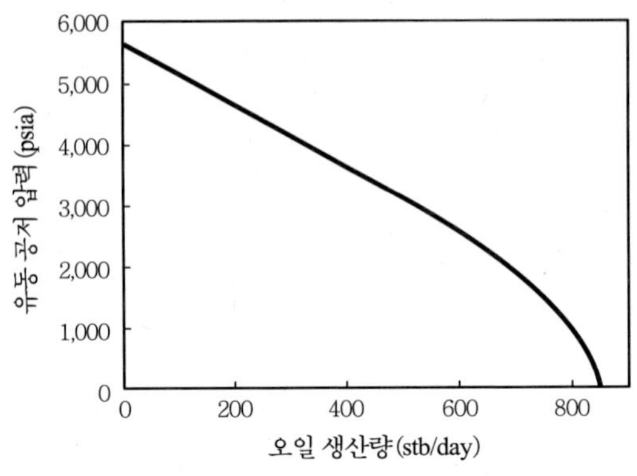

그림 3.5 오일 유정의 전형적인 IPR 곡선

유정 IPR 곡선은 일반적으로 이론적 또는 실험적 근거 중 하나를 이용한 저류층 유입 모델을 사용하여 작성하며, 현장 적용에 있어 이 모델을 몇 개의 생산시험자료를 이용하여 검증하는 것은 필수적이다.

3.3.1 단일(액체)상 저류층의 IPR

앞에서 언급된 식 (3.1), (3.3), (3.7), (3.8)에 의해 표현된 모든 저류층 유입 모델은 단일상 액체유동라는 가정하에서 유도된 것이다. 이 가정은 불포화 저류층이나 또는 저류층 압력이 기포점 압력보다 큰 저류층 구역에서 유효하다. 이 식은 다음과 같이 기포점 압력 이상에서 유동 공저 압력에서의 생산 지수(J^*)로 정의되며 유체 유동상태에 따라 다른 식이 적용된다.

수직정 주변에서 방사형 천이 유동일 경우,

$$J^* = \frac{q}{(p_i - p_{wf})} = \frac{kh}{162.6B_o\mu_o\left(\log t + \log\frac{k}{\Phi\mu_o c_t r_w^2} - 3.23 + 0.87S\right)} \tag{3.15}$$

수직정 주변에서 방사형 정상상태 유동일 경우,

$$J^* = \frac{q}{(p_i - p_{wf})} = \frac{kh}{141.2B_o\mu_o\left(\ln\frac{r_e}{r_w} + S\right)} \tag{3.16}$$

수직정 주변에서 유사정상상태 유동의 경우,

$$J^* = \frac{q}{(\bar{p} - p_{wf})} = \frac{kh}{141.2B_o\mu_o\left(\frac{1}{2}ln\frac{4A}{\gamma C_A r_w^2} + S\right)} \tag{3.17}$$

수평정 주변에서 정상상태 유동의 경우,

$$J^* = \frac{q}{(p_i - p_{wf})} = \frac{k_H h}{141.2B\mu \ln\left\{\left[\frac{a+\sqrt{a^2-(L/2)^2}}{L/2}\right] + \frac{I_{ani}h}{L}\ln\left[\frac{I_{ani}h}{r_w(I_{ani}+1)}\right]\right\}} \tag{3.18}$$

기포점 압력 이상에서의 생산 지수(J^*)은 생산량에 독립적이기 때문에, 단일(액체)상 저류층의 IPR 곡선은 저류층 압력부터 기포점 압력까지 간단하게 직선적 감소로 그려진다. 만약 기포점 압력이 0 psig라면, 절대개방유동(AOF)은 저류층 압력과 생산지수(J^*)의 곱으로 나타낼 수 있다.

예제

다음과 같이 주어진 오일 저류층에서 수직생산정에서 (1) 한 달동안의 천이 유동, (2) 정상상태 유동, (3) 유사정상상태유동을 고려하여 IPR을 구하여라.

공극률	:	$\phi = 0.19$
유효 수평투과도	:	$k = 8.2$ md
생산층 두께	:	$h = 53$ ft
저류층 압력	:	p_e or $\bar{p} = 5{,}651$ psia
기포점 압력	:	$p_b = 50$ psia
유체지층용적인자	:	$B_o = 1.1$
유체 점도	:	$\mu_o = 1.7$ cp
총 압축률	:	$C_t = 0.0000129$ psi^{-1}
배유 면적	:	$A = 640$ acres ($r_e = 2{,}980$ ft)
시추공 반경	:	$r_w = 0.328$ ft
손상 인자	:	$s = 0$

풀이

1. 천이 유동에서, 주어진 자료를 이용하여 계산된 값은,

$$J^* = \frac{kh}{162.6 B_o \mu_o \left(\log t + \log \dfrac{k}{\Phi \mu_o c_t r_w^2} - 3.23 \right)}$$

$$= \frac{(8.2)(53)}{162.2(1.1)(1.7)\left(\log[((30)(24)] + \log \dfrac{(8.2)}{(0.19)(1.7)(0.0000129)(0.328)^2} - 3.23 \right)}$$

$$= 0.2075\,\mathrm{STB/D - psi}$$

이며, 천이 IPR 곡선은 그림 3.6과 같이 표현된다.

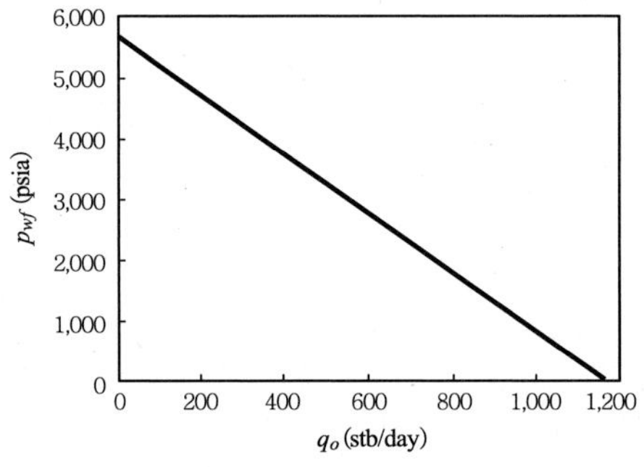

그림 3.6 천이 IPR 곡선

2. 정상상태 유동의 경우,

$$J^* = \frac{kh}{141.2 B_o \mu_o \left(\ln \dfrac{r_e}{r_w} + s \right)} = \frac{(8.2)(53)}{141.2(1.1)(1.7)\ln\left(\dfrac{2,980}{0.328} \right)} = 0.1806\,\mathrm{STB/D - psi}$$

계산된 점들은 다음과 같으며 정상상태 IPR 곡선은 그림 3.7과 같이 표현된다.

p_{wf} (psia)	q_o (STB/D)
50	1,011
5,651	0

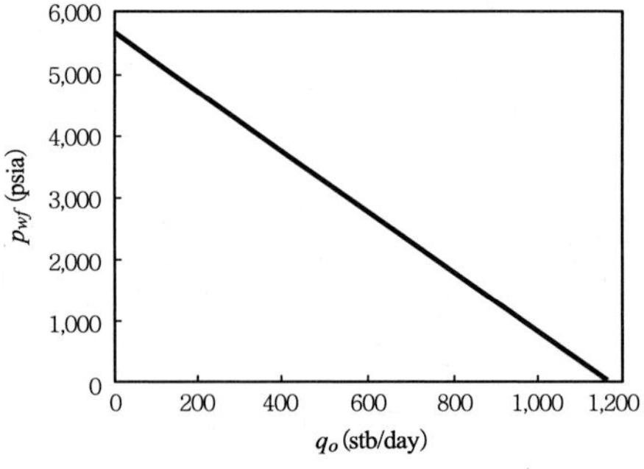

그림 3.7 정상상태 IPR 곡선

3. 유사정상상태 유동의 경우,

$$J^* = \frac{kh}{141.2B\mu\left(\ln\frac{r_e}{r_w} - \frac{3}{4} + s\right)} = \frac{(8.2)(53)}{141.2(1.1)(1.7)\left(\ln\frac{2,980}{0.328} - 0.75\right)}$$
$$= 0.1968\,\mathrm{STB/D-psi}$$

이고, 계산된 점들은 아래와 같으며 유사정상상태 IPR 곡선은 그림 3.8과 같다.

p_{wf} (psia)	q_o (STB/D)
50	1,102
5,651	0

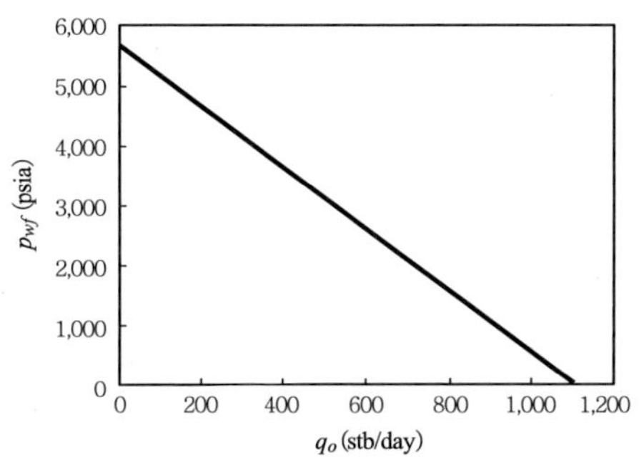

그림 3.8 유사정상상태 IPR 곡선

3.3.2 2상 저류층의 IPR

바로 앞장에서 제시된 직선 IPR 모델은 압력이 기포점 압력까지 낮아질 때까지 유효하다. 저류층 압력이 기포점 압력보다 낮을 때, 용해 가스는 오일로부터 방출되어 자유 가스가 된다. 이 자유가스는 공극공간의 일부분을 차지하고, 오일의 유동을 감소시켜준다. 이 영향은 감소된 상대투과도에 의해 계량화된다. 또한, 오일내 용해가스의 양이 줄어들면서 오일의 점도는 증가한다. 감소된 상대투과도 및 증가된 점성도 영향의 복합적인 작용으로 주어진 공저 압력에서의 오일 생산량을 감소시켜주는 결과를 초래한다. 이것은 그림 3.5에서와 같이 IPR 곡선이 기포점 아래에서 직선 경향에서 벗어나게 하며 압력이 낮을수록 그 경향은 심화된다. 만약 저류층 압력이 초기 기포점 압력보다 내려가면, 오일과 가스 2상의 유동은 전체 저류층 영역에 존재하고, 그 저류층은 “2상 저류층”으로 불린다. 경험적으로 만들어진 방정식들만이 2상 저류층의 IPR 모델링에 이용할 수 있다. 이 경험적 방정식은 Standing(1971)에 의해 확장된 Vogel(1968) 방정식 , Fetkovich(1973) 방정식, Bandakhlia와 Aziz(1989) 방정식, Zhang(1992) 방정식, Retnanto와 Economide(1998) 방정식 등이 있다. Vogel 방정식은 아직까지도 업계에서 널리 사용되고 있으며 다음과 같이 표현된다.

$$q = q_{\max}\left[1 - 0.2\left(\frac{p_{wf}}{\bar{p}}\right) - 0.8\left(\frac{p_{wf}}{\bar{p}}\right)^2\right] \tag{3.19}$$

또는,

$$p_{wf} = 0.125\bar{p}\,[\sqrt{81 - 80\left(\frac{q}{q_{\max}}\right)} - 1] \tag{3.20}$$

여기에서 q_{max}는 경험적 상수이고 그 값은 저류층의 최대 생산 가능값 또는 절대개방유동(AOF)를 나타낸다. q_{max}는 이론적으로 기포점 압력 이상에서의 저류층 압력과 생산성지수에 기초하여 예측될 수 있다. 유사 정상상태 유동은 다음과 같다.

$$q_{\max} = \frac{J^*\bar{p}}{1.8} \tag{3.21}$$

Fetkovich’s 방정식은 다음과 같이 표현되며,

$$q = q_{\max}\left[1 - \left(\frac{p_{wf}}{\bar{p}}\right)^2\right]^n \tag{3.22}$$

또는,

$$q = C(\bar{p}^2 - p_{wf}^2)^n \tag{3.23}$$

여기에서 C와 n은 경험적 상수이며, $C = q_{\max}/\bar{p}^{\,2n}$에 의해 q_{max}와 관련된다. IPR 모델링에서 두 상수를 가진 Fetkovich 방정식은 Vogel 방정식보다 더 정확하다. 다른 의미로 말하면 식 (3.19)와 (3.23)은 평균 저류층 압력 $\bar{p}$이 초기 기포점 압력이나 그 이하에서 유효하다. 식 (3.23)은 종종 가스 저류층에서 이용된다.

예제

다음과 같이 주어진 자료를 갖고 포화 저류층에 Vogel 방정식을 사용하여 수직정 IPR을 구하라.

공극률 : $\phi = 0.19$
유효 수평투과도 : $k = 8.2$ md
생산층 두께 : $h = 53$ ft
저류층 압력 : p_e or $\bar{p} = 5{,}651$ psia
기포점 압력 : $p_b = 5{,}651$ psia
유체지층용적인자 : $B_o = 1.1$
유체 점도 : $\mu_o = 1.7$ cp
총 압축률 : $C_t = 0.0000129$ psi^{-1}
배유 면적 : $A = 640$ acres
($r_e = 2{,}980$ ft)
시추공 반경 : $r_w = 0.328$ ft
손상 인자 : $s = 0$

풀이

1. 천이 유동에서, 주어진 자료를 이용하여 계산된 값은,

$$J^* = \frac{kh}{141.2B\mu\left(\ln\frac{r_e}{r_w} - \frac{3}{4} + s\right)} = \frac{(8.2)(53)}{141.2(1.1)(1.7)\left(\ln\frac{2{,}980}{0.328} - 0.75\right)} = 0.1968\,\mathrm{STB/D-psi}$$

$$q_{\max} = \frac{J^*\bar{p}}{1.8} = \frac{(0.1968)(5{,}651)}{1.8} = 618\,\mathrm{STB/D}$$

식 (3.19)에 의해 계산된 값들은 아래와 같고 IPR 곡선은 그림 3.9 같이 표현된다.

p_{wf} (psi)	q_o (STB/D)	p_{wf} (psi)	q_o (STB/D)
5,651	0	5,000	122
4,500	206	4,000	283
3,500	352	3,000	413
2,500	466	2,000	512
1,500	550	1,000	580
500	603	0	618

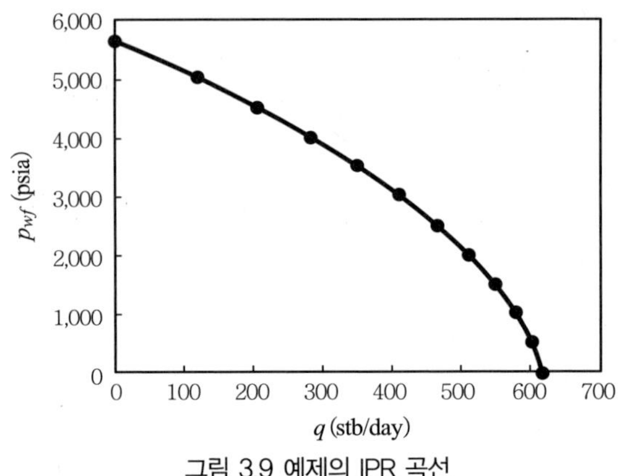

그림 3.9 예제의 IPR 곡선

3.3.3 부분 2상 저류층의 IPR

저류층 압력이 기포점 압력보다 높고 공저 압력이 기포점보다 낮으면, 일반화된 IPR 모델은 공식화될 수 있으며 이것은 두 개의 상 유동에 대한 Vogel의 IPR모델과 단일상 유동에 대한 직선적 IPR 모델의 조합으로 가능하다. 그림 3.10은 공식을 이해하는데 도움이 될 것이다.

선형 IPR 모델에 따라, 기포점 압력에서의 유동량은

$$q_b = J^*(\bar{p} - p_b) \tag{3.24}$$

Vogel의 IPR 모델에 기초하여, 기포점 압력 이하의 압력에 의해 생긴 추가적인 유동량은 다음과 같이 나타낼 수 있다.

$$\Delta q = q_v \left[1 - 0.2\left(\frac{p_{wf}}{p_b}\right) - 0.8\left(\frac{p_{wf}}{p_b}\right)^2 \right] \tag{3.25}$$

따라서, 기포점 압력 이하의 공저 압력에서의 유동량은 식 (3.24), (3.25)에 의해서 다음과 같이 표현된다.

$$q = q_b + q_v \left[1 - 0.2\left(\frac{p_{wf}}{p_b}\right) - 0.8\left(\frac{p_{wf}}{p_b}\right)^2 \right] \tag{3.26}$$

다음과 같은 관계식으로 부터

$$q_v = \frac{J^* p_b}{1.8} \tag{3.27}$$

식 (3.26)은 다음과 같이 된다.

$$q = J^*(\bar{p} - p_b) + \frac{J^* p_b}{1.8} \times \left[1 - 0.2\left(\frac{p_{wf}}{p_b}\right) - 0.8\left(\frac{p_{wf}}{p_b}\right)^2\right] \tag{3.28}$$

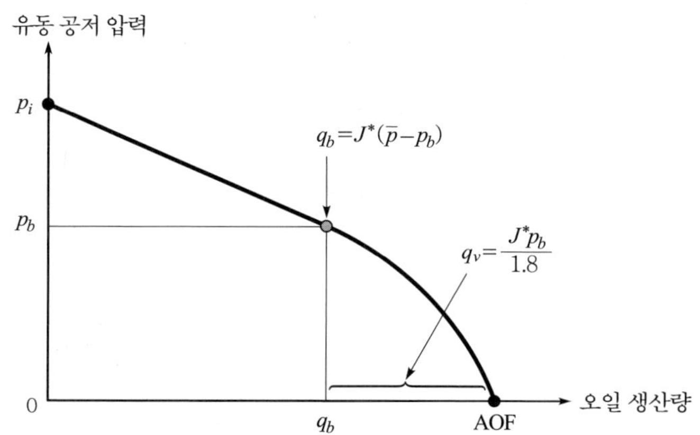

그림 3.10 부분 2상 저류층의 일반화된 Vogel IPR 모델

예제

다음과 같이 주어진 자료를 이용하여 불포화 오일 저류층에 일반화된 Vogel의 방정식을 사용하여 수직정 IPR을 구하라.

공극률	:	$\varnothing = 0.19$
유효 수평투과도	:	$k = 8.2$ md
생산층 두께	:	$h = 53$ ft
저류층 압력	:	$\bar{p} = 5{,}651$ psia
기포점 압력	:	$p_b = 3{,}000$ psia
유체지층용적인자	:	$B_o = 1.1$
유체 점도	:	$\mu_o = 1.7$ cp
총 압축률	:	$C_t = 0.0000129$ psi^{-1}
배유 면적	:	$A = 640$ acres ($r_e = 2{,}980$ ft)
시추공 반경	:	$r_w = 0.328$ ft
손상 인자	:	$s = 0$

풀이

식 (3.28)을 이용하여 구한 점들은 다음과 같고 IPR 곡선은 그림 3.11과 같이 나타난다.

$$J^* = \frac{kh}{141.2B\mu\left(\ln\frac{r_e}{r_w} - \frac{3}{4} + s\right)} = \frac{(8.2)(53)}{141.2(1.1)(1.7)\left(\ln\frac{2,980}{0.328} - 0.75\right)} = 0.1968\,\text{STB/D-psi}$$

$$q_{\max} = \frac{J^*\bar{p}}{1.8} = \frac{(0.1968)(5,651)}{1.8} = 618\,\text{STB/D}$$

$$q_b = J^*(\bar{p} - p_b) = (0.1968)(5,651 - 3,000) = 522\,\text{STB/D}$$

$$q_v = \frac{J^* p_b}{1.8} = \frac{(0.1968)(3,000)}{1.8} = 328\,\text{STB/D}$$

p_{wf} (psia)	q_o (STB/D)	p_{wf} (psia)	q_o (STB/D)
0	850	565	828
1,130	788	1,695	729
2,260	651	2,826	555
3,000	522	5,651	0

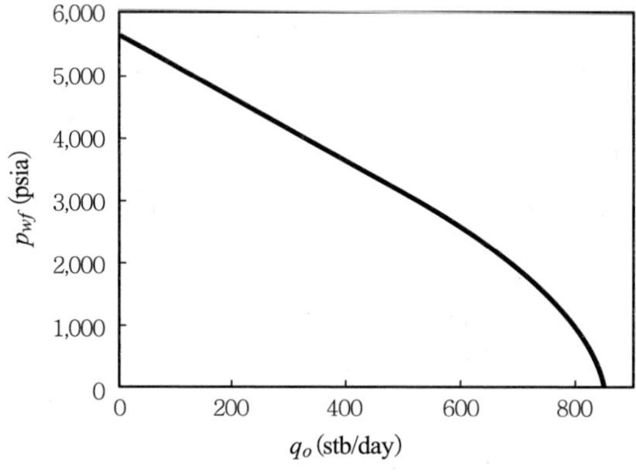

그림 3.11 예제의 IPR 곡선

3.4 생산시험자료를 이용한 IPR 곡선

앞장에서 IPR 곡선은 지층 투과도, 유체 점도, 배유 면적, 시추공 반경, 유정 손상 인자 같은 저류층 인자들을 사용하여 작성할 수 있음을 알았다. 이 인자들은 IPR 모델에서 상수들(예를 들면 생산성 지수)을 결정한다. 그러나 이 인자 값들은 항상 이용 가능하지는 않다. 따라서 생산시험자료들(생산량과 공저 압력의 측정값)은 IPR을 작성하는데 자주 사용된다. 생산시험자료들을 사용하여 IPR 곡선 만드는 작업은 IPR 모델의 상수를 계산해내는 과정과 관련된다. 단일상(불포화 오일) 저류층에서, 모델 상수 J^*는 다음과 같이 결정된다.

$$J^* = \frac{q_1}{(\bar{p} - p_{wf1})} \tag{3.29}$$

여기서, q_1은 생산시험시 공저 압력 p_{wf1}에서의 생산량이다.

부분 2상 저류층에서, 일반화된 Vogel 방정식에의 모델 상수 J^*는 생산시험의 공저 압력 범위에 기초하여 결정된다. 만약 생산시험 공저 압력이 기포점 압력보다 크면, 모델 상수 J^*는 다음과 같이 결정된다.

$$J^* = \frac{q_1}{(\bar{p} - p_{wf1})} \tag{3.30}$$

만약 생산시험시 공저 압력이 기포점보다 작다면, 모델 상수 J^*는 식 (3.28)을 사용하여 다음과 같이 결정된다.

$$J^* = \frac{q_1}{\left((\bar{p} - p_b) + \frac{p_b}{1.8}\left[1 - 0.2\left(\frac{p_{wf1}}{p_b}\right) - 0.8\left(\frac{p_{wf1}}{p_b}\right)^2\right]\right)} \tag{3.31}$$

예제

다음과 같이 주어진 자료를 이용하여 일반화된 Vogel의 방정식을 사용하여 불포화된 저류층의 두 개의 정의 IPR을 구하라.

저류층 압력	: $\bar{p}$ = 5,600 psia
기포점 압력	: p_b = 3,000 psia
A정의 테스트된 공저 압력	: p_{wf1} = 4,000 psia

A정의 테스트된 생산량 : q_1 = 300 STB/D
B정의 테스트된 공저 압력 : p_{wf1} = 2,000 psia
B정의 테스트된 생산량 : q_1= 900 STB/D

풀이

생산정 A:

$$J^* = \frac{q_1}{(\bar{p} - p_{wf1})} = \frac{300}{(5{,}000 - 4{,}000)} = 0.3000\,\mathrm{STB/D - psi}$$

계산된 점들은 다음과 같으며 IPR 곡선은 그림 3.12과 같다.

p_{wf} (psia)	q (STB/D)	p_{wf} (psia)	q (STB/D)
0	1,100	500	1,072
1,000	1,022	1,500	950
2,000	856	2,500	739
3,000	600	5,000	0

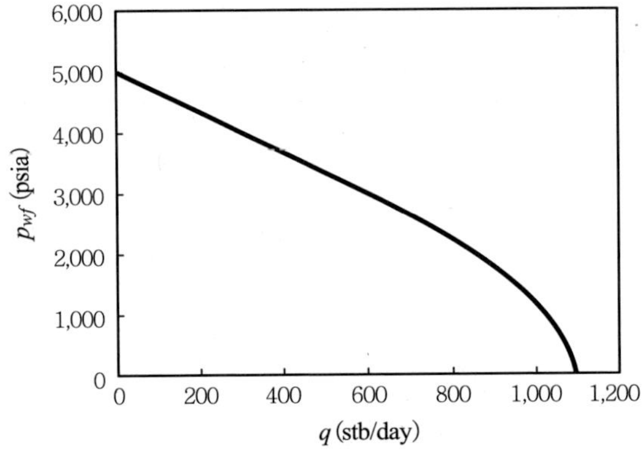

그림 3.12 생산정 A의 IPR 곡선

생산정 B:

$$J^* = \frac{q_1}{\left((\bar{p} - p_b) + \frac{p_b}{1.8}\left[1 - 0.2\left(\frac{p_{wf1}}{p_b}\right) - 0.8\left(\frac{p_{wf1}}{p_b}\right)^2\right]\right)}$$

$$= \frac{900}{\left((5{,}000 - 3{,}000) + \frac{3{,}000}{1.8}\left[1 - 0.2\left(\frac{2{,}000}{3{,}000}\right) - 0.8\left(\frac{2{,}000}{3{,}000}\right)^2\right]\right)}$$

$$= 0.3156\,\mathrm{STB/D - psi}$$

이를 이용해 작성된 IPR 곡선은 그림 3.13과 같이 나타난다.

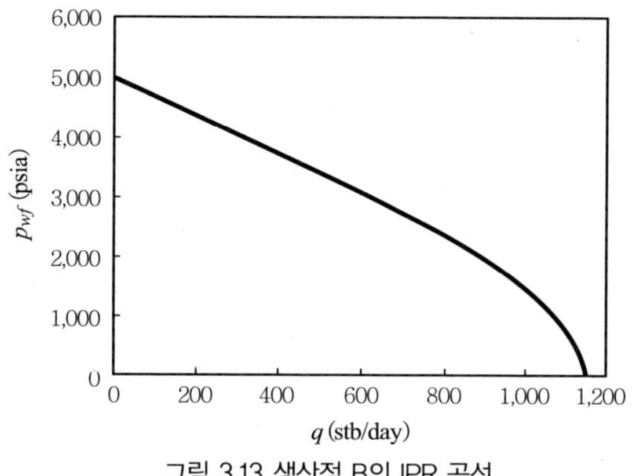

그림 3.13 생산정 B의 IPR 곡선

2상(포화된 오일) 저류층에서, Vogel 방정식 경우, 식 (3.20)은 IPR곡선을 구하는데 사용되고, 상수 q_{max}은 다음 식으로부터 구할 수 있다.

$$q_{max} = \frac{q_1}{1 - 0.2\left(\frac{p_{wf1}}{\bar{p}}\right) - 0.8\left(\frac{p_{wf1}}{\bar{p}}\right)^2} \quad (3.32)$$

기포점 압력에서와 그 이상에서의 생산성 지수는 필요한 경우 다음 식에 의하여 구할 수 있다 .

$$J^* = \frac{1.8 q_{max}}{\bar{p}} \quad (3.33)$$

만약 Fetkovich 방정식, 식 (3.22)이 사용되면, 두 개의 생산시험 점들이 필요하며 두 개의 상수값은 다음과 같다. 즉,

$$n = \frac{\log\left(\frac{q_1}{q_2}\right)}{\log\left(\frac{\bar{p}^2 - p_{wf1}^2}{\bar{p}_2 - p_{wf2}^2}\right)} \quad (3.34)$$

그리고,

$$C = \frac{q_1}{\left(\overline{p}^2 - p_{wf1}^2\right)^n} \tag{3.35}$$

여기서, q_1과 q_2는 각각 유동 공저 압력 p_{wf1}과 p_{wf2}에서 측정된 생산량을 나타낸다.

예제

다음과 같이 주어진 자료를 이용하여 일반화된 Vogel 방정식과 Fetkovich 방정식을 사용하여 포화 저류층의 IPR을 만들어라.

저류층 압력 : $\overline{p}$ = 3,000 psia
공저 압력 1 : p_{wf1} = 2,000 psia
생산량 1 : q_1 = 500 STB/D
공저 압력 2 : p_{wf2} = 1,000 psia
생산량 2 : q_2 = 800 STB/D

풀이

Vogel의 방정식을 이용하면,

$$q_{\max} = \frac{q_1}{1 - 0.2\left(\frac{p_{wf1}}{\overline{p}}\right) - 0.8\left(\frac{p_{wf1}}{\overline{p}}\right)^2}$$

$$q_{\max} = \frac{500}{1 - 0.2\left(\frac{2,000}{3,000}\right) - 0.8\left(\frac{2,000}{3,000}\right)^2} = 978\,\mathrm{STB/D}$$

계산된 결과값은 다음과 같다.

p_{wf} (psia)	q (STB/D)	p_{wf} (psia)	q (STB/D)
0	978	500	924
1,000	826	1,500	685
2,000	500	2,500	272
3,000	0		

Fetkovich의 방정식을 사용하면,

$$n = \frac{\log\left(\dfrac{q_1}{q_2}\right)}{\log\left(\dfrac{\overline{p}^2 - p_{wf1}^2}{\overline{p}^2 - p_{wf2}^2}\right)} = \frac{\log\left(\dfrac{500}{800}\right)}{\log\left(\dfrac{(3,000)^2 - (2,000)^2}{(3,000)^2 - (1,000)^2}\right)} = 1.0$$

$$C = \frac{q_1}{(\overline{p}^2 - p_{wf1}^2)^n} = \frac{500}{\{(3,000)^2 - (2,000)^2\}^{1.0}} = 0.0001\,\mathrm{STB/D - psi^{2n}}$$

계산된 결과값은 다음과 같다.

p_{wf} (psia)	q (STB/D)	p_{wf} (psia)	q (STB/D)
0	900	500	875
1,000	800	1,500	675
2,000	500	2,500	275
3,000	0		

위의 결과로부터 두 개의 상수를 이용하여 계산된 Fetkovich 방정식이 Vogel 방정식을 이용한 것 보다 더 정확한 값을 줌을 알 수 있다.

3.5 다층생산 저류층의 복합 IPR

거의 모든 석유생산층은 어느 정도 여러 개의 층으로 이루어져 있다. 이는 생산지역에 있는 수직 시추공이 각각 다른 저류층 압력, 투과도, 생산 유체 등을 갖고 있는 여러 층을 가지고 있다는 것을 의미한다. 이런 생산층들이 시추공을 제외한 부분에서 서로 연결되어 있지 않다고 가정한다면 생산은 주로 높은 투과도를 갖는 층에서 이루어질 것이다. 유정의 생산량이 점차적으로 증가하면서 덜 경화(consolidated)된 층들은 계속적으로 낮은 GOR로 하나씩 차례로 생산이 시작될 것이다. 그리고 생산량이 증가함에 따라 전체 생산에서 차지하는 비율은 감소한다. 그러나 만약 매우 높은 자유 가스 포화도 때문에 가장 소진된 층의 생산 비율이 높게 되면, 전체의 GOR은 높아지기 시작할 것이며 이러한 증가가 유지되어 질 것이다. 따라서 여러층으로 구성된 저류층에서 생산하는 유정은 생산량이 증가함에 따라 최소 GOR이 보여 질 것이라는 것이 예상되어 진다. 다층 생산 시스템의 주요 관심사 중 하나는 만약 저류층 유체가 초기 압력이 다른 혼합 층으로부터 생산되어 진다면 층간 교차 유동이 발생할 수 있다는 것이다. 이 교차 유동은 유정의 복합 IPR이 크게 영향을 주며 여러 혼합층으로부터 최적의 생산량을 추정 가능하게 할 수도 있다. El-Banbi과 Wattenbarger(1996, 1997)은 생산 자료에 대한 히스토리 매칭을 근거하여 혼합된 가스 저류층의 생산성을 조사했다.

3.5.1 복합 IPR 모델

여기서 언급된 복합 IPR 모델은 다음과 같은 가정을 하였다.

1. 모든층의 저류층에 유사정상상태 유동이 우세하다.
2. 모든 층에 유입/유출되는 유체는 유사한 성질을 지닌다.
3. 개별 층사이의 시추공 부분 압력손실은 무시할 수 있을 정도이다.
4. 개별 층의 IPR은 알려져 있다.

가정 1에 근거하여 정상유동 조건 하에서 물질 균형 원리 다음과 같이 의미한다.
"층에서 유정으로 이동한 순 질량 유동" = "유정 정두에서 질량 유동양" 식으로 표현하면,

$$\sum_{i=1}^{n} \rho_i q_i - \rho_{wh} q_{wh} \, (3.36) \tag{3.36}$$

ρ_i = i층내 유동 유체 밀도　　q_i = i층내 유동량

ρ_{wh} = 정두에서의 유체 밀도　　q_{wh} = 정두에서의 유동량

n = 층의 갯수

시추공에서부터 저류층의 유체 유동은 (−)q_i로 나타내어진다. 앞에서 언급된 가정 2와 공저에서 정두사이에서의 밀도 변화를 무시하면 식 (3.36)을 아래와 같이 바꿀 수 있다.

$$\sum_{i=1}^{n} q_i = q_{wh} \tag{3.37}$$

또는,

$$\sum_{i=1}^{n} J_i(\overline{p_i} - p_{wf}) = q_{wh} \tag{3.38}$$

여기서, J_i는 층 i에서의 생산지수이다.

• 단상 액체 유동

불포화 오일을 포함하는 저류층일 경우, 모든 층에서 유동 공저 압력이 기포점 압력보다 높으면 모든 층에서 단상 유동이 기대되며 식 (3.38)은 다음과 같이 된다.

$$\sum_{i=1}^{n} J_i^*(\overline{p_i}-p_{wf})=q_{wh} \tag{3.39}$$

여기서, J^*_i는 기포점 압력 또는 그 이상에서 층 i의 생산성지수이다. 식 (3.39)는 직선 복합 IPR을 나타낸다. 직선의 IPR은 절대개방유동(AOF)와 유정폐쇄 공저 압력(p_{wfo})에서 두 점을 연결하여 만들 수 있다.

$$AOF=\sum_{i=1}^{n} J_i^*\overline{p_i}=\sum_{i=1}^{n} AOF_i \tag{3.40}$$

$$p_{wfo}=\frac{\sum_{i=1}^{n} J_i^*\overline{p_i}}{\sum_{i=1}^{n} J_i^*} \tag{3.41}$$

여기서, 층 사이의 교차유동 때문에 p_{wfo}는 동적 공저 압력이라는 사실을 기억해야 한다.

• 2상 유동

포화 오일을 갖고 있는 저류층일 경우 2상 유동이 예상된다. 식 (3.38)은 1차 보다 큰 다항식의 형태로 나타낼 수 있는데 만약 Vogel의 IPR 모델을 사용한다면, 식 (3.38)은 다음과 같이 나타낼 수 있다.

$$\sum_{i=1}^{n}\frac{J_i^*\overline{p_i}}{1.8}\left[1-0.2\left(\frac{p_{wf}}{\overline{p_i}}\right)-0.8\left(\frac{p_{wf}}{\overline{p_i}}\right)^2\right]=q_{wh} \tag{3.42}$$

이 식으로부터,

$$AOF=\sum_{i=1}^{n}\frac{J_i^*\overline{p_i}}{1.8}=\sum_{i=1}^{n} AOF_i \tag{3.43}$$

그리고,

$$p_{wfo} = \frac{\sqrt{80\sum_{i=1}^{n} J_i^* \overline{p}_i \sum_{i=1}^{n} \frac{J_i^*}{\overline{p}_i} + (\sum_{i=1}^{n} J_i^*)^2} - \sum_{i=1}^{n} J_i^*}{8\sum_{i=1}^{n} \frac{J_i^*}{\overline{p}_i}} \tag{3.44}$$

역시, 층 사이의 교차 유동 때문에 p_{wfo}는 동적 공저 압력이 되어야 한다.

- 부분 2상 유동

일반적인 Vogel IPR 모델은 저류층 압력이 오일 기포점 압력보다 크고 시추공 압력은 기포점 압력보다 낮은 다층의 저류층으로 부터 유정 유입을 설명할 수 있다. 이때 식 (3.38)은 다음과 같은 형태로 나타낼 수 있다.

$$\sum_{i=1}^{n} J_i^* \times \left\{ (\overline{p}_i - p_{bi}) + \frac{p_{bi}}{1.8}\left[1 - 0.2(\frac{p_{wf}}{\overline{p}_i}) - 0.8(\frac{p_{wf}}{\overline{p}_i})^2\right]\right\} = q_{wh} \tag{3.45}$$

이 식으로부터,

$$AOF = \sum_{i=1}^{n} J_i^* (\overline{p}_i - 0.44 p_{bi}) = \sum_{i=1}^{n} AOF_i \tag{3.46}$$

그리고,

$$p_{wfo} = \frac{\sqrt{147\left[0.56\sum_{i=1}^{n} J_i^* p_{bi} + \sum_{i=1}^{n} J_i^* (\overline{p}_i - p_{bi})\right] \sum_{i=1}^{n} \frac{J_i^*}{p_{bi}} + (\sum_{i=1}^{n} J_i^*)^2} - \sum_{i=1}^{n} J_i^*}{8\sum_{i=1}^{n} \frac{J_i^*}{\overline{p}_i}} \tag{3.47}$$

역시 여기서도 층 사이의 교차유동 때문에 p_{wfo}는 동적 공저 압력이 되어야 한다.

3.5.2 적용

모든 J_i*을 알고 있다면 앞절에서 언급된 방정식을 이용하여 복합 IPR 곡선을 만들 수 있다. 비록 많은 방정식들이 다양한 종류의 유정 J_i*을 추정하기 위해 제안되었지만, 개별 층의 유동 시험를 바탕으로 하여 J_i*를 결정하는 것이 좋다. 만약 생산시험에서 얻은 유동량 정보 q_i가 층 i에서의 기포점 압력보다 높은 시추공저 압력(p_{wfi})에서 얻은 경우, 생산성 지수 J_i*는 아래와 같은 식으로 결정할 수 있다.

$$J_i^* = \frac{q_i}{\overline{p_i} - p_{wfi}} \tag{3.48}$$

만약 q_i가 기포점 압력보다 낮은 시추공저 압력 p_{wfi}에서 얻어진다면 생산성 지수 J_i*는 다음과 같은 식으로 결정된다.

$$J^* = \frac{q_i}{\left(\overline{p_i} - p_{bi}\right) + \frac{p_{bi}}{1.8}\left[1 - 0.2\left(\frac{p_{wfi}}{p_{bi}}\right) - 0.8\left(\frac{p_{wfi}}{p_{bi}}\right)^2\right]} \tag{3.49}$$

만약, J_i*, $\overline{p}_i$, p_{bi}을 알고 있다면 복합 IPR은 식 (3.45)을 이용하여 생성할 수 있다.

사례 연구

남중국해의 탐사정이 압력이 일정하지 않은 8개의 오일층이 존재하는 얇은 저류층 구간을 관통했다. 오일층은 6개 그룹으로 나누어 생산시험을 수행하였다. 층 B4와 C2, 층 D3와 D4가 각각 함께 시험 되었다. 시험자료와 계산되어진 생산량 지수(J_i*)는 아래의 표 3.1과 같이 요약되며, 개별 층의 IPR 곡선은 그림 3.14와 같다.

표 3.1 9개의 오일 층 사례연구의 생산시험 요약

층 번호:	D3-D4	C1	B4-C2	B1	A5	A4
층 압력 (psi)	3,030	2,648	2,606	2,467	2,302	2,254
기포점 (psi)	26.3	4.1	4.1	53.5	31.2	33.8
생산량 (bopd)	3,200	3,500	3,510	227	173	122
생산압력 (psi)	2,936	2,607	2,571	2,422	2,288	2,216
J_i*(bopd/psi)	34	85.4	100.2	5.04	12.4	3.2

표에서 보는 바와 같이 층 A4, A5, B1의 생산량은 다른 층 보다 상당히 낮다. 공저 압력이 가장 낮은 저류층 압력인 2,254psi 보다 높은 경우 시추공 교차 유동이 발생

할 수 있다. 높은 주입(생산량이 동일하다고 가정한 경우)과 상대적으로 낮은 압력 때문에 층 B4, C1 그리고 C2는 주요 문제 구간(thief zone) 임에 틀림없다. 그림 3.15에서 보여지는 복합 IPR은 공저 압력에 대한 유정의 순 생산량을 도시한 그래프다. 공저 압력이 2,658 psi 아래로 내려가지 않는 한 순 오일 생산은 가능하지 못하다. 그림 3.14는 총 8개의 오일 층을 세 그룹으로 나누어 생산할 것을 제안한다.

그룹 1: 층 D3과 D4
그룹 2: 층 B4, C1, C2
그룹 3: 층 B1, A4, A5

그룹 1의 두 층은 혼합 생산시험을 실시 했기 때문에 복합 IPR은 그림 3.14에 나타난 것과 같다. 그룹 2와 그룹 3 복합 IPR의 그래프는 그림 3.16 와 3.17에 나타나있다. 표 3.2는 어떤 압력에서 그림 3.15, 3.16, 3.17의 로부터 얻은 값들을 비교한 것이다.

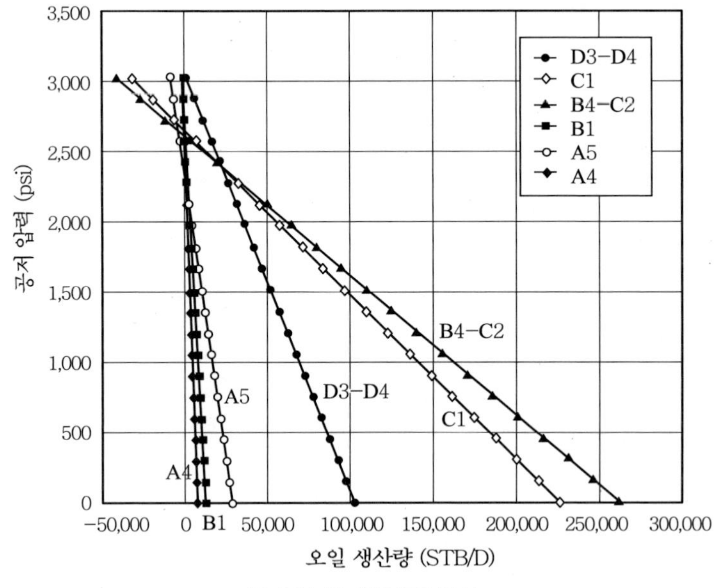

그림 3.14 각 층의 IPR 곡선

표 3.2 모든층 혼합생산 및 그룹화한 구간의 생산량 비교

공저압(psi)	생산량 (STB/D)				
	모든층 혼합 (commingled)	그룹화된 구간			
		Group 1	Group 2	Group 3	총합
2,658	0	12,663	폐쇄	폐쇄	12,663
2,625	7,866	13,787	0	폐쇄	13,787
2,335	77,556	23,660	53,896	0	77,556
2,000	158,056	35,063	113,090	6,903	158,056

그룹 1은 공저 압력이 2,658 psi 보다 높은 지점에서 생산을 달성할 수 있고 그룹 2와 그룹 3은 그 압력조건에서 유정폐쇄를 한다. 그룹 1과 2는 공저압력이 2,625 psi 보다 높으면 생산이 가능하며 이때 그룹 3은 폐쇄한다. 그룹 3이 생산을 시작할 수 있는 공저 압력이 2,335 psi 아래로 떨어지게 되는 점에서 이 그룹 층은 경제적으로 유지될 것이다.

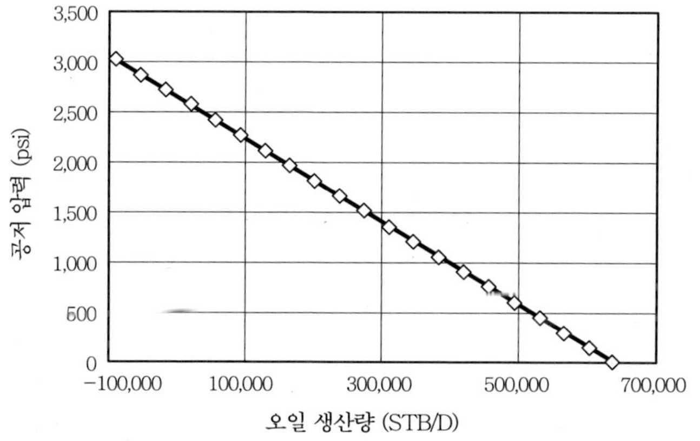

그림 3.15 모든층 혼합생산에 대한 복합 IPR 곡선

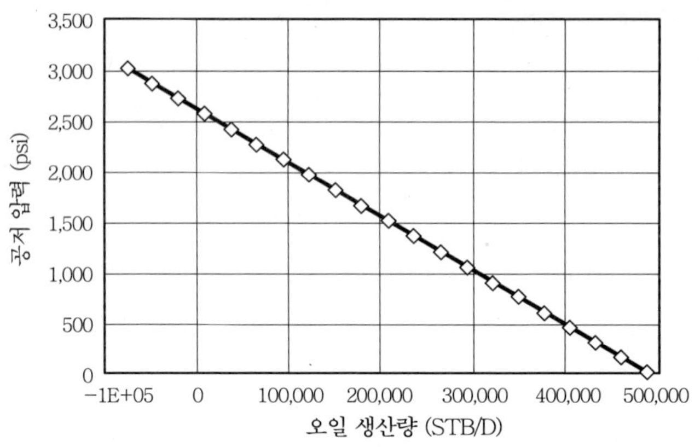

그림 3.16 그룹 2(층 B4, C1, C2)의 복합 IPR 곡선

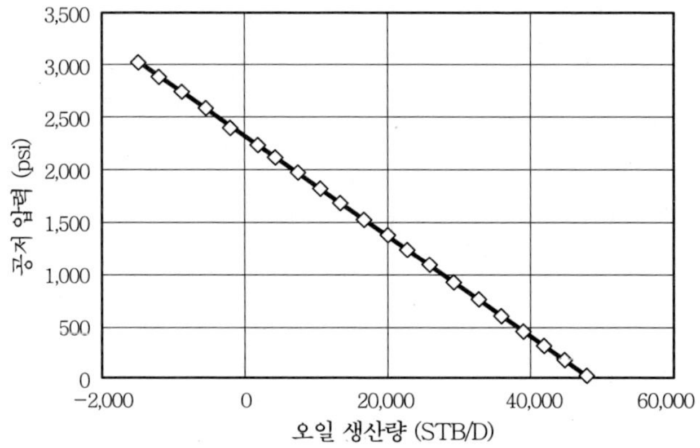

그림 3.17 그룹 3(층 B1, A4, A5)의 복합 IPR 곡선

3.6 유입거동관계(IPR) 예측

저류층 생산성은 시간에 따라 감소한다. 단상 저류층에서 천이 유동기간 동안, 이 감소는 깔때기모양 압력 지역의 반경이 시간에 따라 증가하기 때문이다. 즉, 저류층에서 전체의 압력 구배는 시간이 지남에 따라 떨어진다. 2상 저류층에서 압력이 감소함에 따라 상대투과도 감소와 오일 점도 증가로 저류층의 생산성은 떨어진다. 미래 IPR은 Vogel과 Fetkovich의 방법으로 예측할 수 있다.

3.6.1 Vogel의 방법

J_p*와 J_f*은 각각 현재 생산성 지수와 미래 생산성 지수라고 하며, 다음과 같은 식을 유도할 수 있다.

$$\frac{J_f^*}{J_p^*} = \frac{\left(\dfrac{k_{ro}}{B_o\mu_o}\right)_f}{\left(\dfrac{k_{ro}}{B_o\mu_o}\right)_p} \tag{3.50}$$

또는,

$$\frac{J_f^*}{J_p^*} = J_p^*\frac{\left(\dfrac{k_{ro}}{B_o\mu_o}\right)_f}{\left(\dfrac{k_{ro}}{B_o\mu_o}\right)_p} \tag{3.51}$$

따라서,

$$q = \frac{J_f^*\overline{p_f}}{1.8}\left[1 - 0.2\frac{p_{wf}}{\overline{p_f}} - 0.8\left(\frac{p_{wf}}{\overline{p_f}}\right)^2\right] \tag{3.52}$$

여기서, $\overline{p}_f$는 미래의 시간에서 저류층 압력이다.

예제

다음과 같은 유정 생산 시험에서 얻은 유체로부터 얻은 자료를 이용하여 저류층의 평균 압력이 1,800 psig 될 때 유정의 IPR을 결정하여라.

풀이

저류층 특성	현재	미래
평균 압력 (psig)	2,250	1,800
생산성 지수 J*(STB/D–psi)	1.01	
오일점성도 (cp)	3.11	3.59
오일 용적지수 (RB/STB)	1.173	1.150
오일에 대한 상대투과도	0.815	0.685

$$J_f^* = J_p^* \frac{\left(\frac{k_{ro}}{B_o\mu_o}\right)_f}{\left(\frac{k_{ro}}{B_o\mu_o}\right)_p} = 1.01\frac{\frac{0.685}{3.59(1.150)}}{\frac{0.815}{3.11(1.173)}} = 0.75\,\mathrm{STB/D-psi}$$

미래 IPR에 대해 Vogel의 식을 이용하면

$$q = \frac{J_f^* \overline{p_f}}{1.8}\left[1 - 0.2\frac{p_{wf}}{\overline{p_f}} - 0.8(\frac{p_{wf}}{\overline{p_f}})^2\right]$$

$$= \frac{(0.75)(1{,}800)}{1.8}\left[1 - 0.2\frac{p_{wf}}{1{,}800} - 0.8\left(\frac{p_{wf}}{1{,}800}\right)^2\right]$$

이 식으로 얻어진 다음과 같은 값으로 그림 3.18와 같은 형태의 그래프를 그릴 수 있다.

저류층 압력 = 2,250 psig		저류층 압력 = 1,800 psig	
p_{wf} (psig)	q (STB/D)	p_{wf} (psig)	q (STB/D)
2,250	0	1,800	0
2,025	217	1,620	129
1,800	414	1,440	246
1,575	591	1,260	351
1,350	747	1,080	444
1,125	884	900	525
900	1,000	720	594
675	1,096	540	651
450	1,172	360	696
225	1,227	180	729
0	1,263	0	750

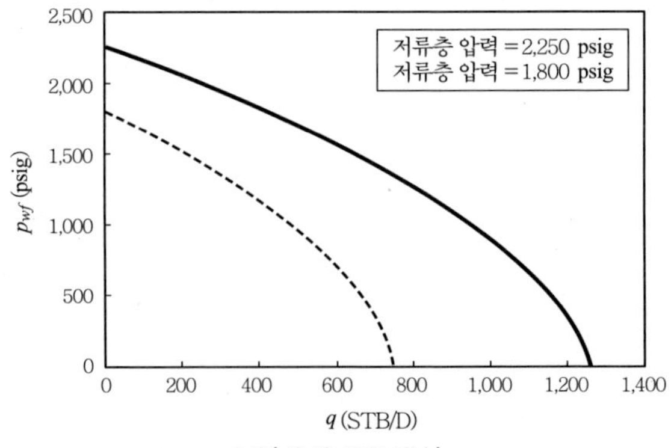

그림 3.18 IPR 곡선

3.6.2 Fetkovich의 방법

다상유동에 대한 저류층 유입관계의 적분형태는 다음과 같이 표현할 수 있다.

$$q = \frac{0.007082kh}{\ln\left(\frac{r_e}{r_w}\right)} \int_{p_{wf}}^{p_e} f(p)dp \tag{3.53}$$

여기서, $f(p)$는 압력함수이다. 가장 간단한 2상 유동의 경우는 외부 경계(r_e)에서의 정압(p_e)이 조건이며 이 경우 p_e가 기포점압력 보다 낮으면 전체 저류층 내에서 2상 유동을 한다.

이러한 상황에서 $f(p)$는 $\frac{k_{ro}}{\mu_o B_o}$ 값을 취한다. k_{ro}는 압력 p에서의 오일로 포화된 저류층에서의 상대 투과도이다. 이 방법에서 Fetkovich는 적합한 근사치를 만들기 위해 중요한 가정을 한다. $\frac{k_{ro}}{\mu_o B_o}$은 p의 선형함수이고 원래 값을 통과하는 직선이다. 만약 p_i가 층의 초기 압력(즉, p_e)이라면 직선은 다음 식으로 가정할 수 있다.

$$\frac{k_{ro}}{\mu_o B_o} = \left(\frac{k_{ro}}{\mu_o B_o}\right)\frac{p}{p_i} \tag{3.54}$$

식 (3.53)에 식 (3.54)을 대입하여 뒷부분을 적분하면,

$$q_o = \frac{0.007082kh}{\ln\left(\frac{r_e}{r_w}\right)}\left(\frac{k_{ro}}{\mu_o B_o}\right)_i \frac{1}{2p_i}\left(p_i^2 - p_{wf}^2\right) \tag{3.55}$$

또는,

$$q_o = J_i'\left(p_i^2 - p_{wf}^2\right) \tag{3.56}$$

여기에서

$$J_i' = \frac{0.007082kh}{\ln\left(\frac{r_e}{r_w}\right)}\left(\frac{k_{ro}}{\mu_o B_o}\right)_i \frac{1}{2p_i} \tag{3.57}$$

공저 압력에 대한 식 (3.45)의 도함수는

$$\frac{dq_o}{dp_{wf}} = -2J_i' p_{wf} \tag{3.58}$$

이는 낮은 유입압력 값에서 p_{wf}에 대한 q의 변화량이 작다는 것을 의미한다.

실질적으로 p_e의 값이 일정하게 유지되지 않고 누적 생산이 증가함에 따라 감소한다는 것을 고려하여 식 (3.58)을 고칠 수 있고 J_i'는 평균 저류층 압력이 감소하는 것에 비례하여 감소할 것이다.

따라서 정압이 p_e일 때 IPR식은

$$q_o = J_i' \frac{p_e}{p_i}(p_i^2 - p_{wf}^2) \tag{3.59}$$

$$q_o = J'(p_i^2 - p_{wf}^2) \tag{3.60}$$

여기에서

$$J' = J_i' \frac{p_e}{p_i} \tag{3.61}$$

이 식은 미래의 값을 추정하는데 사용될 수 있다.

예제

p_i가 2000 psia, J_i'=5×10^{-4} STB/D−psia^{2}인 유정에서 Fetkovich의 방법을 이용하여 유정 폐쇄 정압이 1,500, 1,000 psia 일때 유정의 IPR을 예측하라.

풀이

1,500 psia에서의 J_o'의 값은

$$J_o' = 5\times10^{-4}\left(\frac{1,500}{2,000}\right) = 3.75\times10^{-4}\,\text{STB/D (psia)}^2$$

그리고 1,000psia에서의 J_o'의 값은

$$J_o' = 5\times10^{-4}\left(\frac{1,000}{2,000}\right) = 2.5\times10^{-4}\,\text{STB/D (psia)}^2$$

식 (3.60)을 이용하여 구하면 다음과 같은 값을 얻을 수 있으며 IPR 곡선은 그림 3.19과 같이 나타낼 수 있다.

p_e= 2,000 psig		p_e= 1,500 psig		p_e= 1,000 psig	
p_{wf} (psig)	q (STB/D)	p_{wf} (psig)	q (STB/D)	p_{wf} (psig)	q (STB/D)
2,000	0	1,500	0	1,000	0
1,800	380	1,350	160	900	48
1,600	720	1,200	304	800	90
1,400	1,020	1050	430	700	128
1,200	1,280	900	540	600	160
1,000	1,500	750	633	500	188
800	1,680	600	709	400	210
600	1,820	450	768	300	228
400	1,920	300	810	200	240
200	1,980	150	835	100	248
0	2,000	0	844	0	250

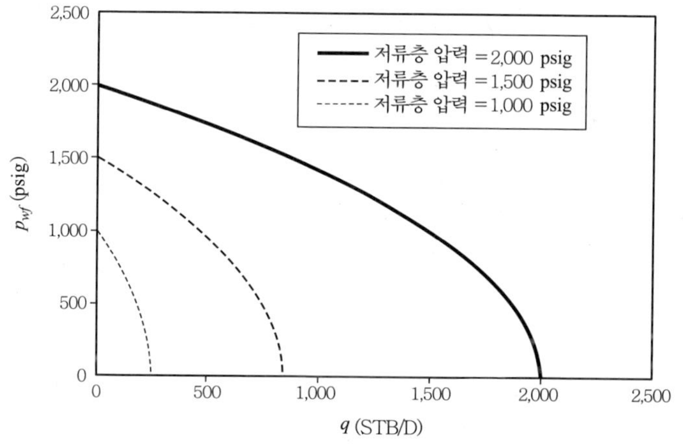

그림 3.19 IPR 곡선

참고문헌

- Bandakhlia, H. and Aziz, K., 1989, "Inflow Performance Relationship for Solution-Gas Drive Horizontal Wells," *Presented at the 64th SPE Annual Technical Conference and Exhibition,* San Antonio, Texas, October 8-11.
- Chang, M., 1992, "Analysis of Inflow Performance Simulation of Solution-Gas Drive for Horizontal/Slant/Vertical Wells," *Presented at the SPE Rocky Mountain Regional Meeting, Casper,* Wyoming, May 18-21.
- Dietz, D.N., 1965, "Determination of Average Reservoir Pressure From Build-Up Surveys," *J. of Petro. Tech.,* Vol. 17, No. 8, pp. 955-959.
- Dake, L.P., 1978, *Fundamentals of Reservoir Engineering,* Elsevier, Amsterdam, Netherlands.
- Earlougher, R.C., 1977, *Advances in Well Test Analysis,* Society of Petroleum Engineers, Dallas, USA.
- El-Banbi, A.H. and Wattenbarger, R.A., 1996 "Analysis of Commingled Tight Gas Reservoirs," *Presented at the SPE Annual Technical Conference and Exhibition,* Denver, Colorado, October 6-9, USA.
- El-Banbi, A.H. and Wattenbatger, R.A., 1997, "Analysis of Commingled Gas Reservoirs With Variable Bottom-Hole Flowing Pressure and Non-Darcy Flow," *Presented at the SPE Annual Technical Conference and Exhibition,* San Antonio, Texas, USA, October 5-8.
- Fetkovich, M.J., 1973, "The Isochronal Testing of Oil Wells," *Presented at the SPE Annual Technical Conference and Exhibition,* Las Vegas, Nevada, USA, September 30 -October 3.
- Joshi, S.D., 1988, "Augmentation of Well Productivity With Slant and Horizontal Wells," *J. of Petro. Tech.,* Vol. 40, No. 6, pp. 729-739.
- Retnanto, A. and Economides, M., 1998, "Inflow Performance Relationships of Horizontal and Multibranched Wells in a Solution Gas Drive Reservoir," *Presented at the 1998 SPE Annual Technical Conference and Exhibition,* New Orleans, Louisiana, USA, September 27-30.
- Standing, M.B., 1971, "Concerning the Calculation of Inflow Performance of wells Producing from Solution Gas Drive Reservoirs," *J. of Petro. Tech.,* Vol. 23, No. 9, pp. 1141-1142.
- Vogel, J.V., 1968, "Inflow Performance Relationships for Solution Gas Drive Wells," *J. of Petro. Tech.,* Vol. 20, No. 1, pp. 83-92.

CHAPTER 4

제4장 정호 거동: 파이프 유동 해석

4.1 서론
4.2 단상 액체 유동
4.3 유정 내에서의 다상류
4.4 단상 가스 유동
4.5 가스 유정의 미세 분무 유동

chapter

4 제4장 정호 거동: 파이프 유동 해석

4.1 서론

3장에서는 저류층 생산성에 대해 설명하였다. 그러나, 유정으로부터 도달가능한 석유 생산성은 정두 압력과 생산관의 유동 거동(즉, 튜빙, 케이싱 또는 둘다)에 의해 결정된다. 생산관의 유동 거동은 생산관의 기하하적 구조와 생산된 유체들의 특성에 의해 결정된다. 석유 유정내의 유체들은 석유, 물, 가스, 모래를 포함한다. 시추공변 거동분석은 관의 크기, 정두와 공저의 압력, 유체 특성, 유체 생산율 사이의 관계를 확립한다. 시추공변 유동거동의 이해는 석유 유정장비와 최적의 유정 생산조건을 설계하는 생산 기술자들에게 매우 중요하다. 석유는 유정 내에서 더 나은 작업을 결정하는 튜빙, 케이싱 또는 둘 모두를 통해 생산 될 수 있다. 튜빙을 통한 석유생산은 대부분의 경우에서 가스 채유 효과의 장점을 가지는 좋은 선택이다. 이 책에서는 튜빙거동관계(tubing performance relationship, TPR)이라는 전통적인 용어가 사용된다(수직 채유 거동이라는 용어가 사용되기도 함). 그러나, 수력학적 직경이 사용되는 한 수학적 모델 또한 케이싱 유동과, 케이싱-튜빙 환류에 대해 유효하다. 이번 장에서는 TPR의 결정과 유정 생산관을 따라 발생하는 압력 거동에 초점을 맞추었으며 단상 및 다상 유체 모두가 고려된다.

4.2 단상 액체 유동

단상 액체 유동은 일반적으로 현실적이지는 않지만, 오직 정두 압력이 오일의기포점 압력보다 높을 때, 유정 내에 존재한다. 그러나, 보통 다상 유동이 우세한 유정 내에서, 유체 유동의 개념 설정을 위한 단상 액체로부터 시작하는 것이 편리하다. 길이 L과 높이 Δz의 튜빙 스트링에서 점1부터 점2까지 유체유동을 고려해 봐라(그림 4.1). 열역학 제 1법칙은 유체 압력강하를 다음과 같은 방정식으로 나타낼 수 있다.

$$\Delta p = p_1 - p_2 = \frac{g}{g_c}\rho\Delta z + \frac{\rho}{2g_c}\Delta u^2 + \frac{2f_F\rho u^2 L}{g_c D} \tag{4.1}$$

Δp = 압력 강하, $1b_f/ft^2$

p_1 = 점 1에서의 압력, $1b_f/ft^2$

p_2 = 점 2에서의 압력, $1b_f/ft^2$

g = 중력가속도, 32.17ft/s^2

g_c = 단위 전환계수, 32.17$1b_m$-ft/$1b_f$-s^2

ρ = 유체의 밀도 $1b_m/ft^3$

u = 유체의 속도, ft/s

f_F = Fanning 마찰계수

L= 튜빙의 길이, ft

D = 튜빙의 내부직경, ft

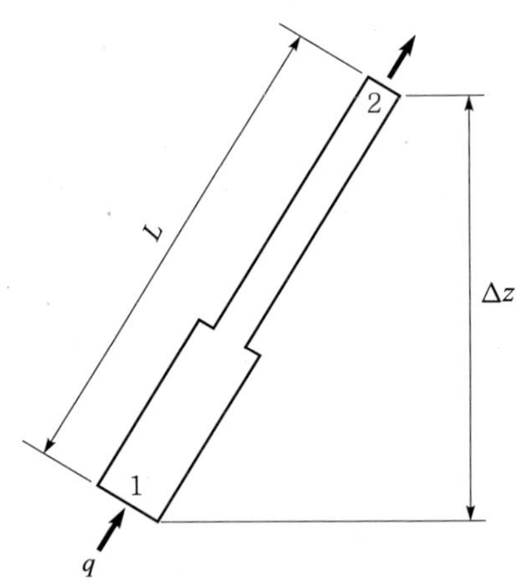

그림 4.1 튜빙관을 따른 유체 유동

방정식의 우변에서 첫 번째, 두 번째, 세 번째 항은 각각 높이, 운동에너지, 마찰변화로 인한 압력 강하를 나타낸다. Fanning 마찰계수는 Reynolds 수와 상대거칠기를 바탕으로 구할 수 있다. Reynolds 수는 관성력과 점성력의 비로 정의된다. Reynolds 수는 다음과 같은 일관된 단위로 표현된다.

$$N_{Re} = \frac{Du\rho}{\mu} \tag{4.2}$$

또는 미국 현장 단위로는,

$$N_{Re} = \frac{1.48q\rho}{d\mu} \tag{4.3}$$

N_{Re} = Reynolds 수

ρ = 유체의 밀도 $1b_m/ft^3$

μ = 유체의 점도, cp

q = 유체의 유동량, B/D

d = 튜빙의 내경, in.

$N_{Re} < 2000$인 층류의 경우, Fanning 마찰계수는 Reynolds 수에 반비례한다.

$$f_F = \frac{16}{N_{Re}} \tag{4.4}$$

$N_{Re} > 2{,}100$인 난류의 경우, Fanning 마찰계수는 실험상관관계를 사용하여 측정될 수 있다. 많은 연구로 의해 발전된 상관식 중에, Chen(1979)의 상관관계는 석유산업에서 사용된 마찰계수 차트를 만들기 위해 쓰여진 Cole-brook-White 방정식(Gregory와 Gogarasi, 1985)과 유사한 정확도를 보여주며 Chen의 상관관계는 다음과 같이 표현된다.

$$\frac{1}{\sqrt{f_F}} = -4\times\log\left[\frac{\varepsilon}{3.7065} - \frac{5.0452}{N_{Re}}\log\left[\frac{\varepsilon^{1.1098}}{2.8257} + \left(\frac{7.149}{N_{Re}}\right)^{0.8981}\right]\right] \tag{4.5}$$

여기서 상대거칠기 $\varepsilon = \frac{\delta}{d}$로 정의되고, δ는 파이프 벽의 절대거칠기이다. 또한, Fanning 마찰계수는 그림 4.2에서 나타난 Darcy-Wiesbach 마찰계수를 바탕으로 얻을 수 있으며 Darcy-Wiesbach 마찰계수는 또한 Moody 마찰계수(f_M)라고 언급되기도 한다. Moody와 Fanning 마찰계수 사이에 관계는 다음으로 표현된다.

$$f_F = \frac{f_M}{4} \tag{4.6}$$

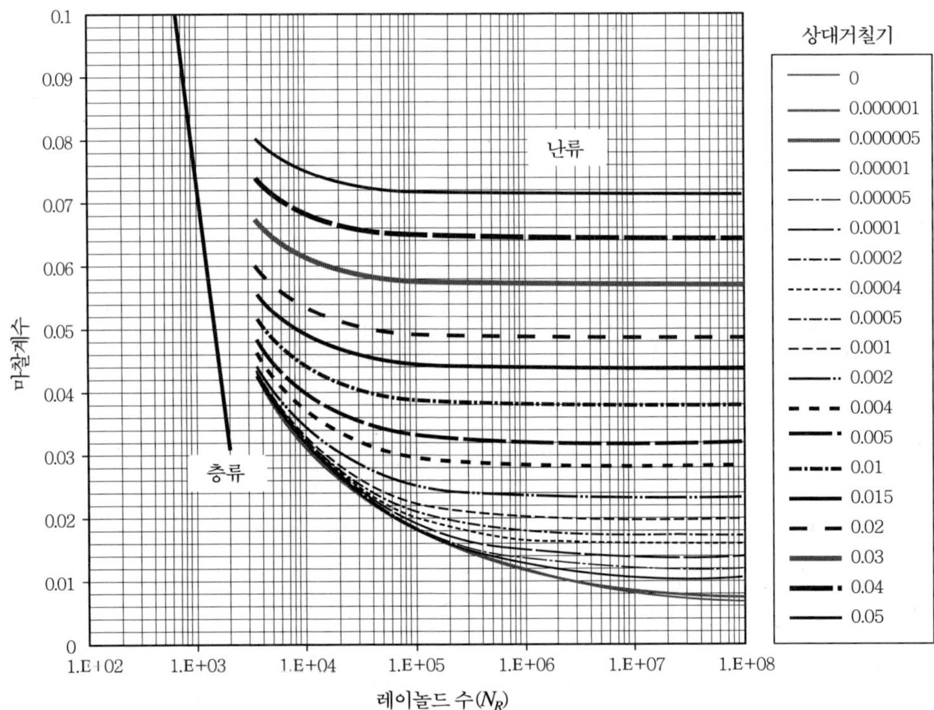

그림 4.2 Darcy-Wiesbach 마찰저항계수 도표 (Moody, 1944)

예제

수직으로부터 15° 경사진 유정에서 40° API의 1,000 B/D, 1.2cp 인 석유가 $2\frac{7}{8}$인치, 8.6 lbm/ft튜빙을 통하여 생산된다고 가정해 보자. 튜빙 벽의 상대 거칠기가 0.001일 때, 유체가 1,000 ft 길이의 튜빙을 지날 때의 압력강하를 계산하라.

풀이

석유의 비중: $\gamma_o = \frac{141.5}{°\mathrm{API}+131.5} = \frac{141.5}{40+131.5} = 0.825$

석유의 밀도: $\rho = 62.4\gamma_o = (62.5)(0.825) = 51.57\,\mathrm{lb_m}/\mathrm{ft}^3$

고도 증가: $\Delta Z = \cos(\alpha)L = \cos(15)(1{,}000) = 966\ \mathrm{ft}$

$2\frac{7}{8}$ 인치, 8.6 lbm/ft 튜빙은 2.259의 내부직경을 가지므로,

$$D=\frac{2.259}{12}=0.188\text{ ft}$$

유체속도는 다음에 따라 계산될 수 있다:

$$u=\frac{4q}{\pi D^2}=\frac{4(5.615)(1,000)}{\pi(0.188)^2(86,400)}=2.34\text{ ft/s}$$

Reynolds 수:

$$\begin{aligned}N_{Re}&=\frac{1.48q\rho}{d\mu}=\frac{1.48(1,000)(51.57)}{(2.259)(1.2)}\\&=28,115>2,100,\ (\text{난류조건})\end{aligned}$$

Chen의 상관관계는

$$\begin{aligned}\frac{1}{\sqrt{f_F}}&=-4\times\log\left[\frac{\varepsilon}{3.7065}-\frac{5.0452}{N_{Re}}log\left[\frac{\varepsilon^{1.1098}}{2.8257}+\left(\frac{7.149}{N_{Re}}\right)^{0.8981}\right]\right]\\&=12.3255\end{aligned}$$

$$f_F=0.006583$$

만약 그림 4.2의 마찰저항계수도표가 사용되었다면, Moody 마찰계수 0.0265를 얻을 수 있으며 Fanning 마찰계수는 다음과 같이 측정된다.

$$\begin{aligned}f_F&=\frac{0.0265}{4}\\&=0.006625\end{aligned}$$

결국, 압력강하는 다음과 같이 계산된다.

$$\begin{aligned}\Delta p&=\frac{g}{g_c}\rho\Delta z+\frac{\rho}{2g_c}\Delta u^2+\frac{2f_F\rho u^2L}{g_cD}\\&=\frac{32.17}{32.17}(51.57)(966)+\frac{51.57}{2(32.17)}(0)^2+\frac{2(0.006625)(51.57)(2.34)^2(1,000)}{(32.17)(0.188)}\\&=50,435\,\text{lb}_f/\text{ft}^2\\&=350\,\text{psi}\end{aligned}$$

4.3 유정 내에서의 다상류

거의 모든 유정들은 오일뿐 아니라 일정량의 물, 가스, 가끔씩 모래도 생산한다. 이런 유정들은 '다상 유정'이라 불린다. 단상유동에 대한 TPR 방정식은 다상 유정에는 적합하지

않다. 다상 유정의 TPR을 엄밀히 분석하기 위해서는, 다상류 모델이 필요하다. 다상류는 유동체계의 변화(또는 유동 패턴) 때문에 단상유동보다 훨씬 더 복잡하다. 유체 유동분포는 다른 유동체계에서 크게 변하는데, 튜빙 내에 압력경도에 상당히 영향을 끼친다.

4.3.1 유동체계

그림 4.3에서 보는 바와 같이 가스-액체 2상 유동에서 적어도 4개의 유수체계가 존재함을 알 수 있다. 보통 이것들은 기포, 슬러그, 처언류(Churn flow), 환류(annular flow)이다. 이 유수체계들은 주어진 액체 유동량에 대한 가스 유동량의 증가에 따라 발생한다. 기포 유동에서, 가스 상은 지속적인 액체상에서 작은 기포의 형태로 흩어진다. 슬러그 유동에서, 가스 기포들은 결국 전체 파이프의 횡단면을 채우는 더 큰 기포들로 합쳐진다. 큰 기포들 사이에는 유동적인 가스의 더 작은 기포들을 함유한 액체의 슬러그들이 있다. 처언류 유동에서, 더 큰 가스 기포들은 불안정하게 되고 붕괴되어, 두 상이 분산된 심한 난류패턴의 결과를 가져온다. 환류에서, 가스는 지속적인 상이 되고, 환체에서 액체 유동과 함께, 가스상에서 연행된 작은 방울들로 파이프 표면이 코팅된다.

4.3.2 액체 점유율

다상류에서 상에 의해 차지된 파이프의 양은 종종 전체 체적유량의 비율과는 다르다. 이는 상들 사이에 밀도차이가 존재하기 때문이다. 밀도차이는 상향유동에서 흘러내려가기 위해 압축상태를 야기시킨다(즉, 더 가벼운 상이 무거운 상보다 빠르게 움직인다). 이 때문에 현장에서 무거운 상의 체적율은 입력시의 무거운 상의 체적율보다 더 클 것이다(즉, 무거운 상은 더 가벼운 상에 비례하여 파이프 안에 "정체"해 있다). 따라서, 액체 "점유율"은 다음과 같이 정의된다.

$$y_L = \frac{V_L}{V} \tag{4.7}$$

여기서, y_L=액체 점유율, V=파이프 부피, V_L=파이브내 액체 부피

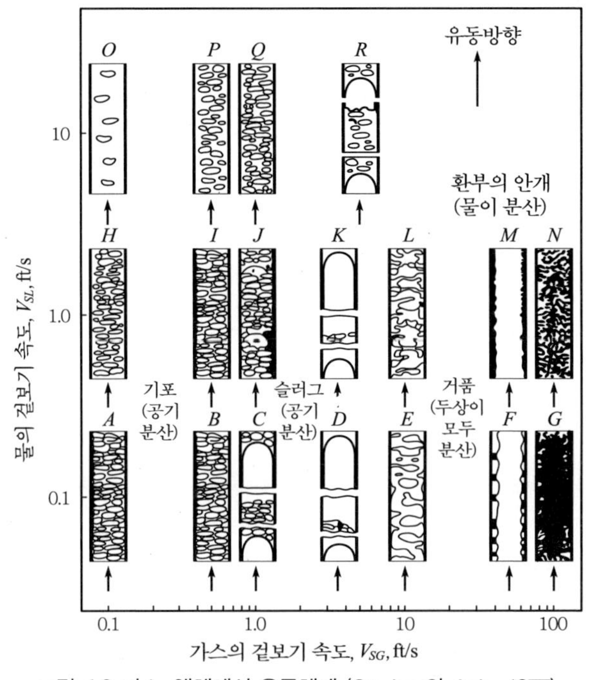

그림 4.3 가스-액체에서 유동체계 (Govier 와 Aziz, 1977)

4.3.3 튜빙거동관계(TPR) 모델

수직 파이프 내에 다상류 분석을 위해 많은 TPR 모델들이 개발되었으며 Brown (1977)은 이 모델들을 자세하게 검토하였다. 다상유동 유정에 대한 TPR 모델은 두 개로 구분되며 (1) 균일 유동 모델과 (2) 분리 유동 모델이 있다. 균일 모델은 다상을 균일 혼합물처럼 다루고, 액체 점유율의 영향은 고려하지 않는다. 그러므로 이 모델들은 부정확하고 보통 현장 적용시 지역 운영조건에 따라 조정된다. 이 모델들의 주요 장점은 모델의 기계적인 특성에 있다. 이들은 가스-오일-물 3개의 상과 가스-오일-물-모래 4개의 상 시스템을 다룰 수 있으며 컴퓨터 프로그램으로 이 기계적 모델들을 작업하는 것은 쉽다. 분리 유동 모델들은 균일 유동 모델보다 더욱 현실적이다. 이들은 보통 실험적 상관관계 형태로 주어진다. 액체 점유율(슬립)과 유동체계의 영향이 고려된다. 분리된 유동 모델의 주요 단점은 대부분의 상관관계가 그래픽 형태로 나타내지기 때문에 컴퓨터 프로그램으로 작업하기가 어렵다는 것이다.

4.3.3.1 균일 유동 모델

많은 균일 유동 모델들은 Poettmann과 Carpenter(1952)가 선구적인 연구를 한 이래로 다상 유정의 TPR을 분석하기 위해 개발되어 왔다. Poettmann-Carpenter의 모델은 액체 점성의 영향을 고려하지 않고 마찰압력 손실 계산을 위해 실험적인 2상 마찰계수를 사용한다. 액체 점도의 영향은 Cicchitti(1960)과 Dukler 등(1964)을 포함한 후기 연구자들에 의해 고려되었으며 이 모델들의 종합적인 검토는 Hasan과 Kabir(2002)가 수행하였다. Guo와 Ghalambor(2005)는 가스-오일-물-모래의 4상 유동현상을 증명하였다. 액체 상의 슬립이 없다고 가정하면, Poettmann과 Carpenter(1952)는 혼합 밀도와 마찰계수를 추정함으로써 시추공 내에 압력손실을 계산하기 위해 단순화된 가스-오일-물의 3상 유동 모델을 제시했다. Poettmann과 Carpenter에 따르면, 아래 방정식은 가속도 항이 무시될 때 수직 튜빙 내에 압력변화를 계산하기 위해 사용될 수 있다.

$$\Delta p = \left(\bar{\rho} + \frac{\bar{k}}{\bar{\rho}}\right)\frac{\Delta h}{144} \tag{4.8}$$

Δp = 압력 증분, psi

$\bar{\rho}$ = 평균 혼합 밀도 (비중량), lb/ft³

Δh = 깊이 증분, ft

그리고,

$$\bar{k} = \frac{f_{2F} q_o^2 M^2}{7.4137 \times 10^{10} D^5} \tag{4.9}$$

f_{2F} = 2상 유동에 대한 Fanning 마찰계수

q_0 = 오일 생산율, STB/D

M = 오일 1 STB에 대한 전체 질량

D = 튜빙 내부직경, ft

평균 혼합밀도 $\bar{\rho}$는 다음에 의해 계산될 수 있다.

$$\bar{\rho} = \frac{\rho_1 + \rho_2}{2} \tag{4.10}$$

ρ_1 =튜빙 상부 부분에서의 혼합밀도, lb/ft^3

ρ_2 =바닥 부분 부분에서의 혼합밀도, lb/ft^3

주어진 점에서의 혼합밀도는 질량유량과 체적유량으로 계산될 수 있다.

$$\rho = \frac{M}{V_m} \tag{4.11}$$

$$M = 350.17\,(\gamma_o + WOR\gamma_w) + GOR\rho_{air}\gamma_g \tag{4.12}$$

$$V_m = 5.615\,(B_o + WORB_w) + (GOR - R_s)\left(\frac{14.7}{p}\right)\left(\frac{T}{520}\right)\left(\frac{z}{1.0}\right) \tag{4.13}$$

γ_o =오일의 비중, 담수(fresh water) = 1

WOR =생산하는 물-오일 비, bbl/STB

γ_w =물의 비중, 담수 = 1

GOR =생산하는 가스-오일 비, bbl/STB

ρ_{air} =공기의 밀도, lb/ft^3

γ_g =가스의 비중, air = 1

V_m =오일 1 STB에 대한 혼합물의 체적, ft^3

B_o =오일의 용적계수, RB/STB

B_w =물의 용적계수, scf/STB

P =지하(현장) 압력, psia

T =지하(현장) 온도, °R

z =P와 T조건에서의 가스 압축계수

만약 직접적으로 측정한 자료가 없다면, 용해 가스-오일비(GOR)과 오일 용적계수는 다음 상관관계를 이용하여 추정될 수 있다.

$$R_s = \gamma_g [\frac{p}{18} \frac{10^{0.0125\text{API}}}{10^{0.00091t}}]^{1.2048} \tag{4.14}$$

$$B_o = 0.9759 + 0.00012 \left[R_s \left(\frac{\gamma_g}{\gamma_o}\right)^{0.5} + 1.25t\right]^{1.2} \tag{4.15}$$

여기서, t는 현장 온도(°F)이다. 2상 마찰계수 f_{2F} 는 Poettmann과 Carpenter (1952)에 의해 추천된 도표로부터 추정될 수 있다. 컴퓨터 프로그램으로 쉽게 작업을 하기 위해서, Guo와 Ghalambor(2002)는 차트를 대표하기 다음 상관관계를 개발하였다.

$$f_{2F} = 10^{1.444-2.5\log(D\rho v)} \tag{4.16}$$

$D\rho v$는 관성력을 나타내는 Reynolds 수의 분자이고 다음의 식과 같다.

$$(D\rho v) = \frac{1.4737 \times 10^{-5} M q_o}{D} \tag{4.17}$$

Poettmann-Carpenter 모델은 유한차분 형태를 가지기 때문에, 이 모델은 짧은 깊이 증분 Δh에 대해서만 정확하다. 깊은 유정에 대해서는, 이 모델은 정확한 결과를 얻기 위해서 작은 구간으로 나누어 계산하는 구분 방법을 사용해야만 한다. 압력에 대한 식 (4.8)을 풀기 위해서는 반복이 필요하기 때문이다.

Guo와 Ghalambor(2005)에 의해 제안된 가스-오일-물-모래의 4상 유동모델은 Poettmann과 Carpenter(1952)에 의해 나타난 가스-오일-물의 3상 유동모델과 액체 상의 슬립(slip)이 없다고 가정된다는 점에서 유사하다. Guo-Ghalambor 모델은 다음과 같이 표현될 수 있다.

$$144b(p - p_{hf}) + \frac{1-2bM}{2} \ln\left|\frac{(144p + M)^2 + N}{(144p_{hf} + M)^2 + N}\right| - \frac{M + \frac{b}{c}N - bM^2}{\sqrt{N}} \times \left[\tan^{-1}\left(\frac{144p + M}{\sqrt{N}}\right) - \tan^{-1}\left(\frac{144p_{hf} + M}{\sqrt{N}}\right)\right] = a(\cos\theta + d^2 e)L \tag{4.18}$$

여기서 매개변수들은 다음과 같이 정의된다.

$$a = \frac{0.0765\gamma_g q_g + 350\gamma_o q_o + 350\gamma_w q_w + 62.4\gamma_s q_s}{4.07\,T_{av} q_g} \tag{4.19}$$

$$b = \frac{5.615 q_o + 5.615 q_w + q_s}{4.07\,T_{av} Q_g} \tag{4.20}$$

$$c = 0.00678\frac{T_{av} q_g}{A} \tag{4.21}$$

$$d = \frac{0.00166}{A}(5.615 q_o + 5.615 q_w + q_s) \tag{4.22}$$

$$e = \frac{f_M}{2gD_H} \tag{4.23}$$

$$M = \frac{cde}{\cos\theta + d^2 e} \tag{4.24}$$

$$N = \frac{c^2 e \cos\theta}{(\cos\theta + d^2 e)^2} \tag{4.25}$$

A = 파이프의 단면적, ft²

D_H = 수력직경, ft

f_M = Darcy–Wiesbach 마찰계수 (Moody 계수)

g = 중력 가속도, 32.17 ft/s²

L = 파이프의 길이, ft

p = 압력, psia

p_{hf} = 정두의 유동 압력, psia

q_g = 가스 생산율, scf/D

q_o = 오일 생산율, B/D

q_s = 모래 생산율, ft³/D

q_w = 물 생산율, B/D

T_{av} = 평균 온도, °R

γ_g = 가스의 비중, 공기 = 1

γ_o = 생산된 오일의 비중, 담수 = 1

γ_s = 생산된 고체의 비중, 담수 = 1

γ_w = 생산된 물의 비중, 담수 = 1

4.3.3.2 분리된 유동모델

많은 분리 유동모델들은 TPR 계산에 이용가능하며 여러 다른 모델 중에는 Lockhart와 Martinelli 상관식(1949), Duns와 Ros 상관식(1963), Hagedorn과 Brown 방법(1965) 등이 있다. 이 모델들의 전반적인 비교를 바탕으로, Ansari 등(1994)과 Hasan과 Kabir(2002)는 근수직(near-vertical) 유동에 대해 수정된 Hagedorn-Brown 방법을 추천하였다. 수정된 Hagedorn-Brown(mH-B) 방법은 원래의 Hagedorn과 Brown(1965)의 업적을 기반으로 개발된 실험 상관식이다. 수정방법은 원래의 상관식이 기포 유수체계에 대한 Griffith 상관식의 사용과 비슬립 점유율보다 적은 액체 점유율 값을 예측할 때 비슬립 점유율을 사용한다. 원래의 Hagedorn-Brown 상관식은 다음의 형태를 가진다.

$$\frac{dp}{dz} = \frac{g}{g_c}\bar{\rho} + \frac{2f_F\bar{\rho}u^2_m}{g_cD} + \bar{\rho}\frac{\Delta(u_m^2)}{2g_c\Delta z} \tag{4.26}$$

이는 미국 현장 단위로 다음과 같이 표현될 수 있다.

$$144\frac{dp}{dz} = \bar{\rho} + \frac{f_FM_t^2}{7.413\times10^{10}D^5\bar{\rho}} + \bar{\rho}\frac{\Delta(u_m^2)}{2g_c\Delta z} \tag{4.27}$$

M_t = 전체 질량 유동량, lb_m/D

$\bar{\rho}$ = 지하(현장) 평균밀도, lb_m/ft^3

u_m = 혼합물 속도, ft/s

그리고,

$$\bar{\rho} = y_L\rho_L + (1-y_L)\rho_G \tag{4.28}$$

$$u_m = u_{SL} + u_{SG} \tag{4.29}$$

여기서,

ρ_L = 유체의 밀도, lb_m/ft^3

ρ_G = 현장 가스 밀도, lb_m/ft^3

u_{SL} = 액체상의 겉보기 속도(superficial velocity), ft/s

u_{SG} = 가스상의 겉보기 속도(superficial velocity), ft/s

주어진 유상의 겉보기 속도는 상의 체적유량을 유동의 유수단면적으로 나눈 값으로 정의된다. 식 (4.27)의 우변의 세 번째 항은 운동에너지의 변화에 의한 압력의 변화를 나타내며 이 값은 유정에서 무시할 수 있을 정도로 작다. 액체의 점유율, y_L값을 결정하는 것은 압력을 계산하기 위하여 필수적이다. mH-B 상관관계는 다음의 무차원수를 이용하여 3개의 도표에서 얻을 수 있는 액체의 점유율을 이용한다.

액체의 속도 숫자 N_{vL} :

$$N_{vL} = 1.938\,u_{SL}\sqrt[4]{\frac{\rho_L}{\sigma}} \tag{4.30}$$

가스의 속도 숫자 N_{vG} :

$$N_{vG} = 1.938u_{SG}\sqrt[4]{\frac{\rho_L}{\sigma}} \tag{4.31}$$

파이프 직경 숫자, N_D :

$$N_D = 120.872D\sqrt[4]{\frac{\rho_L}{\sigma}} \tag{4.32}$$

액체 점도 숫자, N_L :

$$N_L = 0.15726\mu_L \sqrt[4]{\frac{1}{\rho_L \sigma^3}} \tag{4.33}$$

여기서,

D = 관의 내부 직경, ft

σ = 액체-기체 간의 계면 장력, dyne/cm

μ_L = 액체 점도, cp

μ_G = 가스 점도, cp

첫 번째 도표는 N_L을 기초로 하여 변수(CN_L)을 결정하기 위한 도표이다. 우리는 이미 이 도표가 수용할 수 있는 정확도의 범위 내에서 다음의 상관관계에 의하여 변화될 수 있음을 알고 있다.

$$(CN_L) = 10^Y \tag{4.34}$$

여기서,

$$Y = -2.69851 + 0.15841X_1 - 0.55100X_1^2 + 0.54785X_1^3 - 0.12195X_1^4 \tag{4.35}$$

$$X_1 = \log[(N_L) + 3] \tag{4.36}$$

변수(CN_L)이 결정되면, 이 값을 $\dfrac{N_{vL} p^{0.1} (CN_L)}{N_{vG}^{0.575} p_a^{0.1} N_D}$ 식에 대입한다. 여기서 p는 압력구배가 계산되는 지점에서의 절대 압력이며, p_a는 대기압이다. 위의 식으로부터 얻어지는 값은 (y_L/ψ)를 구하기 위하여 두 번째 도표에서 사용되는 값이다. 우리는 두 번째 도표를 다음과 같은 상관관계에 의해 나타낼 수 있다는 것을 알고 있다.

$$\begin{aligned}\frac{y_L}{\psi} = &-0.10307 + 0.61777[\log(X_2) + 6] - 0.63295[\log(X_2) + 6]^2 \\ &+ 0.29598[\log(X_2) + 6]^3 - 0.0401[\log(X_2) + 6]^4\end{aligned} \tag{4.37}$$

여기서,

$$X_2 = \frac{N_{vL} p^{0.1} (CN_L)}{N_{vG}^{0.575} p_a^{0.1} N_D} \tag{4.38}$$

Hagedorn과 Brown(1965)에 따르면, 변수 ψ는 $\frac{N_{vG} N_L^{0.38}}{N_D^{2.14}}$ 식을 이용하여 세 번째 도표로 구할 수 있다. $\frac{N_{vG} N_L^{0.38}}{N_D^{2.14}} > 0.01$인 경우에서 세 번째 도표는 수용할 수 있는 정확성 범위 안에서 다음과 같은 상관관계를 통하여 나타낼 수 있다.

$$\psi = 0.91163 - 4.82176\boldsymbol{X}_2 + 1{,}232.25\boldsymbol{X}_3^2 - 22{,}253.6\boldsymbol{X}_3^3 + 116{,}174.3\boldsymbol{X}_3^4 \tag{4.39}$$

여기서,

$$X_3 = \frac{N_{vG} N_L^{0.38}}{N_D^{2.14}} \tag{4.40}$$

ψ=1.0인 경우는 $\frac{N_{vG} N_L^{0.38}}{N_D^{2.14}} \le 0.01$일 때 사용되어야 한다. 마지막으로 액체의 점유율은 다음을 이용하여 계산할 수 있다.

$$y_L = \psi \left(\frac{y_L}{\psi} \right) \tag{4.41}$$

식 (4.27)의 Fanning의 마찰계수는 Chen의 상관관계를 나타내는 식 (4.5) 또는 식 (4.16)을 이용하여 결정할 수 있다. 다상 유동을 계산하기 위한 Reynolds의 수는 다음의 식을 이용하여 구할 수 있다.

$$N_{Re} = \frac{2.2 \times 10^{-2} m_t}{D \mu_L^{y_L} \mu_G^{(1-y_L)}} \tag{4.42}$$

여기서 m_t는 질량유량이다. 기포 유동체계를 위한 Griffith의 상관관계를 이용한 수정된 mH-B이론에서 기포의 유동체계는 다음과 같은 조건에서 존재한다.

$$\lambda_G < L_B \tag{4.43}$$

여기서,

$$\lambda_G = \frac{u_{sG}}{u_m} \tag{4.44}$$

그리고,

$$L_B = 1.071 - 0.2218\left(\frac{u_m^2}{D}\right) \tag{4.45}$$

이며 $L_B \geq 0.13$일 때 유효하다. 식 (4.45)를 이용하여 얻은 L_B값이 0.13보다 작은 경우에는 0.13의 L_B값을 이용해야 한다. 운동에너지 압력 감소항을 수정하지 않고, 미국 현장단위계로 나타낸 Griffith의 상관관계는 다음과 같이 나타낼 수 있다.

$$144\frac{dp}{dz} = \bar{\rho} + \frac{f_F m_L^2}{7.413 \times 10^{10} D^5 \rho_L y_L^2} \tag{4.46}$$

여기서, m_L은 액체만의 질량유량이다. Griffith의 상관관계로 나타낸 액체의 점유율은 다음과 같이 표현할 수 있다.

$$y_L = 1 - \frac{1}{2}\left[1 + \frac{u_m}{u_s} - \sqrt{\left(1 + \frac{u_m}{u_s}\right)^2 - 4\frac{u_{sG}}{u_s}}\right] \tag{4.47}$$

여기서, μ_s=0.8 ft/s이다. 마찰계수(friction factor)를 구하기 위한 Reynolds 수는 현장에서의 액체의 평균 속도에 기초하며, 이는 다음과 같다.

$$N_{Re} = \frac{2.2 \times 10^{-2} m_L}{D \mu_L} \tag{4.48}$$

4.4 단상 가스 유동

튜빙 내에서 기체의 유동은 열역학 제 1법칙인 에너지보존의 법칙을 따른다. 대부분의 가스 유정의 튜빙의 직경은 일정하기 때문에 운동에너지의 변화에 의한 효과는 무시할 수 있다. 튜빙에 대하여 축일(shaft work) 기구를 설치하지 않은 경우, 열역학 제일 법칙을 이용하여 다음과 같은 역학적인 수지 식을 얻을 수 있다.

$$\frac{dP}{\rho}+\frac{g}{g_c}dZ+\frac{f_M v^2 dL}{2g_c D_i}=0 \tag{4.49}$$

또한, $dZ=\cos\theta dL$, $\rho=\frac{29\gamma_g P}{ZRT}$, 그리고 $v=\frac{4q_{sc}zP_{sc}T}{\pi D_i^2 T_{sc}P}$ 이므로 식 (4.49)는 다음과 같이 표현할 수 있다.

$$\frac{zRT}{29\gamma_g}\frac{dP}{P}+\left\{\frac{g}{g_c}cos\theta+\frac{8f_M q_{sc}^2 P_{sc}^2}{\pi^2 g_c D_i^5 T_{sc}^2}\left[\frac{zT}{P}\right]^2\right\}dL=0 \tag{4.50}$$

각 미분방정식이 튜빙 내의 가스의 유동을 나타낸다. 온도 **T**는 지층의 온도 구배를 통해 길이 **L**의 일차함수로 적절하게 표현할 수 있으며 압축계수 z는 압력 **P**와 온도 **T**의 함수이다. 이로 인해 식을 분석하는 것이 어려워진다. 하지만 길이 **L**에서의 압력 **P**는 온도와 압축계수를 결정하는 중요한 요소가 아니다. 식 (4.50)의 적절한 풀이는 이미 연구되어 천연가스산업에 사용되고 있다.

4.4.1 평균 온도와 압축계수 방법

튜빙의 전체 길이에 대하여 온도와 압축계수의 평균값을 가정할 수 있다면, 식 (4.50)은 다음의 식으로 나타낼 수 있다.

$$\frac{\bar{z}R\bar{T}}{29\gamma_g}\frac{dP}{P}+\left\{\frac{g}{g_c}cos\theta+\frac{8f_M q_{sc}^2 P_{sc}^2 \bar{z}^2\bar{T}^2}{\pi^2 g_c D_i^5 T_{sc}^2 P^2}\right\}dL=0 \tag{4.51}$$

변수분리에 의해 식 (4.51)은 적분에 의하여 다음의 식으로 나타낼 수 있다.

$$p_{wf}^2 = \text{Exp}(s)p_{hf}^2 + \frac{8f_M[\text{Exp}(s)-1]\,q_{sc}^2 p_{sc}^2 \overline{z^2}\,\overline{T^2}}{\pi^2 g_c D_i^5 T_{sc}^2 \cos\theta} \tag{4.52}$$

여기서,

$$s = \frac{58\gamma_g gL\cos\theta}{g_c R\bar{z}\,\bar{T}} \tag{4.53}$$

식 (4.52)과 식 (4.53)는 미국 현장 단위계(q_{sc}[Mscf/D])에서 다음과 같은 식으로 변화되어 사용된다(Kate 등, 1959).

$$p_{wf}^2 = \text{Exp}(s)p_{hf}^2 + \frac{6.67\times10^{-4}[\text{Exp}(s)-1]f_M q_{sc}^2\,\bar{z}^2\,\bar{T}^2}{d_i^5\cos\theta} \tag{4.54}$$

그리고,

$$s = \frac{0.0375\gamma_g L\cos\theta}{\bar{z}\,\bar{T}} \tag{4.55}$$

Darcy-Wiesbach(Moody)의 마찰 계수 f_M은 주어진 튜빙의 직경, 관의 거칠기, 그리고 Reynolds 수를 이용하여 손쉽게 구할 수 있다. 그러나 대부분의 가스 유정경우에서 처럼 완벽한 난류 유동을 가정한다면 경험에 의해 얻어진 관계를 보통의 튜빙 스트링에 적용할 수 있다(Katz와 Lee, 1990).

$$f_M = \frac{0.01750}{d_i^{0.224}},\quad d_i \le 4.227\,\text{in. 일 때} \tag{4.56}$$

$$f_M = \frac{0.01603}{d_i^{0.164}},\quad d_i > 4.227\,\text{in. 일 때} \tag{4.57}$$

Guo(2001)은 거친 관 안의 완벽한 난류에 대하여 다음의 Nikuradse 마찰 계수의 상관관계를 사용하였다.

$$f_M = \left[\frac{1}{1.74 - 2\log\left(\frac{2\varepsilon}{d_i}\right)}\right]^2 \tag{4.58}$$

평균 압축 계수는 그것의 압력의 함수이기 때문에 공저 압력을 구하기 위해 식 (4.54)를 반복하여 사용할 때 Newton-Raphson법과 같은 수치기법이 필요하다.

4.4.2 Cullender와 Smith 방법

식 (4.50)은 Cullender와 Smith(Katz 등, 1959)에 의해 개발된 고속 수치 알고리즘(fast numerical algorithm)을 이용하여 공저 압력을 계산할 수 있다. 식 (4.50)은 다음과 같이 재배열 된다.

$$\frac{\frac{p}{zT}dp}{\frac{g}{g_c}cos\theta\left(\frac{p}{zT}\right)^2+\frac{8f_M Q_{sc}^2 p_{sc}^2}{\pi^2 g_c D_i^5 T_{sc}^2}}=-\frac{29\gamma_g}{R}dL \tag{4.59}$$

식 (4.59)를 적분하기 위해 다음과 같이 만든다.

$$\int_{p_{hf}}^{p_{wf}}\left[\frac{\frac{p}{zT}}{\frac{g}{g_c}cos\theta\left(\frac{p}{zT}\right)^2+\frac{8f_M Q_{sc}^2 p_{sc}^2}{\pi^2 g_c D_i^5 T_{sc}^2}}\right]dp=-\frac{29\gamma_g}{R}dL \tag{4.60}$$

미국 현장 단위계(q_{msc}[MMscf/D])에서 식 (4.60)은 다음의 형태가 된다.

$$\int_{p_{hf}}^{p_{wf}}\left[\frac{\frac{p}{zT}}{0.001\cos\theta\left(\frac{p}{zT}\right)^2+0.6666\frac{f_M q_{msc}^2}{d_i^5}}\right]dp=18.75\gamma_g L \tag{4.61}$$

위 식의 일부를 I라 하면,

$$I=\frac{\frac{p}{zT}}{0.001\cos\theta\left(\frac{p}{zT}\right)^2+0.6666\frac{f_M q_{msc}^2}{d_i^5}} \tag{4.62}$$

식 (4.60)은 다음과 같이 나타낼 수 있으며,

$$\int_{p_{hf}}^{p_{wf}} I dp = 18.75\,\gamma_g L \tag{4.63}$$

식 (4.63)은 수치적분형태로 다음과 같이 나타낼 수 있다.

$$\frac{(p_{mf}-p_{hf})(I_{mf}+I_{hf})}{2}+\frac{(p_{wf}-p_{mf})(I_{wf}+I_{mf})}{2}=18.75\gamma_g L \tag{4.64}$$

여기서, p_{mf}는 중간 깊이에서의 압력이다. I_{hf}, I_{mf}, I_{wf}는 각 각 p_{hf}, p_{mf} 그리고 p_{wf}에서 구한 I_s의 일부분이다. 식 (4.64)의 우변의 첫 번째, 두 번째 항이 각 각 총합의 절반씩을 나타낸다고 가정하면,

$$\frac{(p_{mf}-p_{hf})(I_{mf}+I_{hf})}{2}=\frac{18.75\gamma_g L}{2} \tag{4.65}$$

$$\frac{(p_{wf}-p_{mf})(I_{wf}+I_{mf})}{2}=\frac{18.75\gamma_g L}{2} \tag{4.67}$$

위 식을 이용하여 다음을 얻을 수 있다.

$$p_{mf}=p_{hf}+\frac{18.75\gamma_g L}{I_{mf}+I_{hf}} \tag{4.68}$$

$$p_{wf}=p_{mf}+\frac{18.75\gamma_g L}{I_{wf}+I_{mf}} \tag{4.69}$$

I_{mf}는 압력 p_{mf}의 함수이기 때문에 p_{mf}를 구하기 위해서는 Newton-Raphson방법과 같은 수치기법이 요구된다. 일단 p_{mf}가 계산되면, p_{wf}는 식 (4.69)로부터 계산할 수 있다.

4.5 가스 유정의 미세 분무 유동

거의 모든 가스 유정에서는 가스와 함께 일정한 양의 액체성분을 생산한다. 이러한 액체들은 지층수와 가스 콘덴세이트(경질유)이다. 몇몇 유정에서 압력과 온도에 따라 가스 콘덴세이트는 지표에서가 아닌 유정 안에 존재한다. 몇몇의 가스 유정은 모래나 석탄입자들을 생산하며 이러한 유정을 다상 가스정이라고 부른다.4.3.3.1장에서 4상(phase) 유동 모델은 가스 정의 미세분무 유동에 적용될 수 있다.

참고문헌

- Ansari, A.M., Sylvester, N.D., Sarica, C., Shoham, O., and Brill, J.P., 1994, "A Comprehensive Mechanistic Model for Upward Two-Phase Flow in Wellbores," *SPE Production and Facilities*, Vol. 9, No. 2, pp. 143–151.
- Brown, K.E. and Beggs, H.D., 1977, *The Technology of Artificial Lift Methods*, PennWell Books, Tulsa, USA.
- Chen, N.H., 1979, "An explicit equation for friction factor in pipe," *Ind. Eng. Chem. Fund.*, pp. 18–296.
- Cicchitti, A., 1959, "Two-Phase Cooling Experiments: Pressure Drop, Heat Transfer and Burnout Measurements," *Energia Nucleare*, pp. 7–407.
- Dukler, A.E., Wicks, M., and Cleveland, R.G., 1964, "Frictional Pressure Drop in Two-Phase Flow: A Comparison of Existing Correlations for Pressure Loss and Hold-Up," *AIChE J.*, Vol. 10, pp. 38–43.
- Duns, H. and Ros, N.C.J., 1963, "Vertical Flow of Gas and Liquid Mixtures in Wells," *Proceedings of the 6th World Petroleum Congress*, Tokyo, Japan, June 19–26.
- Goier, G.W. and Aziz, K., 1977, The Flow of Complex Mixtures in Pipes, Drieger Publishing Co., Huntington, New York, USA.
- Gregory, G.A. and Fogarasi, M., 1985, "Alternate to Standard Friction Factor Eequation," *Oil Gas J.*, pp. 120–127.
- Griffith, P. and Wallis, G.B., 1961, "Two-Phase Slug Flow," *Trans. ASME*, pp. 307–320.
- Guo, B. and Ghalambor, A., 2002, *Gas Volume Requirements for Underbalanced Drilling Deviated Holes*, PennWell Corporation, Tulsa, USA, pp. 132–133.
- Guo, B. and Ghalambor, A., 2005, *Natural Gas Engineering Handbook*, Gulf Publishing Company, Houston, USA, pp. 59–61.
- Hagedorn, A.R. and Brown, K.E. 1965, "Experimental Study of Pressure Gradients Occurring during Continuous Twophase Flow in Small-Diameter Conduits," *J. of Petro. Tech.*, Vol. 17, No. 4, p. 475.
- Hasan, A.R. and Kabir, C.S., 2002, *Fluid Flow and Heat Transfer in Wellbores*, Society of Petroleum Engineers, Dallas, USA, pp. 10–15.
- Katz, D.L., Cornell, D., Kobayashi, R., Poettmann, F.H., Vary, J.A., Elenbaas, J.R., and Weinaug, C.F., 1959, *Handbook of Natural Gas Engineering*, McGraw-Hill Publishing Company, New York, USA.
- Katz, D.L. and LEE, R.L., 1990, *Natural Gas Engineering—Production and Storage*, McGraw-Hill Publishing Company, New York, USA.
- Lockhart, R.W. and Martinelli, R.C., 1949, "Proposed Correlation of Data for Isothermal Two-phase, Two Component Flow in Pipes," *Chem. Eng. Prog.*, p. 39.
- Poettmann, F.H. and Carpenter, P.G., 1952, "The Multiphase Flow of Gas, Oil, and Water Through Vertical Strings," *API Dril. Prod. Prac.*, pp. 257–263.

CHAPTER 5

제5장 초크 거동

5.1 서론
5.2 음속와 아음속 유동
5.3 단상 액체 유동
5.4 단상 가스 유동
5.5 다상 유동

chapter 5

제5장 초크 거동

5.1 서론

정두 초크는 규정에 따라 생산량을 제한하기 위해 사용될 뿐 아니라 슬러깅(slugging)으로부터 지표면 장비를 보호하고 높은 압력강하 때문에 모래 문제를 피하고 가스 코닝이나 물 코닝을 피하기 위한 유량을 제어할 수 있도록 사용한다. 정두 초크는 두 가지 타입이 사용되는데 고정 초크와 조절 가능 초크이다.

정두에 초크를 배치하는 것은 정두 압력을 고정시키는 것을 의미하며, 유동 공저 압력과 생산량을 고정시키는 것을 의미한다. 주어진 정두 압력을 위해서, 튜빙 안에서 압력 손실을 계산함으로써 유동 공저 압력이 결정될 수 있다. 만약 저류층 압력과 생산성 지수를 안다면, 유량은 유입거동관계(IPR)을 기초로 하여 결정될 수 있다.

5.2 음속와 아음속 유동

유정 초크를 지난 압력 강하는 일반적으로 아주 중요하다. 모든 타입의 생산 유체에서 초크를 지난 압력 강하를 예측할 수 있는 일반화된 방정식이 없다. 다른 초크 유동 모델들은 문헌으로부터 이용가능하고 유수체계와 유체의 가스 마찰을 기초로 하여 선택되어야 한다. 즉 그것은 아음속 또는 음속 유동이다.

이 두 가지 음파와 압력파는 기계적인 파동이다. 초크 안에서 유체유동속도가 현장 조건 하에서 음속의 주행속도에 도달할 때, 그 유동을 음속 유동 이라 부른다. 음파 유동 조건 하에서 초크의 압력파 하류부분은 초크를 통해서 상류부분으로 갈수 없다. 매개 유체가 같은 속도로 반대 방향으로 이동 중이기 때문이다. 그러므로, 초크에서 압력 불연속부가 존재하는 것이고 즉, 하류부문 압력은 상류부문 압력에 영향을 끼치지 않는다. 초크에서 압력 불연속부 때문에, 하류부문 압력의 어떤 변화도 상류부문 압력계로부터 감지되지 않는다. 물론, 상류부문 압력의 변화는 마찬가지로 하류부문 압력계에서 감지되지 않는다. 이 음속 유동은 유정 생산량과 유체분리 운영 조건을 안정화시키는 초크의 특징을 제공한다.

초크에서 음파 유동의 존재여부는 하류부문 대 상류부문 압력 비에 달려있으며 만약 이 압력비가 임계 압력비보다 작다면, 아음속 유동이 존재하는 것이다. 초크를 통한 임계 압력비는 다음과 같이 표현된다.

$$\left(\frac{p_{outlet}}{p_{up}}\right)_c = \left(\frac{2}{k+1}\right)^{\frac{k}{k-1}} \tag{5.1}$$

여기서, p_{outlet}은 초크 유출구의 압력, p_{up}은 상류부문 압력, k는 $\frac{C_p}{C_v}$로 비열 비이다. k의 값은 천연 가스의 경우 약 1.28이며 암계압력비는 약 0.55이다. 오일 유동에서도 비슷한 값을 유지한다. 전형적인 초크 거동 곡선은 그림 5.1이다.

5.3 단상 액체 유동

단상 액체 유동에서 초크를 지난 압력 강하가 운동에너지 변화 때문에 발생할 때, 식(4.1)의 오른쪽 부분에 두 번째 항은 다음과 같이 재배열될 수 있다.

$$q = C_D A \sqrt{\frac{2g_c \Delta p}{\rho}} \tag{5.2}$$

q = 유동량, ft^3/s

C_D = 초크 배출 계수

A = 초크 면적, ft^2

g_c = 단위 변환인자, 32.17 lb_m-ft/lb_f-s^2

Δp = 압력 강하, lb_f/ft^2

ρ = 유체 밀도, lb_m/ft^3

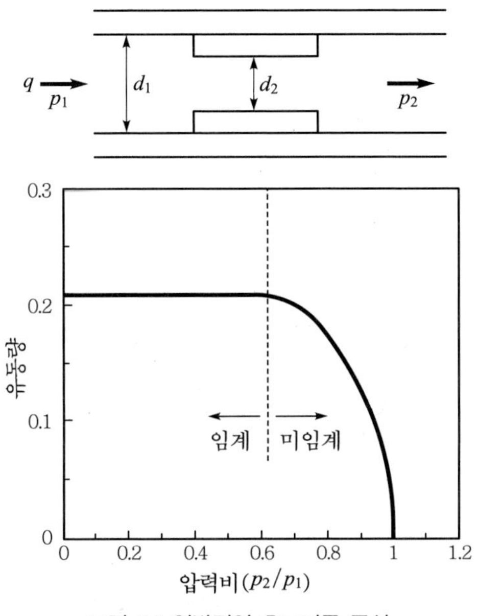

그림 5.1 일반적인 초크거동 곡선

만약 미국 현장 단위가 사용되면, 식 (5.2)는 다음과 같이 표현된다.

$$q = 8074 C_D d_2^2 \sqrt{\frac{\Delta p}{\rho}} \tag{5.3}$$

q = 유동량, B/D

d_2 = 초크 직경, in.

Δp = 압력 강하, psi

C_D는 Reynolds 수와 초크/파이프 직경 비에 근거하여 결정할 수 있다(그림 5.2와 5.3). 다음의 상관관계식은 노즐형 초크에 대해서 10^4과 10^6사이의 Reynolds 수에 대하여 합리적인 정확성을 주는 것으로 알려져 있다(Guo와 Chalambor, 2005).

$$C_D = \frac{d_2}{d_1} + \frac{0.3167}{\left(\frac{d_2}{d_1}\right)^{0.6}} + 0.025[\log(N_{Re}) - 4] \tag{5.4}$$

d_1 = 상류부문 파이프 직경, in.

d_2 = 초크 직경, in.

N_{Re} = d_2를 기초로 한 Reynolds 수

5.4 단상 가스 유동

초크를 지난 가스 유동의 압력 방정식은 등엔트로피 과정을 기초로 하여 얻는다. 이것은 열이 이동할(단열)시간이 없었기 때문이고 초크에서 마찰 손실이(가역 가정) 무시되기 때문이다. 초크를 지난 압력 강하의 문제에 더하여, 초크 유동에 관련된 온도 강하는 유선을 막는 수화물이 형성되기 때문에 또한 가스정에서 중요한 문제이다.

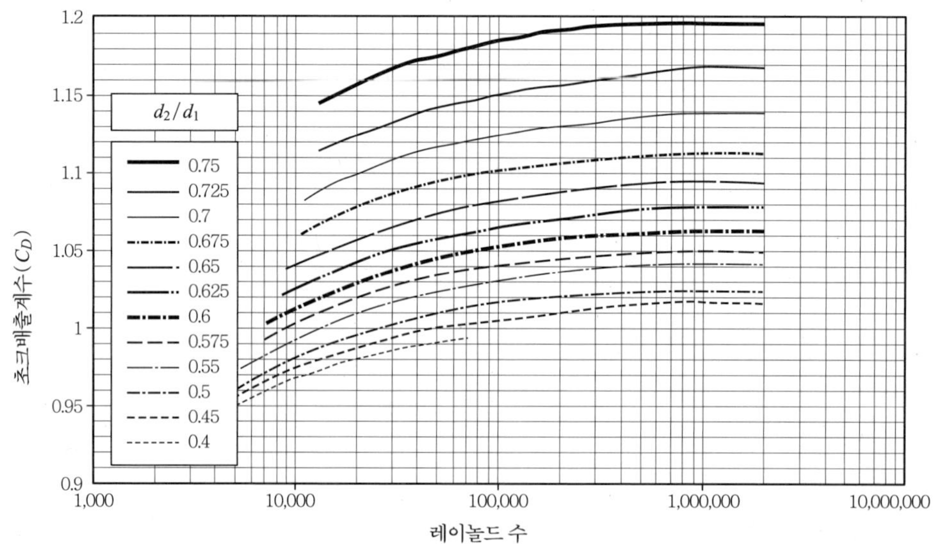

그림 5.2 노즐형 초크에 관한 초크유동계수

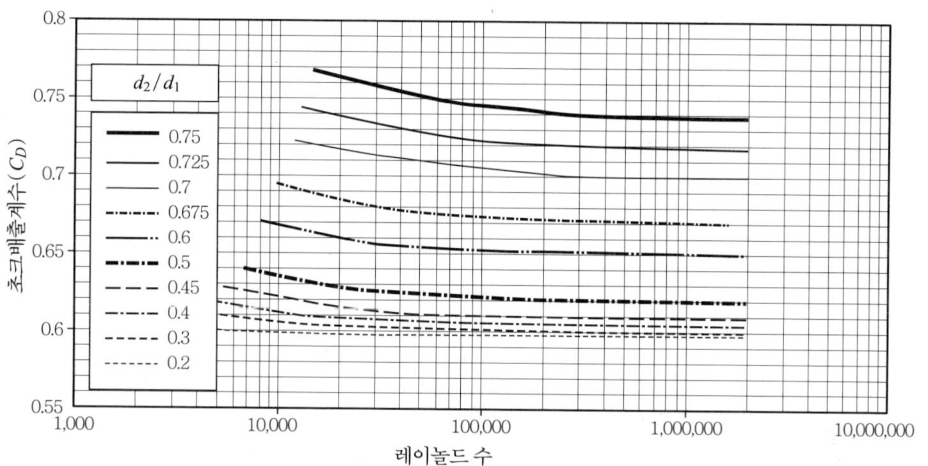

그림 5.3 오리피스형에 관한 초크유동계수

5.4.1 아음속 유동

아음속 유동 조건 하에서, 초크를 지난 가스유동량은 아래와 같이 표현된다.

$$q_{sc} = 1248 C_D A_2 p_{up} \sqrt{\frac{k}{(k-1)\gamma_g T_{up}} \left[\left(\frac{p_{dn}}{p_{up}} \right)^{\frac{2}{k}} - \left(\frac{p_{dn}}{p_{up}} \right)^{\frac{k+1}{k}} \right]} \tag{5.5}$$

q_{sc} = 가스 유동량, Mscf/D

p_{up} = 초크에서의 상류부문 압력, psia

A_2 = 초크의 단면적, in^2

T_{up} = 상류부문 온도, °R

q = 중력 가속도, 32.2 ft/s^2

γ_g = 공기에 대한 가스의 비중

C_D를 결정하기 위한 Reynolds 수는

$$N_{Re} = \frac{20 q_{sc} \gamma_g}{\mu d_2} \tag{5.6}$$

로써 표현된다. 여기서, μ는 C_p로 나타낸 가스 점성도이다.

아음속 유동 조건 하에서 가스 속도는 현장 조건에서 음속보다 낮다.

$$v=\sqrt{v_{up}^2+2g_cC_pT_{up}\left[1-\frac{Z_{up}}{Z_{dn}}\left(\frac{p_{down}}{p_{up}}\right)^{\frac{k-1}{k}}\right]} \tag{5.7}$$

여기서, C_p는 일정한 압력(187.7lbf-ft/lbm-R)에서 가스의 비열이다.

5.4.2 음파 유동

음파 유동 조건 하에서, 가스 유동량은 최대값에 도달한다. 이상기체의 경우 가스 유동량은 다음과 같이 표현된다.

$$Q_{sc}=879C_DAp_{up}\sqrt{\left(\frac{k}{\gamma_gT_{up}}\right)\left(\frac{2}{k+1}\right)^{\frac{k+1}{k-1}}} \tag{5.8}$$

C_D는 Reynolds 값이 10^6보다 클 때 Reynolds 수에 민감하지 않다. 그러므로 Reynolds 수 10^6에서의 C_D 값은 높은 Reynolds 수에서 C_D 값과 같다고 가정할 수 있다.

음파 유동 조건 하에서 가스 속도는 현장 조건하에서 음속과 같다.

$$v=\sqrt{v_{up}^2+2g_cC_pT_{up}\left[1-\frac{z_{up}}{z_{outlet}}\left(\frac{2}{k+1}\right)\right]} \tag{5.9}$$

또는,

$$v\approx 44.76\sqrt{T_{up}} \tag{5.10}$$

5.4.3 초크에서의 온도

상류-하류 압력 비에 의존하는, 초크에서의 온도는 예상했던 것보다 훨씬 낮을 수 있다. 이 낮은 온도는 Joule-Thomson 냉각 효과 때문이고, 즉, 노즐 아래에서 갑작스런 가스 팽창은 심각한 온도 강하를 일으킨다. 온도는 빙점 아래로 쉽게 떨어질 수 있고, 만약 물이 존재한다면 얼음-막힘현상을 일으킬 수 있다. 비록 온도가 여전히 빙점 위에 있을지라도, 수화물이 형성될 수 있고 관의 막힘 문제를 유발시킬 수 있다. 초크를 통한 이상기체의 등엔트로피 과정을 가정한다면, 초크 하류에서 온도는 다음 식을 사용함으로써 예측될 수 있다.

$$T_{dn} = T_{up} \frac{z_{up}}{z_{outlet}} \left(\frac{p_{outlet}}{p_{up}} \right)^{\frac{k-1}{k}} \tag{5.11}$$

유출구 압력은 아음속 유동 조건 하에서 하류 압력과 같다.

5.4.4 적용

식 (5.5)에서 부터 식 (5.11)까지를 이용하여 다음의 값들을 추정할 수 있다.

- 하류 온도
- 주어진 상류와 하류 압력에서 가스 유동량
- 주어진 하루 압력과 가스 유동량에서 상류 압력
- 주어진 상류 압력과 가스 통로 하류 압력

주어진 상류와 하류 압력에서 가스 유동량을 추정하기 위해, 다음 절차가 필요하다.

단계1: 식 (5.1)로부터 임계 압력 비를 계산한다.

단계2: 하류-상류 압력 비를 계산한다.

단계3: 만약 하류-상류 압력 비가 임계 압력 비보다 크다면, 가스 유동량을 계산하기 위해 식 (5.5)를 사용한다. 그렇지 않다면, 식 (5.8)을 사용한다.

예제

2인치 파이프로부터의 0.6 비중 가스가 1인치 오리피스형 초크를 통과하고 있다. 상류 압력과 온도는 각각 800 psia와 75 °F이고 하류 압력은 200 psia이다(오리피스로부터 2 ft 지점에서 측정). 가스 비열비는 1.3이다. (a) 예상된 하루 가스 유동량은? (b) 결빙이 오리피스를 막지 않기 위해 필요한 열은 얼마인가? (c) 오리피스 유출구에서 예상되는 압력은?

풀이

(a)

$$\left(\frac{p_{outlet}}{p_{up}}\right)_c = \left(\frac{2}{k+1}\right)^{\frac{k}{k-1}} = \left(\frac{2}{1.3+1}\right)^{\frac{1.3}{1.3-1}} = 0.5459$$

$\frac{p_{dn}}{p_{up}} = \frac{200}{800} = 0.25 < 0.5459$ 음파 유동이 존재한다.

$$\frac{d_2}{d_1} = \frac{1}{2} = 0.5$$

$N_{Re} > 10^6$이라 가정하면, 그림 5.2로부터 $C_D = 0.62$을 얻는다.

$$q_{sc} = 879\,C_D A p_{up}\sqrt{\left(\frac{k}{\gamma_g T_{up}}\right)\left(\frac{2}{k+1}\right)^{\frac{k+1}{k-1}}}$$

$$q_{sc} = (879)(0.62)[\pi(1)^2/4](800)\sqrt{\left(\frac{1.3}{(0.6)(75+460)}\right)\left(\frac{2}{1.3+1}\right)^{\frac{1.3+1}{1.3-1}}} = 12{,}743\,\text{Mscf/D}$$

N_{Re}를 확인 : Carr–Kobayashi–Burrows 관계에 의해서 $\mu = 0.01245$cp이다.

(b)

$$N_{Re} = \frac{20 q_{sc}\gamma_g}{\mu d_2} = \frac{(20)(12{,}743)(0.6)}{(0.01245)(1)} = 1.23\times10^7 > 10^6$$

$$T_{dn} = T_{up}\frac{z_{up}}{z_{outlet}}\left(\frac{p_{outlet}}{p_{up}}\right)^{\frac{k-1}{k}} = (75+460)(1)(0.5459)^{\frac{1.3-1}{1.3}} = 465\,^\circ\text{R} = 5\,^\circ\text{F} < 32\,^\circ\text{F}$$

그러므로 빙화를 막기 위해 열이 필요하다.

(c)

$$p_{outlet} = p_{up}\left(\frac{p_{outlet}}{p_{up}}\right) = (800)(0.5459) = 437\text{psia}$$

예제

0.65 비중 천연 가스가 2인치 파이프로부터 1.5인치 노즐형 초크를 통과한다.상류 압력과 온도는 각각 100 psia와 70 °F이며 하류 압력은 80 psia(노즐로부터 2 ft 지점에서 측정)이다. 가스 비열비는 1.25이다. (a) 예상되는 하류 가스유동량은? (b) 동결 가능성은 있는가? (c) 노즐 유출구에서 예상되는 압력은?

풀이

(a)

$$\left(\frac{p_{outlet}}{p_{up}}\right)_c = \left(\frac{2}{k+1}\right)^{\frac{k}{k-1}} = \left(\frac{2}{1.25+1}\right)^{\frac{1.25}{1.25-1}} = 0.5549$$

$\frac{p_{dn}}{p_{up}} = \frac{80}{100} = 0.8 > 0.5549$ 이므로, 아음속 유동이 존재한다.

$$\frac{d_2}{d_1} = \frac{1.5}{2} = 0.75$$

$N_{Re} > 10^6$이라 가정하면, 그림 5.1에서 C_D=1.20이다.

$$q_{sc} = 1{,}248 C_D A p_{up} \sqrt{\frac{k}{(k-1)\gamma_g T_{up}} \left[\left(\frac{p_{dn}}{p_{up}}\right)^{\frac{2}{k}} - \left(\frac{p_{dn}}{p_{up}}\right)^{\frac{k+1}{k}}\right]}$$

$$q_{sc} = (1{,}248)(1.2)[\pi(1.5)^2/4](100) \times \sqrt{\frac{1.25}{(1.25-1)(0.65)(530)}\left[\left(\frac{80}{100}\right)^{\frac{2}{1.25}} - \left(\frac{80}{100}\right)^{\frac{1.25+1}{1.25}}\right]}$$
$$= 5{,}572\,\mathrm{Mscf/D}$$

N_{Re}를 확인하면, Carr–Kobayashi–Burrows 관계에 의해서 μ = 0.0108cp이고

$$N_{Re} = \frac{20 q_{sc}\gamma_g}{\mu d} = \frac{(20)(5{,}572)(0.65)}{(0.0108)(1.5)} = 4.5\times 10^6 > 10^6$$

(b)

$$T_{dn} = T_{up}\frac{z_{up}}{z_{outlet}}\left(\frac{p_{outlet}}{p_{up}}\right)^{\frac{k-1}{k}} = (70+460)(1)(0.8)^{\frac{1.25-1}{1.25}} = 507\,^\circ\mathrm{R} = 47\,^\circ\mathrm{F} > 32\,^\circ\mathrm{F}$$

열이 필요 하지 않을 수도 있지만, 확인을 위해 수화물 곡선이 필요할지 모른다.

(c)

$p_{outlet} = p_{dn}$ = 80psia(아임계 유동)

주어진 하류 압력과 가스 유동량에서 상류 압력을 추정하기 위해, 다음 절차가 수행된다.

단계 1 : 식 (5.1)로 임계 압력 비를 계산한다.

단계 2 : 임계 압력 비에 의한 하류 압력을 나눔으로써 음파 유동을 위해 요구되는 최소의 상류 압력을 계산한다.

단계 3 : 식(5.8)로 최소 음파 유동 상태에서 가스 유동량을 계산한다.

단계 4 : 만약 최소의 음파 유동 조건에서 주어진 가스 유동량이 계산된 가스 유동 량 보다 작다면, 상류 압력을 구하기 위해 식(5.5)를 사용한다. 그렇지 않다면, 식(5.8)을 사용한다.

5.5 다상 유동

생산된 오일이 정두 초크에 도달할 때, 정두 압력은 일반적으로 오일의 기포점 압력보다 낮다. 이것은 초크에서 유체로 흐르는 내내 프리 가스가 존재한다는 것을 뜻한다. 초크거동은 가스 상수와 유동 체제 (음속 또는 아음속)에 따라 다르다.

5.5.1 임계 유동

Tangren 등(1949)은 초크와 같이 제약점을 통과하는 2상(가스-액체) 유동에 대한 연구를 수행한 첫 연구자들이다. 그들은 확장하는 2상(가스-액체)시스템의 거동 분석을 발표했다. 또한 그들은 임계유동속도 이상에서 가스기포가 비압축성 유체가 추가되었을 때 유동매체가 압력변화를 상류부문에 전달하지 못하게 된다는 것을 보여주었다. 대부분의 실험적 초크 유동 모델은 지난 반세기 동안 발전되었다. 일반적인 음속 유동에 관한 식은 다음과 같다.

$$p_{wh} = \frac{CR^m q}{S^n} \tag{5.12}$$

p_{wh} = 상류부문 (정두) 압력, psia

q = 총 액체량, B/D

R = 생산 가스-액체비, scf/bbl

S = 초크 크기, $\frac{1}{64}$ in.

Gilbert(1954)는 California주 Ten Section Field의 생산 자료로부터 각각의 값(C, m, n)를 찾았다. 또한 Baxendell(1957), Ros(1960), Achong(1961), and Pilehvari(1980)에 의하여 다른 값이 정의되었으며 각각의 값이 표 5.1에 정리되어 있다. Poettmann와 Beck(1963)은 Ros(1960)의 이론을 다른 API원유 관하여 발전시키기 위해 표로 확장시켰다. Omana(1969)은 물-가스 시스템에 관한 무한한 초크 연관성을 얻게 되었다.

표 5.1 다른 연구들에 의해 주어진 C, m, n 값의 요약

Correlation	C	m	n
Gilbert	10	0.546	1.89
Ros	17.4	0.5	2
Baxendell	9.56	0.546	1.93
Achong	3.82	0.65	1.88
Pilehvari	43.67	0.313	2.11

5.5.2 미임계유동

다상 유체의 아음속 유동의 수학적 모델링은 수십 년간 논란이 많았다. Fortunati(1972)는 이에대한 첫 연구자로 초크로 흐르는 이상 상태에서 모델의 임계와 미임계를 계산될 수 있게 제시하였다. Ashford(1974)는 또한 이상 임계 유동에 기본이었던 Ros(1960)의 이론을 발전시켰다. Gould(1974)는 증명된 Ashford의 이론을 임계-미임계 경계 도표로 만들었으며 이 도표는 다른 경계면들에서의 폴리트로프(polytropic) 지수의 값을 보여준다. Ashford와 Pierce(1975)는 임계압력비를 예측할 수 있는 방정식을 유도했다. 그들의 모델은 '임계조건에서 하류부문 압력에 대한 유속의 미분값은 0이다.' 라고 가정한다. Pilehvari(1980, 1981)는 또한 미임계 조건 이하에서의 초크 유동을 연구했다. Sachdeva(1986)는 Ashford와 Pierce(1975)의 성과를 확대했으며 임계압력비를 예측할 수 있는 관계식을 제안했다. 또한 임계와 미임계 유동 사이의 경계를 찾을 수 있는 방법을 유도했다. Surbey 등(1988, 1989)은 임계와 미임계 유동 조건에 관한 다중 오리피스 밸브 초크의 응용에 대해 언급했다. Al-Attar와 Abdul-Majeed(1988)는 기존의 초크 유동 모델의 비교하였으며 155개 유정 시험으로부터 기

본적인 자료를 활용하였다. 또한 이 비교는 전체 자료 중에 Gilbert의 상관관계가 최고 였으며 예측된 생산비율과 측정된 생산비율 평균 오차는 3.19%로 나타났다. 에너지 방정식을 근거로 하여, Perkins(1990)은 초크를 통해 흐르는 다중 혼합상의 일정한 엔트로피의 유동에 관한 방정식을 얻게 되었다. Osman과 Dokla(1990)는 가스 콘덴세이트 초크 유동에 관한 현장 자료로부터 최소제곱법을 이용하여 경험적 식을 개발하였다. Gilbert-유형 상관관계는 일반화되었다. 초크 유동 모델의 적용 예들은 많은 곳에서 찾을 수 있게 되었다(Wallis, 1969; Perry, 1973; Brown and Beggs, 1977; Brill and Beggs, 1978; Ikoku, 1980; Nind, 1981; Bradley, 1987; Beggs, 1991; Rastion 등, 1992; Saberi, 1996). Sachdeva의 다상 초크 유동 형태는 여러 이론들 중에 최고로 평가받으며, 상업적의 네트워크 모델링 소프트웨어로 코드화되었다. 이 모델은 다음에 나오는 방정식으로 임계-미임계 경계를 계산할 수 있다.

$$y_c = \left\{ \frac{\dfrac{k}{k-1} + \dfrac{(1-x_1)V_L(1-y_c)}{x_1 V_{G1}}}{\dfrac{k}{k-1} + \dfrac{n}{2} + \dfrac{n(1-x_1)V_L}{x_1 V_{G2}} + \dfrac{n}{2}\left[\dfrac{(1-x_1)V_L}{x_1 V_{G2}}\right]^2} \right\}^{\frac{k}{k-1}} \tag{5.13}$$

y_c = 임계 압력비

$k = C_p/C_v$, 비열비

n = 가스에 대한 폴리트로프 지수

x_1 = 상류부문에서의 프리 가스의 질, mass frction

V_L = 상류부문에서의 액체 비체적, ft^3/lbm

V_{G1} = 상류부문에서의 가스 비체적, ft^3/lbm

V_{G2} = 하류부문에서의 가스 비체적, ft^3/lbm

가스에 관한 폴리트로프 지수(polytropic exponent)를 구하는 식은 다음과 같다.

$$n = 1 + \frac{x_1(C_p - C_v)}{x_1 C_v + (1-x_1)C_L} \tag{5.14}$$

상류부문에 가스의 비체적은 상류부문의 압력과 온도에서 가스 법칙을 사용함으로써 결정할 수 있다. 하류부문에 가스의 비체적은 다음과 같이 표현되며 임계압력비 y_c는 식 (5.13)으로 풀 수 있다.

$$V_{G2} = V_{G1} y_c^{-\frac{1}{k}} \tag{5.15}$$

실제 압력비는 다음과 같이 계산된다.

$$y_a = \frac{p_2}{p_1} \tag{5.16}$$

y_a = 실제 압력비

p_1 = 상류부문 압력, psia

p_2 = 하류부문 압력, psia

만약, $y_a < y_c$이면 임계 유동이 존재하며, y_c가 사용되어야 한다($y = y_c$). 그렇지 않으면 미임계 유동이 존재하고, y_a가 사용될 수 있다($y = y_a$).

총 질량 유동은 다음과 같은 식으로 계산된다.

$$G_2 = C_D \left\{ 288 g_c p_1 \rho_{m2}^2 \left[\frac{(1-x_1)(1-y)}{\rho_L} + \frac{x_1 k}{k-1} (V_{G1} - y V_{G2}) \right] \right\}^{0.5} \tag{5.17}$$

G_2 = 하류부문에서의 질량 유동, lbm/ft²/s

C_D = 하류부문에서의 질량 유동, 0.62~0.90

ρ_{m2} = 하류부문에서의 혼합 밀도, lbm/ft³

ρ_L = 액체 밀도, lbm/ft³

하류부문에서의 혼합 밀도(ρ_{m2})는 다음과 같은 식을 사용하여 계산 할 수 있다.

$$\frac{1}{\rho_{m2}} = x_1 V_{G1} y^{-\frac{1}{k}} + (1-x_1) V_L \tag{5.18}$$

일단 식 (5.17)로부터 질량 유동이 결정되면, 질량 유동량은 다음과 같은 식을 사용하여 계산할 수 있다.

$$M_2 = G_2 A_2 \tag{5.19}$$

A_2 = 초크 교차 부분 면적, ft^2

M_2 = 하류부문에서의 질량 유동량, lbm/s

액체 질량 유동량은 다음과 같이 결정된다.

$$M_{L2} = (1 - x_2) M_2 \tag{5.20}$$

초크에서 흐르는 혼합물의 일반적인 속도는 50~50 ft/s이고, 사실상 초크의 목에서 상 사이에 질량 전달하는 동안 시간은 존재하지 않는다. 따라서, $x_2 = x_1$를 가정할 수 있다. 액체 체적 유동량은 액체밀도에 근거하여 결정할 수 있다. 가스 질량 유동량은 다음과 같이 결정된다.

$$M_{G2} = x_2 M_2 \tag{5.21}$$

초크 하류부문에 가스 체적 유동량은 하류부문의 압력과 온도에 근거하여 가스법칙을 사용하여 결정된다. Sachdeva의 다상 초크 유동 모델의 문제점은 자유 가스의 입력 변수를 결정하기 위해 유동 체제와 비율을 요구하고, 이 변수는 일반적으로 유동량을 알기 전에는 알 수 없다. 시행착오 접근은 유동량을 계산하기 위해 필요하다. Guo 등(2002)은 미국 남서부 Louisiana지역 가스 콘덴세이트 유정에서 Sachdeva의 초크 유동을 응용할 수 있는 방법에 관하여 조사하였다. 남서부 Louisiana 유정으로부터 총 512개의 자료를 이 연구를 위해 수집하였다. 그 자료 중에 239개는 오일 유정에서 수집된 자료이고, 나머지 273개의 자료는 콘덴세이트 유정에서 수집된 자료이다. 각각의 자료는 초크 크기, 가스량, 오일량, 콘덴세이트량, 물양, 가스-액체비, 상류부문과 하류부문 압력, 오일 API 중력, 가스 이탈인자(z-인자)의 내용을 포함하고 있다. 또한 유정에서부터 액체와 가스 유동량은 Sachdeva의 초크 모델로 계산 할 수 있다. 이 모델의 전체적인 거동은 오일과 가스 콘덴세이트 유정으로부터 가스 유동량을 예측할 수 있게 연구되었다. 총 512 자료 중에 48 자료는 모델에 적용되지 못하였다. 수학적인 오류는 음수의 제곱근을 찾아서 실행했다. 콘덴세이트 유정로부터의 자료에 액체 밀도의 범위는 43.7~55.1 lb/ft^{3}이고, 기록된 압력 차이는 초크 쪽에 1,100 psi 보다 낮았다. 그래서 오일 유정으로부터 239개 자료와 콘덴세이트 유정으로부터 235개 자료를 사용되었다. 이 연구에 사용된 총 자료는 474개였다. 배출계수 C_D의 값은 모델의 성능을 개선하는데 사용된다. Guo 등(2002)의 연구에 근거하여 다음과 같은 결론을 보였다.

① Sachdeva의 초크 모델의 정확도는 유체종류와 유정 종류에 관한 다른 배출계수를 사용하여 개선될 수 있다.

② 오일 유정의 액체량과 가스 콘덴세이트 유정의 가스량을 예측하기 위해 배출계수 C_D값은 1.08로 해야한다.

③ 오일 유정의 가스량을 예측하기 위해 배출계수 C_D 값은 0.78로 사용된다.

④ 가스 콘덴세이트 유정의 액체량을 예측하기 위해 배출계수 C_D 값은 1.53로 사용된다.

참고문헌

- Achong, I.B., 1961, "Revised Bean and Performance Formula for Lake Maracaibo Wells," *Shell Internal Report,* October.
- Al-Attar, H.H. and Abdul-Majeed, G., 1988, "Revised Bean Performance Equation for East Baghdad Oil Wells," *SPE Production Eng.,* Vol. 3, No. 1, pp. 127-131.
- Ashford, F.E., 1974, "An Evaluation of Critical Multiphase Flow Performance Through Wellhead Chokes," *J. of Petro. Tech.,* Vol. 26, No. 8, pp. 843-848.
- Ashford, F.E. and Pierce, P.E., 1975, "Determining Multiphase Pressure Drop and Flow Capabilities in Down Hole Safety Valves," *J. of Petro. Tech.,* Vol. 27, No. 9, pp. 1145-1152.
- Baxendell, P.B., 1957, "Bean performance-lake wells," *Shell Internal Report,* October.
- Beggs, H.D., 1991, *Production Optimization Using Nodal Analysis,* OGTC Publications, Tulsa, USA.
- Bradley, H.B., 1987, *Petroleum Engineering Handbook,* Society of Petroleum Engineers, Richardson, Texas, USA.
- Brill, J.P. and Beggs, H.D., 1978, *Two-Phase Flow in Pipes,* The University of Tulsa Press, Tulsa, Oklahoma, USA.
- Brown, K.E. and Beggs, H.D., 1977, *The Technology of Artificial Lift Methods,* PennWell Books, Tulsa, Oklahoma, USA.

- Brown, K.E., 1977, *The Technology of Artificial Lift Methods,* Vol. 1, PennWell Books, Tulsa, Oklahoma, USA, pp. 104–158.
- CRANE, CO. 1957, "Flow of Fluids through Valves, Fittings, and Pipe," *Technical paper,* No. 410. Chicago, USA.
- Fortunati, F. 1972, "Two-Phase Flow Through Wellhead Chokes," *Presented at the SPE European Spring Meeting,* Amsterdam, Netherlands, May 16–18.
- Gilbert, W.E., 1954, "Flowing and Gas-Lift Well Performance," *API Drilling Production Practice,* pp. 126–157.
- Gould, T.L., 1974, "Discussion of An Evaluation of Critical Multiphase Flow Performance Through Wellhead Chokes," *J. of Petro. Tech.,* pp. 849–850.
- Guo, B. and Ghalambor, A., 2005, *Natural Gas Engineering Handbook,* Gulf Publishing Company, Houston, Texas, USA.
- Guo, B., Al-Bemani, A., and Ghalambor, A., 2002, "Applicability of Sachdeva's Choke Flow Model in Southwest Louisiana Gas Condensate Wells," *Presented at the SPE Gas technology Symposium,* Calgary, Canada, April 30–May 2.
- Ikoku, C.U., 1980, *Natural Gas Engineering,* Penn-Well Books, Tulsa, Oklahoma, USA.
- Nind, T.E.W., 1981, *Principles of Oil Well Production,* 2nd Ed., McGraw-Hill, New York, USA.
- Omana, R., Houssiere, C., Jr., Brown, K.E., Brill, J.P., and Thompson, R.E., 1969, "Multiphase Flow Through Chokes," *Presented at the SPE 44th Annual Meeting,* Denver, Colorado, September 28–31.
- Osman, M.E. and Dokla, M.E., 1990, "Gas Condensate Flow through Chokes," *Presented at European Petroleum Conference,* Hague, Netherlands, October 21–24.
- Perkins, T.K., 1990, "Critical and Subcritical Flow of Mmultiphase Mixtures through Chokes," *Presented at the SPE 65th Annual Technical Conference and Exhibition,* New Orleans, Louisiana, September 23–26.
- Perry, R.H., 1973, Chemical Engineers' *Handbook,* 5th Ed., McGraw-Hill Book Co., New York, USA.
- Pilehvari, A.A., 1980, "Experimental Study of Subcritical Twophase Flow Through Wellhead Chokes," *University of Tulsa Fluid Flow Projects Report,* Tulsa, Oklahoma, USA.
- Pilehvari, A.A., 1981, "Experimental Study of Critical Two Phase Flow Through Wellhead Chokes," *University of Tulsa Fluid Flow Projects Report,* Tulsa, Oklahoma, USA.
- Poettmann, F.H. and Beck, R.L., 1963, "New Charts Developed to Predict Gas-Liquid Flow Through Chokes," *World Oil,* March, pp. 95–101.
- Poettmann, F.H., Beck, R.L., and Beck, R.L., 1992, "A Review of Multiphase Flow Through Chokes," *Presented at the ASME Winter Annual Meeting,* Anaheim, California, November 8–13, pp. 51–62.
- Ros, N.C.J., 1960, "An Analysis of Critical Simultaneous Gas/Liquid Flow Through A Restriction and Its Application to Flow Metering," *Applied Sci. Res.,* Vol. 9, No. 1, pp. 374–388.
- Saberi, M., 1996, A Study on Flow Through Wellhead Chokes and Choke Size Selection, MS Thesis, University of Southwestern Louisiana, pp. 78–89.
- Sachdeva, R., Schmidt, Z., Brill, J.P., and Blais, R.M., 1986, "Two-Phase Flow Through Chokes," *Presented at the SPE 61st Annual Technical Conference and Exhibition,* New Orleans, Louisiana, October 5–8.
- Secen, J.A., 1976, "Surface-Choke Measurement Equation Improved by Field Testing and Analysis," *Oil Gas J.,* pp. 65–68.
- Surbey, D.W., Kelkar, B.G., and Brill, J.P., 1988, "Study of Subcritical Flow Through Multiple Orifice Valves," *SPE Production Eng.,* Vol. 3, No. 1, pp. 103–108.
- Surbey, D.W., Kelkar, B.G., and Brill, J.P., 1989, "Study of Multiphase Critical Flow Through Wellhead Chokes," *SPE Production Eng.,* Vol. 4, No. 2, pp. 142–146.
- Tangren, R.F., Dodge, C.H., and Seifert, H.S., 1947, "Compressibility Effects in Two-Phase Flow," *J. Applied Physics,* Vol. 20, pp. 637–645.
- Wallis, G.B., 1969, *One Dimensional Two-Phase Flow,* McGraw-Hill Book Co., Yew York, USA.

CHAPTER 6

제6장 정호 생산성: 노달분석

6.1 서론
6.2 노달 분석
6.3 다중유정의 생산성

chapter 6

제6장 정호 생산성: 노달분석

6.1 서론

정호 생산성은 유정 유입거동과 정호거동의 결합으로 결정된다. 제3장에서는 저류층의 생산성에 대해서 제 4장에서는 생산파이프 유동에 대한 유체의 저항에 대해 소개했다. 이 장에는 세부적인 생산파이프 특징과 저류층으로 부터의 유체 생산량의 예측이 중심내용이다. 이 분석 기법을 "노달 분석"이라 부른다.

6.2 노달 분석

유체의 특징은 오일과 가스 생산 시스템에서 지역적인 압력과 온도에 의해 변화한다. 시스템에서의 유체유동을 모사하기 위해 시스템을 개별 요소인 노드(node)로 분리하는 것이 필수적이다. 각 요소에서 유체의 특징은 지역적으로 평가된다. 유체의 생산량과 압력의 결정을 위한 시스템 분석은 석유 공학에서 "노달 분석"이라 불린다. 노달 분석은 압력지속성의 원칙을 시행하며, 즉 압력을 상류부분의 장비와 하류부분의 장비의 생산성으로부터 평가하든 상관없이 주어진 노드에서 하나의 압력 값만 존재한다. 상류부분의 장비의 성능 곡선은 "유입 거동관계 곡선"이라 불리며, 하류부분의 장비의 성능 곡선은 "유출 거동관계 곡선"이라 불린다. 2개 거동관계 곡선의 교차점은 세부적인 노드에서 운영점 즉, 특정된 노드에서의 운영유동량과 압력을 말해준다. 사용하는 압력 자료의 편리성을 위해서는 공저 또는 정두에서 측정하여야하며, 노달 분석은 일반적으로 해당 노드에 관하여 공저 또는 정두에서 측정을 시행한다. 이 장에서는 노달 분석의 원리와 간단하게 튜빙 파이프에 관하여 소개할 것이다.

6.2.1 공저 노드의 분석

공저는 노달 분석에서 해답(solution) 노드처럼 사용되었을 때, 만약 튜빙 끝단(shoe)이 생산구간의 윗부분에 위치되어 있다면 유입 성능은 유정의 유입 거동관계(IPR)와 유출 거동관계(tubing performance relationship, TPR))이다. 유정 IPR은 다른 방법으로 제시된 3장에서 확인할 수 있다. TPR은 다양하게 접근된 4장에서 더 자세하게 확인 할 수 있다. 전통적으로 공저에서의 노달 분석은 IPR과 TPR 곡선을 사용하여 교차점 찾는 방법을 실행한다(그림 6.1). 현대 컴퓨터 기술을 이용하면 좀 더 빠른 시간 내에 해답을 얻을 수 있다.

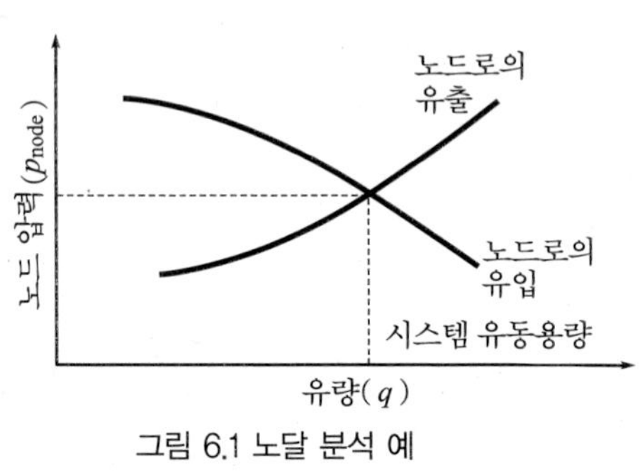

그림 6.1 노달 분석 예

6.2.1.1 가스정

가스정에서 공저 노드는 다음과 같이 생각할 수 있다. 만약 유정의 IPR이 다음과 같이 정의 되고,

$$q_{sc} = C(\bar{p}^2 - p_{wf}^2)^n \tag{6.1}$$

노드의 유출 성능 관계는 다음과 같이 정의된다면,

$$p_{wf}^2 = \mathrm{Exp}(s)p_{hf}^2 + \frac{6.67\times 10^{-4}[\mathrm{Exp}(s)-1]\times f_M q_{sc}^2\, \bar{z}^2\, \bar{T}^2}{d_i^5 \times \cos\theta} \tag{6.2}$$

공저에서의 운영유동량 q_{sc} 압력 p_{wf}는 식 (6.1)과 (6.2)를 그래프로 도시하여 교차점을 찾아 구할 수 있다. 운영점은 또한 분석적으로 식 (6.1)과 (6.2)을 조합하여 풀 수 있다. 식 (6.1)를 재배치시키면 다음과 같다.

$$p_{wf}^2 = \overline{p}^{\,2} - \left(\frac{q_{sc}}{C}\right)^{\frac{1}{n}} \tag{6.3}$$

식 (6.2)과 (6.3)을 이용하면 다음과 같이 표현할 수 있다.

$$\overline{p}^{\,2} - \left(\frac{q_{sc}}{C}\right)^{\frac{1}{n}} - \text{Exp}(s)p_{hf}^2 - \frac{6.67\times10^{-4}[\text{Exp}(s)-1]f_M q_{sc}^2\,\overline{z}^{\,2}\,\overline{T}^{\,2}}{D_i^5 \times \cos\theta} = 0 \tag{6.4}$$

이것은 수치해석을 통해 풀 수 있으며, Newton-Raphson방법과 같이 반복 계산 통해 q_{sc}의 값을 구할 수 있다.

예제

수직정 유정에서 비중은 0.71, 가스가 흐르는 튜빙은 2 7/8 인치, 가스저류층최상부까지의 깊이는 10,000 ft이다. 튜빙 위에서의 압력은 800psia, 온도는 150 ℉, 공저 온도는 200 ℉, 튜빙의 상대 거칠기는 0.0006일 때 IPR을 사용하여 가스 생산량을 계산하라.

저류층 압력 = 2,000 psia
IPR 모델 C = 0.1 Mscf/d-psi^{2n}
IPR 모델 n = 0.8

풀이

위에 주어진 식 (6.1)~(6.4)를 활용하여 아래와 같은 IPR과 TPR 값을 구할 수 있으며 이를 그래프에 도시하면 최적의 운영 조건을 찾을 수 있다. 본 예제의 경우 예상되는 가스 생산량은 공저압력 1050 psia에서 1478 Mscf/d이다.

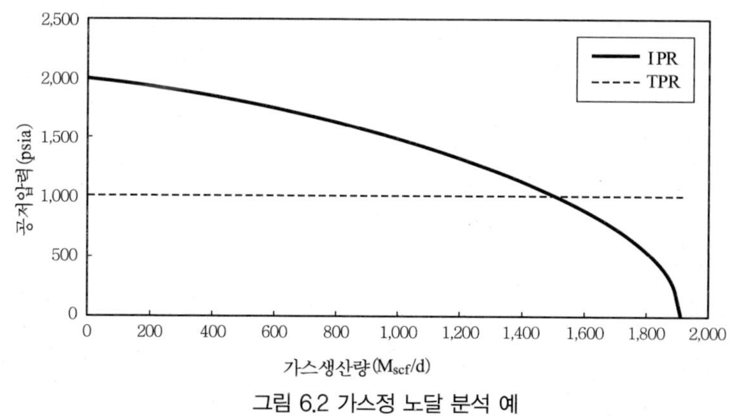

그림 6.2 가스정 노달 분석 예

산출량 q_{sc} (Mscf/d)	IPR (psia)	TPR (psia)
0	2,000	1,020
191	1,943	1,021
383	1,861	1,023
574	1,764	1,026
765	1,652	1,031
956	1,523	1,037
1,148	1,374	1,044
1,339	1,200	1,052
1,530	987	1,062
1,721	703	1,073
1,817	498	1,078
1,865	353	1,081
1,889	250	1,083
1,913	0	1,084

6.2.1.2 오일 유정

오일유정에서 공저 노드는 다음과 같이 생각할 수 있으며, 저류층 압력 범위에 따라 다른 IPR 모델을 사용할 수 있다. 예를 들면, 만약 저류층이 기포점 압력보다 높다면, 다음과 같은 식을 사용한다.

$$q = J^{*}(\bar{p} - p_{wf}) \tag{6.5}$$

노드의 유출거동관계는 다른 모델을 사용하여 묘사할 수 있으며 가장 단순한 모델은 식 (4.8)로 정의된 Poettmann-Carpenter 모델이다.

$$p_{wf} = p_{wh} + \left(\bar{\rho} + \frac{\bar{k}}{\bar{\rho}}\right)\frac{L}{144} \tag{6.6}$$

p_{wh}와 L은 튜빙 정두의 압력, 유정의 깊이이다. 식 (6.5)와 (6.6)을 이용하여 교차점을 찾을 수 있다.

운영점은 식 (6.5)와 (6.6)을 조합하여 자동적으로 풀 수 있다. 식은 다음과 같다.

$$q = J^*\left[\bar{p} - p_{wh} + \left(\bar{\rho} + \frac{\bar{k}}{\bar{\rho}}\right)\frac{L}{144}\right] \tag{6.7}$$

만약 저류층 압력이 기포점보다 아래 존재한다면, Vogel의 IPR은 다음과 같이 정의된다.

$$q = q_{\max}\left[1 - 0.2\left(\frac{p_{wf}}{\bar{p}}\right) - 0.8\left(\frac{p_{wf}}{\bar{p}}\right)^2\right] \tag{6.8}$$

또는,

$$p_{wf} = 0.125 p_b\left[\sqrt{81 - 80\left(\frac{q}{q_{\max}}\right)} - 1\right] \tag{6.9}$$

노드의 유출거동관계는 Guo-Ghalambor모델의 식을 사용하여 식 (4.18)대신 식 (6.9)를 사용할 수 있다.

$$144b(p_{wf} - p_{hf}) + \frac{1-2bM}{2}\ln\left|\frac{(144p_{wf}+M)^2+N}{(144p_{hf}+M)^2+N}\right|$$
$$-\frac{M + \frac{b}{c}N - bM^2}{\sqrt{N}}\left[\tan^{-1}\left(\frac{144p_{wf}+M}{\sqrt{N}}\right) - \tan^{-1}\left(\frac{144p_{hf}+M}{\sqrt{N}}\right)\right]$$
$$= a(\cos\theta + d^2 e)L \tag{6.10}$$

이것은 수치해석을 통해 풀 수 있으며, Newton-Raphson방법과 같이 반복 계산 통해 값을 구할 수 있다.

만약 저류층 압력이 기포점이상일 경우와 공저 압력이 기포점 이하의 범위에서 존재할 경우에는 Vogel의 IPR은 다음과 같이 표현된다.

$$q = q_b + q_v\left[1 - 0.2\left(\frac{p_{wf}}{p_b}\right) - 0.8\left(\frac{p_{wf}}{p_b}\right)^2\right] \tag{6.11}$$

예제

다음과 같이 주어진 조건하에서 운영조건(생산량 및 압력)을 예측하라.

깊이 :	9,850 ft
튜빙 내부의 직경 :	1.995 인치
오일 비중 :	45 ° API
오일 점도 :	2 cp
생산 GLR :	500 scf/bbl
가스와 공기의 비중 :	0.7(공기=1)
튜빙정두의 압력 :	450 psia
튜빙정두의 온도 :	80 ℉
튜빙슈에서의 유동체 온도 :	180 ℉
물생산비율 :	10 %
저류층 압력 :	5,000 psia
기포점 압력 :	4,000 psia
기포점 이상에서의 생산성지수 :	1.5 stb/d-psi

풀이

위에 주어진 오일정과 관련된 식 (6.5)~(6.11)를 활용하여 아래와 같은 IPR과 TPR 값을 구할 수 있으며 이를 그래프에 도시하면 최적의 운영 조건을 찾을 수 있다. 본 예제의 경우 예상되는 오일 생산량 (IPR과 TPR 교차점)은 공저압력 3500 psia에서 2200 stb/d이다.

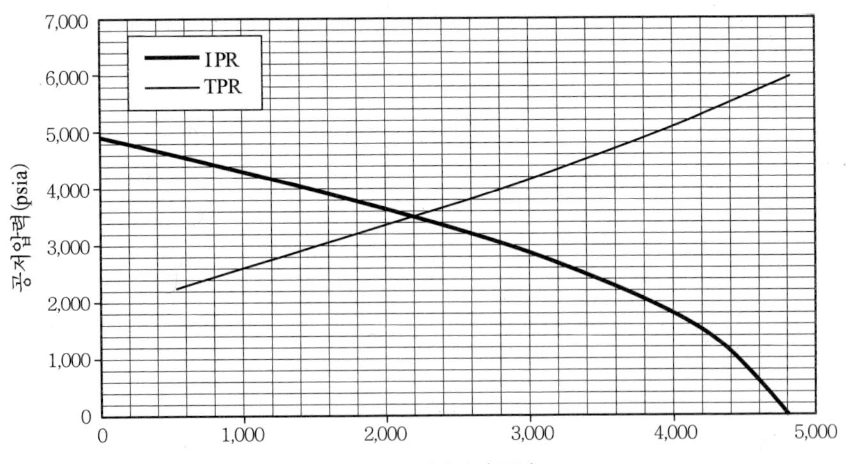

그림 6.3 예제의 오일정 노달 분석 예

산출량q (STB/D)	IPR (psia)	TPR (psia)
0	4,908	
537	4,602	2,265
1,074	4,276	2,675
1,611	3,925	3,061
2,148	3,545	3,464
2,685	3,125	3,896
3,222	2,649	4,361
3,759	2,087	4,861
4,296	1,363	5,397
4,833	0	5,969

6.2.2 정두 노드의 분석

정두가 노달 분석에서 해답 노드로 사용할 때, 유입 거동 곡선은 "정두 거동곡선 (wellhead performance relationship, WPR)"으로 표현될 수 있고, 이것은 TPR을 변환한 것을 이용한 IPR을 얻을 수 있다. 유출 거동 곡선은 "초크 거동곡선 (choke performance relationship, CPR)"이다. 다른 종류의 TPR 모델은 다음 장에서 소개된다. 정두의 노달 분석은 WPR과 CPR 곡선의 교차점을 찾아 해답 노드를 실행하게 된다(그림 6.4).

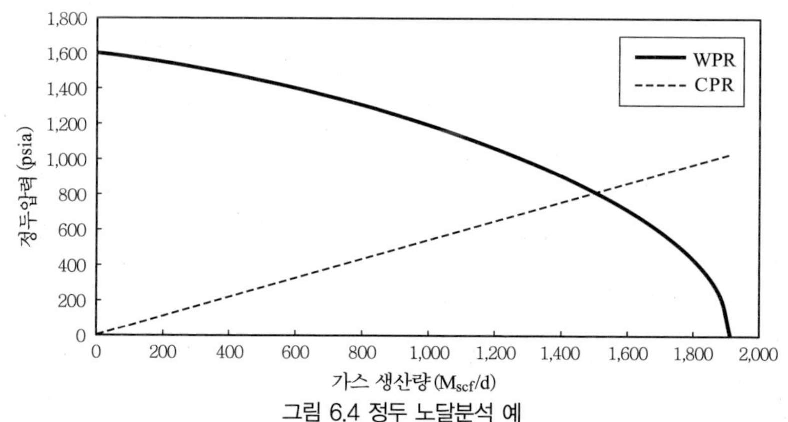

그림 6.4 정두 노달분석 예

6.2.2.1 가스 유정

만약 가스유정이면 IPR은 식 (6.1)처럼 표현되고, TPR은 식 (6.2)처럼 표현된다.

$$q_{sc} = C\left[\bar{p}^{\,2} - \left(\mathrm{Exp}(s)p_{hf}^2 + \frac{6.67\times10^{-4}[\mathrm{Exp}(s)-1]f_M q_{sc}^2\,\bar{z}^{\,2}\,\bar{T}^{\,2}}{d_i^5\cos\theta}\right)\right]^n \tag{6.12}$$

이식은 정두 압력 p_{hf}와 가스 생산량 q_{sc}관계를 정의해 준다. 만약, CPR이 식 (5.8)에 의해서 정의 되면,

$$q_{sc} = 879CAp_{hf}\sqrt{\left(\frac{k}{\gamma_g T_{up}}\right)\left(\frac{2}{k+1}\right)^{\frac{k+1}{k-1}}} \tag{6.13}$$

식 (6.12)와 식 (6.13)을 이용하여 교차점을 찾을 수 있다. 운영점은 식 (6.12)와 식 (6.13)을 결합하면 다음과 같은 식이 되며

$$q_{sc} = C\left[\bar{p}^{2} - \left(\mathrm{Exp}(s)\left(\frac{q_{sc}}{879CA\sqrt{\left(\frac{k}{\gamma_g T_{up}}\right)\left(\frac{2}{k+1}\right)^{\frac{k+1}{k-1}}}}\right)^2 + \frac{6.67\times10^{-4}[\mathrm{Exp}(s)-1]f_M q_{sc}^2\,\bar{z}^2\,\bar{T}^2}{d_i^5\cos\theta}\right)\right]^n \tag{6.14}$$

위 식 (6.14)를 이용하면 q_{sc}를 수치해석으로 구할 수 있다.

6.2.2.2 오일 유정

저류층 압력범위에 따라, 다른 IPR 곡선을 사용될 수 있다. 예를 들면, 만약 저류층 압력이 기포점 이상일 경우에 직선 IPR은 다음과 같다.

$$q = J^*\left(\bar{p} - p_{wf}\right) \tag{6.15}$$

TPR은 Poettmann-Carpenter 모델을 이용하면 다음과 같은 식으로 표현할 수 있다.

$$p_{wf} = p_{wh} + \left(\bar{\rho} + \frac{\bar{k}}{\bar{\rho}}\right)\frac{L}{144} \tag{6.16}$$

식 (6.15)와 식 (6.16)을 조합하면 다음과 같은 식이 된다.

$$q = J^{*}\left[\bar{p} - \left(p_{wh} + \left(\bar{\rho} + \frac{\bar{k}}{\bar{\rho}}\right)\frac{L}{144}\right)\right] \tag{6.17}$$

이식은 정두 노드의 유입을 설명하며 WPR로 불린다. 만약 식 (6.18)처럼 CPR이 주어진다면, 다음과 같이 조합하여 풀 수 있는 식이 된다.

$$p_{wh} = \frac{CR^{m}q}{S^{n}} \tag{6.18}$$

$$q = J^{*}\left[\bar{p} - \left(\frac{CR^{m}q}{S^{n}} + \left(\bar{\rho} + \frac{\bar{k}}{\rho}\right)\frac{L}{144}\right)\right] \tag{6.19}$$

이것은 수치해석을 통해 풀 수 있다. 이 해답을 구하는 절차는 무한 루프(loop-in-loop)반복을 통해 풀 수 있으며, 가장 쉬운 방법 중 하나인 MS 엑셀을 통해서는 풀 수 없다. 정두 노드에서의 운영유동유량은 q이고, 압력은 p_{wh}이며, 식 (6.17)과 식 (6.18)을 통해서 그려지는 그래프를 보고 쉽게 구할 수 있다.

만약 저류층 압력이 기포점 아래로 존재한다면 Vogel의 IPR은 다음과 같이 재배치 된다.

$$p_{wf} = 0.125\bar{p}\left[\sqrt{81 - 80\left(\frac{q}{q_{\max}}\right)} - 1\right] \tag{6.20}$$

만약 TPR이 정의된 Guo-Ghalambor 모델에 의해 설명된다면,

$$144b(p_{wf} - p_{hf}) + \frac{1-2bM}{2}ln\left|\frac{(144p_{wf}+M)^2+N}{(144p_{hf}+M)+N}\right| - \frac{M + \frac{b}{c}N - bM^2}{\sqrt{N}}$$
$$[\tan^{-1}(\frac{144p_{wf}+M}{\sqrt{N}}) - \tan^{-1}(\frac{144p_{hf}+M}{\sqrt{N}})] = a(\cos\theta + d^2e)L \tag{6.21}$$

그리고 CPR은 다음과 같이 표현된다.

$$p_{hf} = \frac{CR^{m}q}{S^{n}} \tag{6.22}$$

식 (6.20), (6.21), (6.22)를 통해 동시에 생산량 q와 정두 압력 p_{hf}을 얻을 수 있다.

저류층 압력이 기포점 이상일 경우 유동 공저 압력이 기포점 압력의 범위이지만 일반적인 Vogel의 IPR은 다음과 같이 사용할 수 있다.

$$q = q_b + q_v\left[1 - 0.2\left(\frac{p_{wf}}{p_b}\right) - 0.8\left(\frac{p_{wf}}{p_b}\right)^2\right] \tag{6.23}$$

Hagedorn-Brown의 상관관계인 식 IPR을 WPR로 변환시키는 것에 사용된다. 즉, CPR이 주어진다면,

$$p_{hf} = \frac{CR^m q}{S^n} \tag{6.24}$$

식 (6.23), (6.24)를 통해 동시에 생산량 q와 정두 압력 p_{hf}를 얻을 수 있다. 해답 절차가 루프-인-루프 반복을 수반하기 때문에 MS 엑셀에서 해결할 수 없다. 특별한 컴퓨터 프로그램이 필요하다. 그렇기 때문에 컴퓨터를 이용한 그래픽 해결 방법이 이 텍스트에서 사용된다. 정두 노드에서 운영 유동량 q와 압력 p_{hf}이 그래픽으로 결정되어질 수 있다.

6.3 다중가지 유정의 생산성

Pernadi 등(1996)의 성과에 뒤이서 여러 가지 수학적 모델이 다중가지(multi lateral) 유정의 생산성을 예측하기 위해 제안되었다. 몇몇 모델은 Salas 등(1996), Larsen(1996), Chen 등(2000)으로부터 찾을 수 있다. 이 모델 중 일부는 지나치게 단순화되어 있고, 일부 다른 것들은 사용하기에 너무 복잡하다. 그림 6.3은 다중 유정 궤도를 보여주며 명명법도 그림 6.4에 표현되어 있다. 유정은 n개 가지(lateral)를 가지고 각 가지는 3개 부분으로 구성된다고 가정한다. 수평적, 곡선적, 수평적. L_i, R_i, H_i을 각각 가지 i의 수평적 부분의 길이, 곡선적 부분의 곡률 반경, 수평 적 부분의 길이로 나타내면, 또한 수평적 부분에서의 압력 손실 무시를 가정한다면 가지의 유사정상 IPR은 다음과 같이 표현될 수 있다.

$$q_i = f_{Li}(p_{wf_i}) \quad i = 1,2,...,n \tag{6.25}$$

여기서,

q_i = 가지 i로부터의 생산량

f_{Li} = 가지 i의 수평적 부분의 유입 거동 함수

p_{wf_i} = 가지 i에서의 평균 유동 저면 압력

곡선적 부분에서의 유체 유동은 다음에 의해 설명될 수 있다.

$$p_{wf_i} = f_{Ri}(p_{kf_i}, q_i) \quad i = 1,2,...,n \tag{6.26}$$

여기서,

f_{Ri} = 가지 i의 곡선적 부분의 유동 거동 함수

p_{kf_i} = 가지 i의 킥 아웃 지점에서의 유동 압력

$$p_{kf_i} = f_{hi}\left(p_{hfi}, \sum_{j=1}^{i} q_j\right) i = 1,2,...,n \tag{6.27}$$

여기서,

f_{hi} = 가지 i의 수직적 부분의 유동 거동 함수

p_{hf_i} = 가지 i의 상단에서의 유동 압력

다음 관계는 연결 지점에서 유효하다.

$$p_{kf_i} = p_{hf_{i-1}} \quad i = 1,2,...,n \tag{6.28}$$

식 (6.28)를 통한 식 (6.25)는 (4n−1)식을 포함한다. 측면 n의 상단에서 주어진 유동 압력 p_{hf_n}에 의해 다음의 (4n−1) 방정식은 (4n−1)식으로부터 해결될 수 있다:

$q_1, q_2, \cdots, q_n$

$p_{wf_1}, p_{wf_2}, \cdots, p_{wf_n}$

$p_{kf_1}, p_{kf_2}, \cdots, p_{kf_n}$

$p_{hf_1}, p_{hf_2}, \cdots, p_{hf_{n-1}}$

다중 유정의 생산량은 다음에 의해 결정될 수 있다.

$$q = \sum_{i=1}^{n} q_i \tag{6.29}$$

따라서 복합 IPR은 다음과 같이 내연적으로 표현할 수 있다.

$$q = f(p_{hf_n}) \tag{6.30}$$

여기에 언급된 복합 IPR 모델은 일반적이다. 가지 상단의 수직적 부분이 생산관 (튜빙 또는 케이싱을 통한 생산)이라면 p_{hf_n}은 유동 정두 압력일 것이다. 이 경우 관계 식 (6.30)은 WPR을 나타낸다.

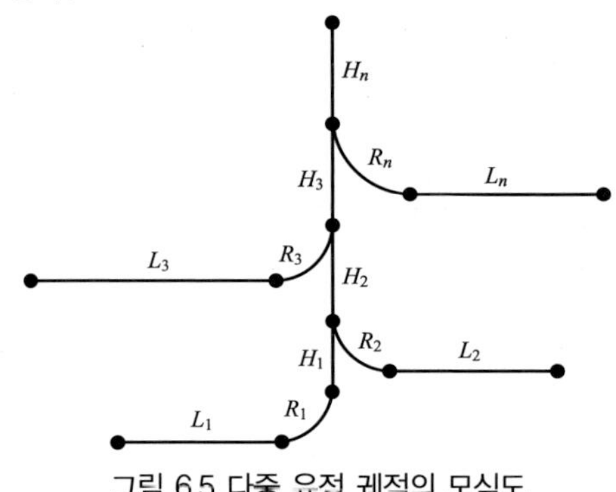

그림 6.5 다중 유정 궤적의 모식도

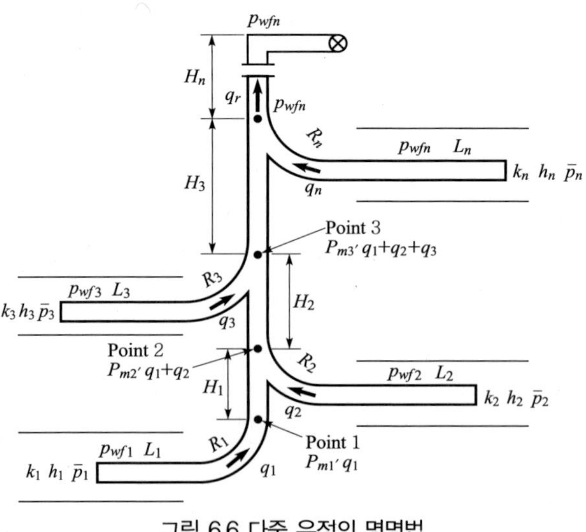

그림 6.6 다중 유정의 명명법

6.3.1 가스정

가스정에서 식 (6.25)는 다음과 같이 된다.

$$q_{g_i} = C_i(\overline{p_i}^2 - p_{wf_i}^2)^{n_i} \tag{6.31}$$

여기서

C_i = 가지 i의 생산성 계수

n_i = 가지 i의 생산성 지수

미국 현장단위(Mscf/D의 q_{gi})에서의 식(6.26)은 Katz 외(1959)와 비슷할 수 있다.

$$p_{wf_i}^2 = e^{S_i} p_{kf_i}^2 + \frac{6.67 \times 10^{-4}(e^{S_i} - 1) f_{Mi} q_{gi}^2 \overline{z}_i^2 \overline{T}_i^2}{d_i^5 \cos(45°)} \tag{6.32}$$

여기서,

$$S_i = \frac{0.0375\pi\gamma_g R_i \cos(45°)}{2\overline{z}_i \overline{T}} \tag{6.33}$$

마찰인자 f_{Mi}는 주어진 튜빙 직경, 유정 거칠기, Reynolds 수에 대한 전통적 방식에서 찾을 수 있다. 그러나 대부분의 가스정의 경우 완전 난류 유동이 가정되면 간단한 경험적 관계는 전형적인 튜빙 (Katz와 Lee, 1990)에 사용할 수 있다.

$$f_{Mi} = \frac{0.01750}{d_i^{0.224}} \quad \text{for } d_i \le 4.277 \text{ in.} \tag{6.34}$$

$$f_{Mi} = \frac{0.01603}{d_i^{0.164}} \quad \text{for } d_i > 4.277 \text{ in.} \tag{6.35}$$

Guo(2001)은 거친 파이프에서의 완전 난류 유동에 대해 다음의 Nikuradse 마찰인자 상관관계를 사용하였다.

$$f_{Mi} = \left[\frac{1}{1.74 - 2\log\left(\frac{2\varepsilon_i}{d_i}\right)} \right]^2 \tag{6.36}$$

가스정에서 식 (6.27)은 다음과 같이 표현될 수 있다(Katz 등, 1959).

$$p_{hf_i}^2 = e^{S_i} p_{hf_i}^2 + \frac{6.67 \times 10^{-4}\left(e^{S_i} - 1\right) f_{Mi} \left(\sum_{j=1}^{i} q_{gi}\right)^2 \overline{z}_i^2\, \overline{T}_i^{\,2}}{d_i^5} \tag{6.37}$$

여기서,

$$S_i = \frac{0.0375\gamma_g H_i}{\overline{z}_i \overline{T}_i} \tag{6.38}$$

연결 지점에서,

$$p_{wf_i} = p_{hf_{i-1}} \tag{6.39}$$

식 (6.31), (6.32), (6.37), (6.38)은 (4**n**−1)개의 식을 포함한다. 가지 **n**의 상단에서 주어진 유동 압력 p_{hf_n}에 의해 다음의 (4**n**−1) 미지함은 (4**n**−1)개 식으로부터 해결될 수 있다.

$$q_{g_1}, q_{g_2}, \cdots, q_{g_n}$$

$$p_{wf_1}, p_{wf_2}, \cdots, p_{wf_n}$$

$$p_{kf_1}, p_{kf_2}, \cdots, p_{kf_n}$$

$$p_{hf_1}, p_{hf_2}, \cdots, p_{hf_{n-1}}$$

다중가지 유정의 가스 생산량은 다음에 의해 결정될 수 있다.

$$q_g = \sum_{i=1}^{n} q_i \tag{6.40}$$

따라서 복합 IPR은,

$$q_g = f\left(p_{hf_n}\right) \tag{6.41}$$

함축적으로 설정할 수 있다. 식 (6.31)의 음수의 계산이 어렵기 때문에 교차유동을 계산 할 수 없다. 그래서 이 문제를 해결하기 위해 다른 수식이 개발되었다.

$$q_g = \frac{k_h h(\overline{p}^2 - p_{wf}^2)}{1424\mu z T}\left[\frac{1}{\ln\left(\frac{0.472r_{eh}}{L/4}\right)}\right] \tag{6.42}$$

6.3.2 오일 유정

오일 유정에 대한 유입 성능 함수는 다음과 같이 표현된다.

$$q_{o_i} = J_i(\overline{p_i} - p_{wf_i}) \tag{6.43}$$

여기서 J_i는 가지 i의 생산성 지수이다.

곡선적 부분에서의 유체 유동은 다음과 같이 근사할 수 있다.

$$p_{wf_i} = p_{kf_i} + \nabla_{R_i} R_i \tag{6.44}$$

여기서 ∇_{R_i}는 가지 i의 곡선적 부분에서의 수직 압력 구배이다.

압력 구배 ∇_{R_i}는 Poettmann–Carpenter 방법으로 계산될 수 있다.

$$\nabla_{R_i} = \frac{\overline{p_i}^2 + \overline{k_i}}{144\overline{\rho_i}} \tag{6.45}$$

여기서,

$$\overline{\rho_i} = \frac{M_F}{V_{m_i}} \tag{6.46}$$

$$M_F = 350.17(\gamma_o + WOR\gamma_w) + 0.0765GOR\gamma_g \tag{6.47}$$

$$V_{m_i} = 5.615(B_o + WORB_w) + \overline{z}(GOR - R_s)\left(\frac{29.4}{p_{wf_i} + p_{xf_i}}\right)\left(\frac{T_i}{520}\right) \tag{6.48}$$

$$\overline{k_i} = \frac{f_{2F} q_{o_i}^2 M_F}{7.4137 \times 10^{10} d_i^5} \tag{6.49}$$

수직적 부분에서의 유체 유동은 다음과 같이 표현할 수 있다.

$$p_{kf_i} = p_{hf_i} + \nabla_{h_i} H_i \quad i = 1, 2, \ldots, n \tag{6.50}$$

여기서 ∇_{h_i}는 간격 i의 수직적 부분에서의 수직 압력 구배이다.

Poettmann-Carpenter 방식을 바탕으로 압력 구배 ∇_{h_i}는 다음 식에 의해 추정할 수 있다.

$$\nabla_{h_i} = \frac{\overline{\rho_i}^2 + \overline{k_i}}{144\overline{\rho_i}} \tag{6.51}$$

여기서,

$$\overline{\rho_i} = \frac{M_F}{V_{m_i}} \tag{6.52}$$

$$M_F = 350.17(\gamma_o + WOR\gamma_w) + 0.0765\,GOR\gamma_g \tag{6.53}$$

$$V_{m_i} = 5.615(B_o + WORB_w) + \bar{z}(GOR - R_s)\left(\frac{29.4}{p_{wf_i} + p_{xf_i}}\right)\left(\frac{T_i}{520}\right) \tag{6.54}$$

$$\overline{k_i} = \frac{f_{2F}\left(\sum_{j=1}^{i} q_{o_i}\right)^2 M_F}{7.4137 \times 10^{10} d_i^5} \tag{6.55}$$

연결 지점에서,

$$p_{kf_i} = p_{hf_{i-1}} \tag{6.56}$$

식 (6.43), (6.44), (6.50), (6.56)은 (4n−1)식을 포함한다. 가지 n의 상단에서 주어진 유동 압력 p_{hf_n}에 의해 다음의 (4n−1)개 미지수는 (4n−1)개 식으로부터 해결될 수 있다.

$q_{o_1}, q_{o_2}, \cdots, q_{o_n}$

$p_{wf_1}, p_{wf_2}, \cdots, p_{wf_n}$

$p_{kf_1}, p_{kf_2}, \cdots, p_{kf_n}$

$p_{hf_1}, p_{hf_2}, \cdots, p_{hf_{n-1}}$

다각적인 유정의 오일 생산량은 다음에 의해 결정될 수 있다.

$$q_o = \sum_{i=1}^{n} q_{oi} \tag{6.57}$$

따라서 복합 IPR은 다음과 같이 내연적으로 표현할 수 있다.

$$q_o = f(p_{hf_n}) \tag{6.58}$$

참고문헌

- Chen, W., Zhu, D., and Hill, A.D., 2000, "A Comprehensive Model of Multilateral Well Deliverability," *Presented at the SPE International Oil and Gas Conference and Exhibition,* Beijing, China, November 7–10.
- Greene, W.R., 1983, "Analyzing the Performance of Gas Wells," *J. of Petro. Tech.,* Vol. 35, No. 7, pp. 1378–1384.
- Larsen, L., 1996, "Productivity Computations for Multilateral, Branched and Other Generalized and Extended Well Concepts," *Presented at the SPE Annual Technical Conference and Exhibition,* Denver, Colorado, October 6–9.
- Pernadi, P., Wibowo, W., and Permadi, A.K., 1996, "Inflow Performance of Stacked Multilateral Well," *Presented at the SPE Asia Pacific Conference on Integrated Modeling for Asset Management,* Kuala Lumpur, Malaysia, March 23–24.
- Russell, D.G., Goodrich, J.H., Perry, G.E., and Bruskotter, J.F., 1966, "Methods for Predicting Gas Well Performance," *J. of Petro. Tech.,* Vol. 18, No. 1, pp. 99–108.
- Salas, J.R., Clifford, P.J., and Hill, A.D., 1996, "Multilateral Well Performance Prediction," *Presented at the SPE Western Regional Meeting,* Anchorage, Alaska, May 22–24.

CHAPTER 7

제7장 생산 예측

7.1 천이 유동기 중 오일 생산
7.2 유사정상상태 유동기 중 오일 생산
7.3 천이 유동기 중 가스 생산
7.4 유사정상상태 유동기 중 가스 생산

chapter 7

제7장 생산 예측

노달 분석을 하면 오일과 가스의 미래 생산율과 누적 생산량을 예측할 수 있다. 생산 예측 결과를 유가스 가격과 결합하면 유가스전의 경제성을 분석할 수 있다.

물질 수지의 원리를 기반으로 생산 예측을 수행한다. 저류층 내 잔존 오일과 가스로부터 미래 유입거동관계와 생산율을 결정할 수 있다. 생산율은 미래의 IPR과 튜빙거동관계(tubing performance relationship, TPR)를 이용하여 예측할 수 있다. 누적 생산은 미래 생산율을 적분하여 예측한다.

완전한 생산 예측은 유동 영역과 드라이브 메커니즘에 기반으로 판별한 각각의 유동기에 대하여 별도로 예측해야 한다. 고갈 오일 저류층의 유동기는 다음과 같다.

- 천이 유동기
- 유사정상 단상유동기
- 유사정상 2상유동기

7.1 천이 유동기 중 오일 생산

천이 유동기 중 오일 생산율은 천이 IPR과 정상유동 TPR을 이용한 노달 분석으로 예측할 수 있다. 생산정에서는 쵸크와 같은 유정 장비에 의하여 상당 시간 일정 정두 압력으로 생산하므로 공저 압력도 비교적 일정하다. 일정 생산율 생산 시 압력 감소를 나타내는 해석적 해를 재정렬하면 일정 공저 압력의 유정에 대한 IPR을 얻을 수 있다.

$$q = \frac{kh(p_i - p_{wf})}{162.6 B_o \mu_o \left(\log t + \log \dfrac{k}{\phi \mu_o c_t r_w^2} - 3.23 + 0.87s \right)} \tag{7.1}$$

여기에서 t의 단위는 시간[hr]으로 주어진다. 이 식은 유정에서 발생한 압력파가 저류층 경계에 도달하기 전의 미래 시간에 대하여 IPR 곡선을 생성하는데 사용한다. 압력파가 저류층의 모든 경계에 도달한 후에는 경계의 유형에 따라 유사정상상태(pseudosteady-state) 유동 또는 정상상태 유동이 우세하게 된다. 압력파가 원형 저류층의 경계에 도달하는데 소요되는 시간은 $t_{pss} \approx 1,200 \dfrac{\phi \mu c_t r_e^2}{k}$ 이다.

전 기간에 걸쳐 유정 내 유체 물성이 동일하다고 가정하면 일반적으로 천이 유동기에는 동일한 TPR을 사용할 수 있다. 생산 가스-액체비(producing gas-liquid ratio, GLR)에 따라 Poettmann-Carpenter의 단순 모델이나 수정 Hagedorn-Brown 모델과 같은 복잡 TPR 모델을 선택한다.

예제

경계 효과가 나타나지 않았다고 가정하고 아래의 저류층 및 유정 변수를 사용하여 2개월 간격으로 1년간 생산율 그래프를 작성하시오. 유동 공저압력은 3,500 psi이다.

$k = 8.2\,\text{md}$, $h = 53\,\text{ft}$, $p_i = 5,651\,\text{psi}$, $p_b = 1,323\,\text{psi}$, $c_t = 1.29 \times 10^{-5}\,\text{psi}^{-1}$, $\mu = 1.7\,\text{cp}$, $B_o = 1.1\,\text{RB/STB}$, $R_s = 150\,\text{scf/STB}$, $\phi = 0.19$, $S_w = 0.34$, $^\circ\text{API} = 28$, $r_w = 0.328\,\text{ft}$

풀이

식 (7.1)에 주어진 변수들을 대입하면

$$q = \frac{(8.2)(53)(5,651 - 3,500)}{162.6(1.1)(1.7)\left[\log t + \log \dfrac{(8.2)}{(0.19)(1.7)(1.29 \times 10^{-5})(0.328)^2} - 3.23\right]} = \frac{3,074}{\log t + 4.03}$$

t = 2 month일 때 q = 428 STB/D이며 1년 경과 후 386 STB/D로 감소한다. 아래 그림은 1년간 이 유정의 생산율 감퇴 곡선을 나타낸다.

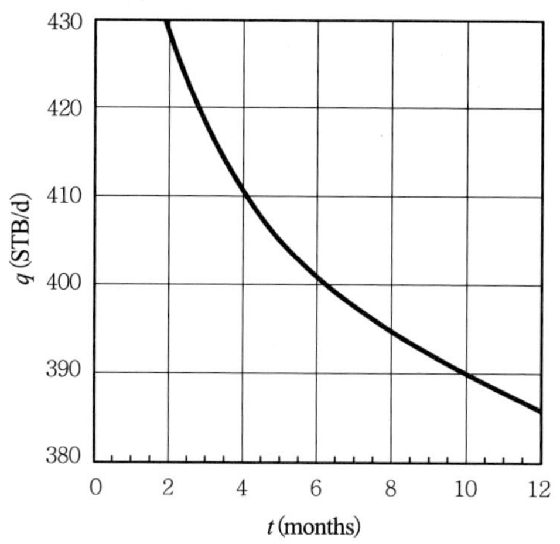

7.2 유사정상상태 유동기 중 오일 생산

유사정상상태 유동기 동안 비포화 오일 저류층은 유체 팽창, 포화 오일 저류층은 용해가스 드라이브에 의하여 오일이 생산된다. 비포화 오일 저류층의 압력이 기포점 압력 이하로 떨어지면 포화 오일 저류층이 된다. 비포화 오일 저류층에서는 단상유동이, 포화 오일 저류층에서는 2상유동이 우세하다. 저류층 유형이나 동일 저류층의 경우 압력에 따른 개발 단계에 따라 미래 생산량에 사용되는 수학적 모델이 달라진다.

7.2.1 단상유동 중 오일 생산

자연적 또는 인위적 비유동 경계에 의하여 일정 배유영역(drainage area)을 가진 저류층의 경우 천이 유동기 이후 오일 저류층은 유사정상상태 조건 하에서 단상유동으로 오일을 생산한다. 저류층 압력이 감소하므로 IPR은 시간에 따라 변하지만 기포점 압력 이상에서 유체 물성은 크게 변하지 않으므로 TPR은 일정하다고 간주할 수 있다. Poettmann-Carpenter의 단순 모델(1952)이나 수정 Hagedorn-Brown 모델(1965)과 같은 복잡 TPR 모델을 선택한다. 유사정상상태의 IPR 모델은 다음과 같다.

$$q = \frac{kh(\bar{p} - p_{wf})}{141.2B_o\mu_o\left(\frac{1}{2}\ln\frac{4A}{\gamma C_A r_w^2} + s\right)} \tag{7.2}$$

여기에서 γ는 Euler 상수(= 1.78), C_A는 배유영역의 형상과 유정 위치에 따라 결정되는 형상인자(shape factor)로서 원형 저류층의 경우 31.6이다.

오일은 약압축성(slightly compressible)이므로 기포점 압력 이상에서의 드라이브 메커니즘은 근본적으로 유체 회수와 압력 감소에 기인한 오일 팽창이다. 등온 압축도는

$$c = -\frac{1}{V}\frac{\partial V}{\partial p} \tag{7.3}$$

로 정의하며 V는 저류층 유체 체적, p는 압력이다. 등온 압축도 c는 작은 값이며 주어진 저류층에 대하여 일정하다. c값은 실험적으로 측정한다. 변수 분리 후 초기 저류층 압력 p_i에서 현 평균 저류층 압력 $\bar{p}$까지 적분하고 ($\int_{p_i}^{\bar{p}} cdp = \int_{V_i}^{V}\left(-\frac{dV}{V}\right)$) 재정렬하면

$$\frac{V}{V_i} = e^{c(p_i - \bar{p})} \tag{7.4}$$

이 된다. 여기에서 V_i는 저류층 유체가 점유한 체적이다. 낮은 압력 $\bar{p}$에서의 유체 체적 V는 저류층 내 잔존 유체 체적 V_i와 생산 유체 체적을 포함한다.

$$V = V_i + V_p \tag{7.5}$$

두 식의 차를 구하고 재정렬하면 회수비(recovery ratio) r을 구할 수 있다.

$$r = \frac{V_p}{V_i} = e^{c(p_i - \bar{p})} - 1 \tag{7.6}$$

초기 오일 부존량 N을 알면 누적 회수량은 $N_p = rN$이다.

비포화 오일 저류층의 경우 압력 하강에 따라 지층수와 암석 또한 팽창한다. 따라서 압축도 c는 총압축도 c_t가 되어야 한다.

$$c_t = c_o S_o + c_w S_w + c_f \tag{7.7}$$

여기에서 c_o, c_w, c_f는 각각 오일, 물, 암석의 압축도이고 S_o, S_w는 오일과 물의 포화율이다.

유사정상상태에서 생산량을 예측하기 위하여 다음의 절차를 따른다.

1. 초기 압력 p_i와 기포점 압력 p_b사이에 일련의 평균 저류층 압력 $\bar{p}$를 가정한다. 각 평균 저류층 압력에 대하여 노달분석을 수행하여 생산율 q를 예측하여 압력 구간에 대한 평균 생산율 $\bar{q}$를 얻는다.
2. 각 평균 저류층 압력에 대하여 회수비 r, 누적 회수량 N_p, 각 평균 저류층 압력 구간 내 누적 회수량의 증분 ΔN_p를 계산한다.
3. 각 평균 저류층 압력 구간에 대하여 $\Delta t = \Delta N_p / \bar{q}$로부터 Δt와 $t = \sum \Delta t$로부터 누적 생산시간을 계산한다.

CHAPTER 7 제7장 생산 예측

예제

아래와 같은 변수를 가진 유정이 유사정상상태에서 40 acre의 배유영역을 갖는다. 유정 생산율과 누적 생산량을 시간의 함수로 계산하시오. 기포점 압력에서 배유영역으로부터 가능한 최대 누적생산량은 얼마인가?

$k = 8.2\,\text{md}$, $h = 53\,\text{ft}$, $p_i = 5{,}651\,\text{psi}$, $p_b = 1{,}323\,\text{psi}$, $c_t = 1.29 \times 10^{-5}\,\text{psi}^{-1}$, $\mu = 1.7\,\text{cp}$, $B_o = 1.1\,\text{RB/STB}$, $R_s = 150\,\text{scf/STB}$, $\phi = 0.19$, $S_w = 0.34$, $^\circ\text{API} = 28$, $r_w = 0.328\,\text{ft}$

풀이

$s=0$을 가정하고 비포화 오일 저류층에 대한 유사정상상태 IPR 식을 적용하면

$$q = \frac{(8.2)(53)(\bar{p} - p_{wf})}{141.2(1.1)(1.7)\left[\dfrac{1}{2}\ln\dfrac{4(40)(43{,}560)}{(1.78)(31.6)(0.328)^2}\right]} = 0.236(\bar{p} - p_{wf})$$

이 된다. 아래 그림은 서로 다른 저류층 압력 $\bar{p}$에 대한 IPR과 단일 TPR을 통합한 것이다. $\bar{p}$이 5,651, 5,000, 4,500, 4,000 psi일 때 생산율은 각각 약 610, 455, 340, 255 STB/D이다.

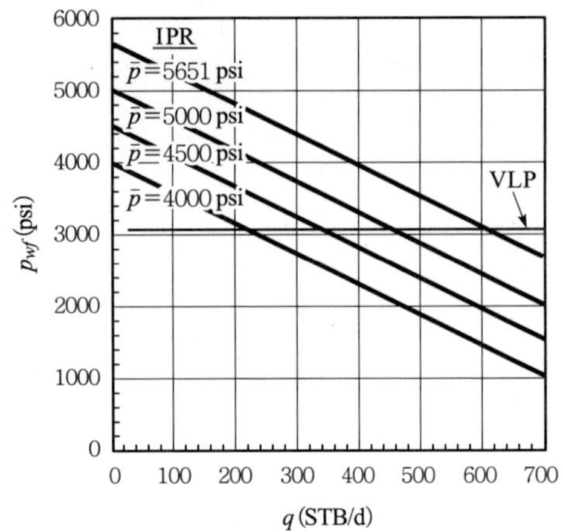

다음 단계로 각 압력 구간에 대하여 누적 생산량을 계산한다. 우선 초기 오일 부존량을 추정해야 한다. 주어진 변수를 사용하면 40 acre 내 초기 오일 부존량은 다음과 같다.

$$N = \frac{(7758)(40)(0.19)(1-0.34)}{1.1} = 1.87 \times 10^6\,\mathrm{STB}$$

그 다음에 압력 구간 별 회수비를 구하여 초기 오일 매장량에 곱해주면 누적 회수량을 구할 수 있다. 만약 $\bar{p}$=5,000일 때 식 (7.6)을 이용하여 회수비를 구하면 다음과 같다.

$$r = e^{1.29 \times 10^{-5}(5651-5000)} - 1 = 8.43 \times 10^{-3}$$

그러므로 누적 회수량은 다음과 같다.

$$N_p = (1.87 \times 10^6)(8.43 \times 10^{-3}) = 15,770\,\mathrm{STB}$$

위 그림으로부터 이 압력 구간의 평균 생산율이 533 STB/D라고 한다면 위에서 구한 누적 생산량에 도달하기 위한 생산 기간은 (15,770/533)≈30 days이다.
아래의 표는 이 예제를 통해 구한 생산율, 증분, 그리고 누적 회수량이다.

$\bar{p}$ (psi)	q (STB/D)	N_p (STB)	ΔN_p STB)	Δt (days)	t (days)
5,651	610				
			1.58×10^4	30	
5,000	455	1.58×10^4			30
			1.22×10^4	31	
4,500	340	2.80×10^4			61
			1.23×10^4	44	
4,000	225	4.03×10^4			105

105일 이후 이 저류층의 압력은 1,650 psi만큼 감소하고 생산율은 610 STB/D에서 225 STB/D로 감소하며, 총 회수율은 초기 오일 부존량의 2%에 불과하다. 이 계산으로부터 불포화 저류층에서의 회수율이 비효율적적임을 알 수 있다. 또한 $\bar{p} = p_b$이 되는 105일 이후에는 인공채유를 시작해야 한다. $\bar{p} = p_b$일 때 최대 회수비는 다음과 같다.

$$r = e^{1.29 \times 10^{-5}(5651 - 1323)} - 1 = 0.057$$

7.2.2 2상유동 중 오일 생산

평균 저류층 압력이 기포점 압력까지 떨어지면 저류층 내에서 용해가스의 상당량이 자유가스가 되므로 용해가스 드라이브가 유체 생산의 우세 메커니즘이 된다. 가스-오일 2상 유사정상상태 유동이 저류층을 지배하기 시작한다. 유체 물성, 상대 투과도, 가스-액체비의 변동으로 인하여 IPR과 TPR 모두 시간에 따라 변한다. IPR은 Vogel 모델(1968)로 표현할 수 있다.

$$q = \frac{J^* \bar{p}}{1.8}\left[1 - 0.2\left(\frac{p_{wf}}{\bar{p}}\right) - 0.8\left(\frac{p_{wf}}{\bar{p}}\right)^2\right] \tag{7.8}$$

Tarner(1944), Craft and Hawkins(1991)가 제안한 방법으로 용해가스 드라이브 저류층의 생산량을 예측할 수 있다. 누적 생산량과 시간과의 관계를 정립하기 위하여 물질수지(material balance) 모델을 사용하는데 일반화된 물질수지 모델은 다음과 같다(Dake, 1978).

$$\begin{aligned} &N_p\left[B_o + (R_p - R_s)B_g\right] \\ &= NB_{oi}\left[\frac{(B_o - B_{oi}) + (R_{si} - R_s)B_g}{B_{oi}} + m\left(\frac{B_g}{B_{gi}} - 1\right) + (1+m)\left(\frac{c_w S_{wc} + c_f}{1 - S_{wc}}\right)\Delta p\right] \end{aligned} \tag{7.9}$$

여기에서 N_p는 누적 오일 생산량, R_p는 생산 가스-오일비, S_{wc}는 간극수 포화율이다. 가스캡이 없는 경우(m=0) 물과 암석의 압축도를 무시할 수 있다고 가정하면 식 (7.9)는

$$N_p\left[B_o + (R_p - R_s)B_g\right] = N\left[(B_o - B_{oi}) + (R_{si} - R_s)B_g\right] \tag{7.10}$$

이 된다. 누적 가스 생산량은 G_p=$N_p R_p$이므로

$$N_p(B_o - R_s B_g) + G_p B_g = N[(B_o - B_{oi}) + (R_{si} - R_s)B_g] \quad (7.11)$$

$$N = \frac{N_p(B_o - R_s B_g) + G_p B_g}{(B_o - B_{oi}) + (R_{si} - R_s)B_g} \quad (7.12)$$

이 성립한다. 다음과 같이 계수를 정의하면

$$\Phi_n = \frac{B_o - R_s B_g}{(B_o - B_{oi}) + (R_{si} - R_s)B_g} \quad (7.13)$$

$$\Phi_g = \frac{B_g}{(B_o - B_{oi}) + (R_{si} - R_s)B_g} \quad (7.14)$$

식 (7.12)를 다음과 같이 쓸 수 있다.

$$N = N_p \Phi_n + G_p \Phi_g \quad (7.15)$$

생산 가스-오일비 R은

$$R = \frac{\Delta G_p}{\Delta N_p} \quad (7.16)$$

이고 N=1일 때 식 (7.16)을 생산 증분으로 나타내면 다음과 같다.

$$1 = (N_p + \Delta N_p)\Phi_n + (G_p + \Delta G_p)\Phi_g = (N_p + \Delta N_p)\Phi_n + (G_p + R\Delta N_p)\Phi_g \quad (7.17)$$

순간 R은 누적 생산량 증분이 ΔN_p인 생산 구간 내 GOR이다. i에서 $i+1$ 사이의 구간에서 계단식으로 나타내면

$$1 = (N_{pi} + \Delta N_{pi\to i+1})\Phi_{n,av} + (G_{pi} + R_{av}\Delta N_{pi\to i+1})\Phi_{g,av} \quad (7.18)$$

이고 $\Delta N_{pi\to i+1}$에 대하여 풀면

$$\Delta N_{pi \to i+1} = \frac{1 - \overline{\Phi_n} N_{pi} - \overline{\Phi_g} G_{pi}}{\overline{\Phi_n} + \overline{R}\overline{\Phi_g}} \tag{7.19}$$

이 된다.

2상 유동기의 생산량을 예측하기 위하여 다음과 같은 절차를 따른다.

1단계 : 기포점 압력 p_b와 폐기 압력(abandonment pressure) p_a 사이에 일련의 평균 저류층 압력 $\overline{p}$를 가정한다.

2단계 : 각 평균 저류층 압력에 대하여 유체 물성을 추정하고 각 평균 저류층 압력 구간 내에서 누적 생산량의 증분 ΔN_p, 누적 생산량 N_p을 계산한다.

3단계 : 각 평균 저류층 압력에 대하여 노달분석을 수행하여 생산율 q를 추정한다.

4단계 : 각 평균 저류층 압력 구간에 대하여 $\Delta t = \Delta N_p / q$로부터 Δt와 $t = \sum \Delta t$로부터 누적생산시간을 계산한다.

2단계는 아래 절차에 따라 수행한다.

1. 압력 구간을 정의하는 2개의 압력값으로부터 계수 Φ_n, Φ_g와 구간 내 평균값 $\overline{\Phi}_n$, $\overline{\Phi}_g$를 얻는다.
2. 구간 내 평균 가스-오일비 $\overline{R}$를 가정하고 오일 부존량 1 STB 당 오일 및 가스 생산 증분을 계산한다.

$$\Delta N_p^1 = \frac{1 - \overline{\Phi_n} N_p^1 - \overline{\Phi_g} G_p^1}{\overline{\Phi_n} + \overline{R}\overline{\Phi_g}} \tag{7.20}$$

$$\Delta G_p^1 = \Delta N_p^1 \overline{R} \tag{7.21}$$

여기에서 N_p^1와 G_p^1는 구간 시작점에서 오일 부존량 1 STB 당 누적 오일 및 가스 생산량이다.

3. N_p^1과 G_p^1에 ΔN_p^1과 ΔG_p^1을 더하여 구간 종료점에서 누적 오일 및 가스 생산량을 계산한다.
4. 오일 포화도를 계산한다.

$$S_o = \frac{B_o}{B_{oi}}(1-S_w)(1-N_p^1) \tag{7.22}$$

5. S_o를 기반으로 상대투과도 k_{rg}와 k_{ro}를 얻는다.
6. 평균 가스-오일비를 계산한다.

$$\overline{R} = R_s + \frac{k_{rg}\mu_o B_o}{k_{ro}\mu_g B_g} \tag{7.23}$$

여기에서 B_g는 RB/scf, R_s는 scf/STB로 주어진다.

7. 2단계에서 가정한 값과 계산한 $\overline{R}$를 비교한다. $\overline{R}$가 수렴할 때까지 2-6단계를 반복한다.

예제

8,000 ft 심도에 3-in ID 튜빙으로 완결된 유정의 정두압이 100 psi이다. 배유영역이 40 acre 일 때 평균 저류층 압력이 3,350 psi가 될 때까지($\Delta \bar{p}$ = 1,000 psi) 200 psi 간격으로 오일 생산율, 누적 오일 및 가스 생산량을 시간의 함수로 예측하시오.

k = 13 md, h = 115 ft, p_i = 4,350 psi, p_b = 4,350 psi, $c_o = 1.2\times10^{-5}$ psi^{-1}, $c_w = 3\times10^{-6}$ psi^{-1}, $c_f = 3.1\times10^{-6}$ psi^{-1}, $c_t = 1.25\times10^{-5}$ psi^{-1}, $\overline{\mu_o}$ = 1.7 cp, $\overline{\gamma_o}$ = 32 °API, $\overline{\gamma_g}$ = 0.71, ϕ = 0.21, S_w = 0.3, r_w = 0.406 ft, T = 180 °F, T_{pc} = 395 °F, p_{pc} = 667 psi

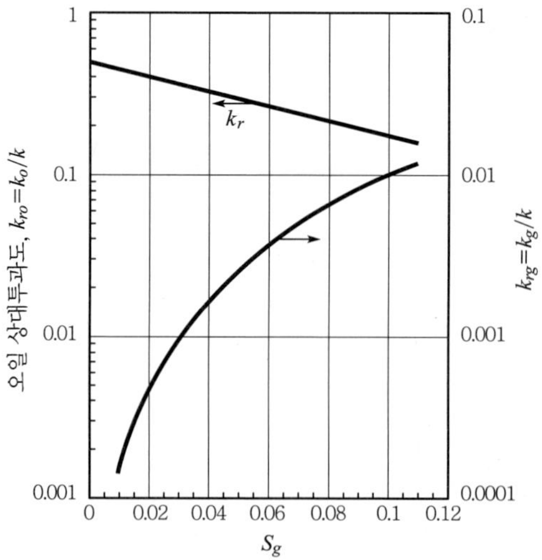

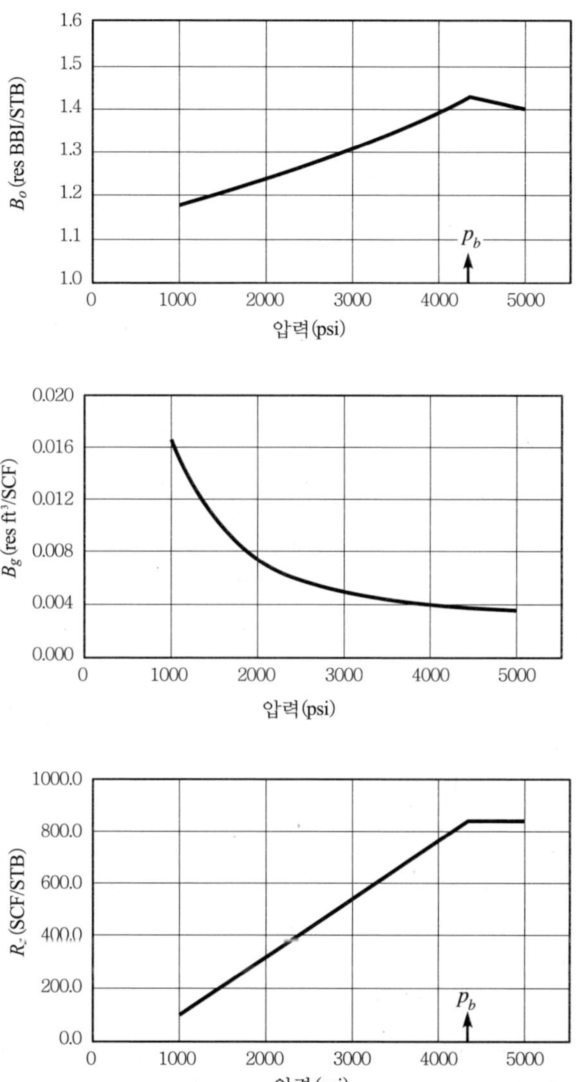

풀이

$p_i = p_b$ = 4,350 psi이므로 용해가스 드라이브 물질수지를 적용할 수 있다. 각 저류층 압력범위에 대하여 Φ_n, Φ_g는 표와 같다.

$\bar{p}$ (psi)	B_o (RB/STB)	B_g (RB/scf)	R_s (scf/STB)	Φ_n	Φ_g
4,350	1.43	6.9×10^{-4}	840		
	1.42	7.1×10^{-4}	820	199	0.17
4,150					
	1.395	7.4×10^{-4}	770	49	0.044
3,950					
	1.38	7.8×10^{-4}	730	22.6	0.022
3,750					
	1.36	8.1×10^{-4}	680	13.6	0.014
3,550					
	1.345	8.5×10^{-4}	640	9.4	0.010
3,350					

4,350~4,150 psi인 구간에서 평균 B_o, B_g, B_s는 각각 1.42 RB/STB, 7.1×10^{-4} RB/scf, 820 scf/STB이다. p_i에서 B_{oi}와 R_{si}는 각각 1.43 RB/STB, 840 scf/STB이므로 Φ_n, Φ_g는 다음과 같다.

$$\Phi_n = \frac{1.42-(820)(7.1\times10^{-4})}{(1.42-1.43)+(840-820)(7.1\times10^{-4})} = 199$$

$$\Phi_g = \frac{7.1\times10^{-4}}{(1.42-1.43)+(840-820)(7.1\times10^{-4})} = 0.17$$

첫 번째 구간에서 평균 생산 가스-오일비를 $\bar{R}$=845 scf/STB로 가정하면

$$\Delta N_{pi\to i+1} = \frac{1}{199+(845)(0.17)} = 2.92\times10^{-3}\ \mathrm{STB}$$

이 되고 이는 첫 번째 구간의 $N_{pi\to i+1}$과 같다. 누적 가스 생산량의 증분은 $(845)(2.92\times10^{-3})$ =2.48 scf이며 이 또한 첫 번째 구간의 누적 가스 생산량 G_p와 같다.
식 (7.22)에 의해 오일 포화율은 다음과 같다.

$$S_o = \left(\frac{1.42}{1.43}\right)(1-0.3)(1-2.92\times10^{-3}) = 0.693$$

상대 투과도 그래프에서 가스 포화율이 S_g=0.007일 때
$k_g/k_o = 8\times10^{-5}(\mathrm{extrapolated})/0.48 = 1.7\times10^{-4}$ 이다. $\mu_o = 1.7\ \mathrm{cp}$, $\mu_g = 0.023\ \mathrm{cp}$일 때 식 (7.23)를 사용하여 계산하면

$$\bar{R} = 820 + 1.7 \times 10^{-4} \frac{(1.7)}{(0.023)} \frac{(1.42)}{(7.1 \times 10^{-4})} = 845\,\mathrm{scf/STB}$$

이므로 가정치와 일치한다.

이러한 계산들을 반복해서 각 구간마다 값을 구하면 다음 표와 같다. 이러한 결과들을 비포화 저류층의 단상유동 중 오일 생산 예제의 결과와 비교하면 단상유동 시 1,000 psi의 압력 감소가 일어날 때(5,651 psi에서 4,500 psi)의 오일 회수율은 1.5%($2.8\times10^4/1.87\times10^6$) 미만임을 알 수 있다. 반면 2상유동 중 오일 생산에서 비슷한 압력 강하가 일어날 때 오일 회수율은 단상유동에 비해 3배 이상 높으며 이는 용해가스 드라이브가 발생하는 저류층에서의 회수 효율이 더 높다는 것을 의미한다.

$\bar{p}$ (psi)	ΔN_p (STB)	N_p (STB)	$\bar{R}$ (scf/STB)	ΔG_p (scf)	G_p (scf)
4,350					
	2.92×10^{-3}		845	2.48	
4,150		2.29×10^{-3}			2.48
	8.41×10^{-3}		880	7.23	
3,950		1.10×10^{-2}			9.71
	1.20×10^{-2}		1000	12	
3,750		2.30×10^{-2}			21.71
	1.26×10^{-2}		1280	16.1	
3,550		3.56×10^{-2}			37.81
	1.10×10^{-2}		1650	18.2	
3,350		4.66×10−2			56.01

배유영역 40 acre에 대하여 초기 오일 부존량은 다음과 같다.

$$N = \frac{(7758)(40)(115)(0.21)(1-0.3)}{1.43} = 3.7 \times 10^6\,\mathrm{STB}$$

Vogel 상관식으로부터 2상 저류층에 대한 IPR은 다음과 같이 나타낼 수 있다.

$$q_o = 0.45 \frac{\bar{p}}{B_o} \left[1 - 0.2 \frac{p_{wf}}{\bar{p}} - 0.8 \left(\frac{p_{wf}}{\bar{p}} \right)^2 \right]$$

4,350 psi에서 3350 psi까지 200 psi 간격의 6개 평균 저류층 압력에 대한 IPR은 다음의 그래프와 같다. q_o=0에서 해당 $\bar{p}$의 선들은 p_{wf}축과 교차한다.

각 압력구간 내 평균 생산 가스-오일비에 대한 5개 VLP 또한 그래프에 나타나 있다. 이 값들은 앞선 표에 정리되어 있다. 각 구간 내 예측 오일 유동율은 그래프로부터 구할 수 있다.

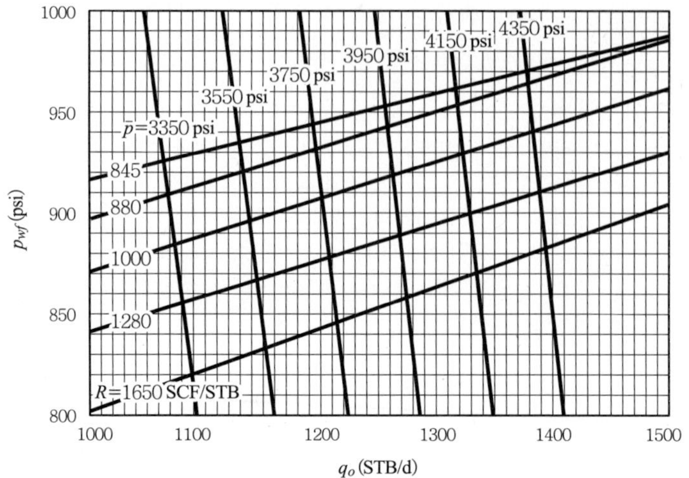

각 구간의 지속 시간을 계산하는데 필요한 모든 변수들은 갖추어 졌다. 예를 들어, 4,350~4,150 psi 구간에서의 회수비(N=1일 때의 ΔN_p)는 2.92×10^{-3}이며 $N=3.7\times10^6$ STB이므로

$$\Delta N_p = (2.92\times10^{-3})\times(3.7\times10^6) = 1.08\times10^4\,\mathrm{STB}$$

$$\Delta G_p = (1.08\times10^4)(845) = 9.1\times10^6\,\mathrm{scf}$$

이다. 주어진 구간에서의 평균 생산율은 위의 그림에서 1,346 STB/D이므로 오일 생산에 걸리는 시간은 다음과 같다.

$$t = \frac{1.08\times10^4}{1346} = 8\,\mathrm{days}$$

모든 구간에서의 결과는 다음의 표와 같다.

$\bar{p}$ (psi)	q_o (STB/D)	ΔN_p (10^4STB)	N_p (10^4STB)	ΔG_p (10^6scf)	G_p (10^6scf)	Δt (days)	t (days)
4,350							
	1,346	1.08		9.1		8	
4,150			1.08		9.1		8
	1,288	3.11		27.4		24	
3,950			4.19		36.5		32
	1,234	4.44		44.4		36	
3,750			8.63		80.9		68
	1,176	4.66		59.6		40	
3,550			13.29		140.5		108
	1,120	4.07		67.2		36	
3,350			17.36		207.7		144

7.3 천이 유동기 중 가스 생산

오일 생산 시와 유사하게 천이 유동기 중 가스 생산은 천이 IPR과 정상상태 유동 TPR을 이용한 노달분석으로 예측할 수 있다. 가스는 경탄화수소 분자만을 함유하고 있기 때문에 고압축성 유체이다. 가스정에 대한 IPR 모델은 다음과 같다.

$$q = \frac{kh\left[m(p_i) - m(p_{wf})\right]}{1638\,T\left(\log t + \log\dfrac{k}{\phi\mu c_t r_w^2} - 3.23 + 0.87s\right)} \tag{7.24}$$

이 식은 저류층 경계가 감지되기 전 미래 시간 t에 대한 IPR 곡선을 생성하는데 사용한다. 모든 저류층 경계에 도달한 후에는 고갈 가스 저류층의 경우 유사정상상태 유동이 우세하게 된다. 원형 저류층의 경우 압력파가 경계에 도달하는데 필요한 시간은 $t_{pss} \approx 1,200\dfrac{\phi\mu c_t r_e^2}{k}$ 이다.

전 기간에 걸쳐 가스정 내 유체 물성이 동일하다고 가정하면 일반적으로 천이 유동기에는 동일한 TPR을 사용한다. TPR을 구축하기 위하여 평균 온도-평균 z 인자법을 사용할 수 있다.

예제

아래의 저류층 및 가스정 변수와 천이 IPR 모델을 사용하여 10일 경과 후 유동 공저압력에 따른 생산율 그래프를 작성하시오.

$k = 0.17$ md, $h = 78$ ft, $p_i = 4{,}613$ psi, $c_g = 1.475 \times 10^{-4}$ psi^{-1} (p_i에서), $\mu_i = 0.0244$ cp,

$\phi = 0.14$, $S_w = 0.27$, $r_w = 0.328$ ft, $T = 180\,°\mathrm{F} = 640\,°\mathrm{R}$

풀이

아래 표는 저류층 및 가스정 변수를 이용하여 계산한 점도, 편차인자, 유사압력값이다. 초기 압력 조건 p_i에서 $m = 1.265 \times 10^9$ psi^2/cp, $\mu = 0.0235$ cp, $z = 0.968$이다.

p (psi)	μ (cp)	z	$m(p)$ (psi^2/cp)
100	0.0113	0.991	8.917×10^5
200	0.0116	0.981	3.548×10^6
300	0.0118	0.972	7.931×10^6
400	0.0120	0.964	1.401×10^7
500	0.0123	0.955	2.174×10^7
600	0.0125	0.947	3.108×10^7
700	0.0127	0.939	4.202×10^7
800	0.0130	0.931	5.450×10^7
900	0.0132	0.924	6.849×10^7
1000	0.0135	0.917	8.396×10^7
1100	0.0137	0.910	1.009×10^8
1200	0.0140	0.904	1.192×10^8
1300	0.0142	0.899	1.389×10^8
1400	0.0145	0.894	1.598×10^8
1500	0.0147	0.889	1.821×10^8
1600	0.0150	0.885	2.056×10^8
1700	0.0153	0.881	2.303×10^8
1800	0.0155	0.878	2.562×10^8
1900	0.0158	0.876	2.831×10^8
2000	0.0161	0.874	3.111×10^8
2100	0.0163	0.872	3.401×10^8
2200	0.0166	0.872	3.700×10^8
2300	0.0169	0.871	4.009×10^8
2400	0.0171	0.871	4.326×10^8
2500	0.0174	0.872	4.651×10^8
2600	0.0177	0.873	4.984×10^8
2700	0.0180	0.875	5.324×10^8
2800	0.0183	0.877	5.670×10^8
2900	0.0185	0.879	6.023×10^8
3000	0.0188	0.882	6.381×10^8
3100	0.0191	0.885	6.745×10^8
3200	0.0194	0.889	7.114×10^8
3300	0.0197	0.893	7.487×10^8
3400	0.0200	0.897	7.864×10^8
3500	0.0203	0.902	8.245×10^8
3600	0.0206	0.907	8.630×10^8
3700	0.0208	0.912	9.018×10^8
3800	0.0211	0.917	9.408×10^8
3900	0.0214	0.923	9.802×10^8
4000	0.0217	0.929	1.020×10^9
4100	0.0220	0.935	1.059×10^9
4200	0.0223	0.941	1.099×10^9

p(psi)	μ (cp)	z	$m(p)$ (psi²/cp)
4300	0.0226	0.947	1.139×10^9
4400	0.0229	0.954	1.180×10^9
4500	0.0232	0.961	1.220×10^9
4600	0.0235	0.967	1.260×10^9
4700	0.0238	0.974	1.301×10^9
4800	0.0241	0.982	1.342×10^9
4900	0.0244	0.989	1.382×10^9
5000	0.0247	0.996	1.423×10^9

시스템의 총압축도는 $c_t \approx S_g c_g = (0.73)(1.475\times10^{-4}\ \text{psi}^{-1}) = 1.08\times10^{-4}\ \text{psi}^{-1}$ 이므로 t = 10 days = 240 hr 에서 유동율은

$$q = \frac{(0.17)(78)\left[m(p_i) - m(p_{wf})\right]}{1638(640)\left[\log(240) + \log\dfrac{0.17}{(0.14)(0.0235)(1.08\times10^{-4})(0.328)^2} - 3.23\right]}$$

이다. 서로 다른 p_{wf}에서 q를 구하면 천이 IPR 곡선을 생성할 수 있다.

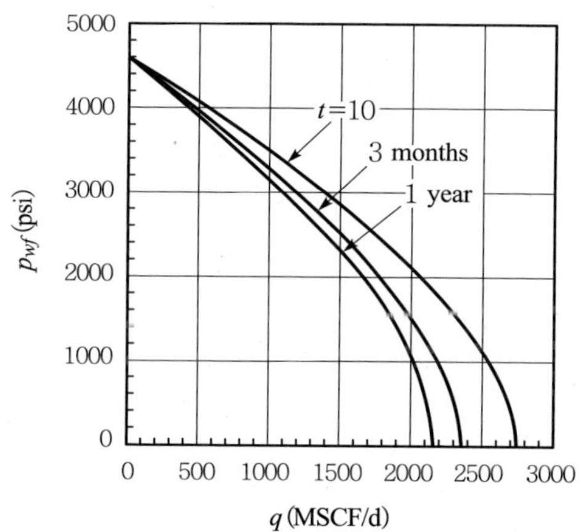

7.4 유사정상상태 유동기 중 가스 생산

유사정상상태 유동기 동안 가스 팽창에 의하여 가스가 생산된다. 저류층 압력이 변하므로 시간에 따라 다음 식으로 나타나는 IPR도 변한다.

$$q = \frac{kh\left[m(\bar{p}) - m(p_{wf})\right]}{1424T\left(\ln\frac{r_e}{r_w} - \frac{3}{4} + s + Dq\right)} \tag{7.25}$$

전 기간에 걸쳐 액체부하(liquid loading)가 없고 정두압력이 일정하게 유지되면 일정 TPR을 가정할 수 있다.

가스 저류층에 대한 물질수지식으로부터 가스 생산 스케쥴을 수립할 수 있다.

$$G_p = G_i - G = G_i - G_i\frac{B_{gi}}{B_g} = G_i\left(1 - \frac{\frac{\bar{p}}{z}}{\frac{p_i}{z_i}}\right) \tag{7.26}$$

여기에서 G_p와 G_i는 각각 누적 가스 생산량과 초기 부존량이다.

주어진 저류층 압력에서 노달분석으로 부터 가스 생산율을 예측하고 동일한 압력 수준에서 누적 생산량을 추정하면 생산 시간을 계산할 수 있으므로 생산 예측을 수행할 수 있다.

예제

아래의 저류층 및 가스정 변수를 이용하여 배유영역 40 acre에서 200 psi 간격으로 저류층 평균압력이 3,600 psi가 될 때까지 시간에 따른 유정의 거동을 예측하여라. 유동공저압력은 1,500 psi이다. $t_{pss} \approx 1200\frac{\phi\mu c_t r_e^2}{k}$을 이용하여 유사정상상태의 도달 시간 t_{pss}를 추정하시오. 유사정상상태 유동 중 non-darcy 효과는 무시한다.

$T = 180\,°\mathrm{F} = 640°\,\mathrm{R}$, $\gamma_g = 0.65$, $p_i = 4613\,\mathrm{psi}$, $c_t = 1.5\times10^{-4}\,\mathrm{psi}^{-1}$, $z_i = 0.945$,

$\mu_i = 0.0244\,\mathrm{cp}$, $h = 78\,\mathrm{ft}$, $S_w = 0.27$, $S_g = 0.73$, $\phi = 0.14$, $r_w = 0.328\,\mathrm{ft}(7\ 7/8-\mathrm{in.\,well})$

$k = 0.17\,\mathrm{md}$

풀이

면적이 40 acre 인 경우 r_e는 745 ft이므로 유사정상상태의 도달 시간은 다음과 같다.

$$t_{pss} = 1200\frac{(0.14)(0.0244)(1.5\times10^{-4})(745^2)}{0.17} = 2007\,\mathrm{hr}$$

즉, 84일 후 가스정이 비유동 경계를 감지한다.

40 acre 내 초기 가스 부존량은 다음과 같다.

$$G_i = \frac{(43,560)(40)(78)(0.14)(0.73)}{3.71 \times 10^{-3}} = 3.7 \times 10^9 \, \text{scf}$$

z_i = 0.945이므로

$$\frac{p_i}{z_i} = \frac{4613}{0.969} = 4761 \, \text{psi}$$

이고 식 (7.26)에 의해 평균 저류층 압력 $\bar{p}$일 때 누적 가스 생산량은 다음과 같다.

$$G_p = 3.7 \times 10^9 \left(1 - \frac{\bar{p}/z}{4761}\right)$$

다음의 표는 평균 저류층 압력, 가스 압축 인자, 그리고 이에 상응하는 누적 생산량을 나타낸 것이다.

$\bar{p}$ (psi)	z	G_p (10^8scf)	ΔG_p (10^8scf)	q (10^3Mscf/D)	Δt (days)	t (days)
4,613	0.969	0				
			1.16	2.16	54	
4,400	0.954	1.16				54
			1.15	2.00	58	
4,200	0.941	2.31				112
			1.23	1.83	67	
4,000	0.929	3.54				179
			1.26	1.66	76	
3,800	0.917	4.80				255
			1.35	1.50	90	
3,600	0.907	6.15				345

참고문헌

- Craft, B.C. and Hawkins, M.(Revised by Terry, R.E.), 1991, *Applied Petroleum Reservoir Engineering*, 2nd Ed., Prentice Hall, New Jersey, USA.
- Dake, L.P., 1978, *Fundamentals of Reservoir Engineering*, Elsevier, Amsterdam, Netherlands.
- Hagedorn, A.R. and Brown, K.E., 1965 "Experimental Study of Pressure Gradients Occurring During Continuous Two-Phase Flow in Small-Diameter Conduits," *J. of Petro. Tech.*, Vol. 17, No. 4, pp. 475-484.
- Poettmann, F.H. and Carpenter, P.G., 1952, "The Multiphase Flow of Gas, Oil, and Water Through Vertical Strings with Application to the Design of Gas-lift Installations," *Drilling and Production Practice*, API, pp. 257-263.
- Vogel, J.V., 1968, "Inflow Performance Relationships for Solution-Gas Drive Wells," *J. of Pet. Tech.*, Vol. 20, No. 1, pp. 83-92.

CHAPTER 8

제8장 생산감퇴분석

8.1 지수감퇴
8.2 조화감퇴
8.3 쌍곡선 감퇴
8.4 모델 판별
8.5 모델인자 결정

chapter 8

제8장 생산감퇴분석

생산감퇴분석(production decline analysis)은 실제 생산 데이터를 기반으로 생산정의 문제를 판별하고 유정 거동과 수명을 예측하는 전통적 방법이다. 이를 위하여 다음과 같은 경험적 감퇴 모델을 사용하는데 이론적 정당성은 미약하다.

- 지수감퇴
- 조화감퇴
- 쌍곡선감퇴

이 모델들은 유동율의 변화율을 나타내는 상대감퇴율 방정식과 연계되어 있다.

$$D \equiv -\frac{1}{q}\frac{dq}{dt} = -\frac{d(\ln q)}{dt} = bq^{d} \tag{8.1}$$

여기에서 D는 감퇴율(decline rate), b와 d는 생산 데이터를 기반으로 결정하는 경험상수이다. d=0이면 식 (8.1)은 지수감퇴 또는 일정률 감퇴 모델이 되고 d=1이면 조화감퇴 모델이 된다. $0<d<1$ 일때 가장 일반적인 쌍곡선감퇴 모델이 된다. 감퇴모델은 유정과 가스정에 모두 적용할 수 있다.

8.1 지수감퇴

지수감퇴 모델의 경우 $D=b$이므로 감퇴율은 일정하고 감퇴율과 생산율 감퇴 방정식은 고갈 저류층 모델로부터 유도할 수 있다. 누적 생산량은 생산율 감퇴 곡선을 적분하여 구할 수 있다.

8.1.1 상대감퇴율

지수감퇴 모델에 대한 상대 감퇴율과 생산율 감퇴 방정식은 고갈 저류층 모델에서 유도할 수 있다. 고갈 오일 저류층에 굴착한 유정에서 임계(최저 허용) 공저압력에 도달할 때 생산율이 감퇴하기 시작한다고 가정해 보자. 유사정상상태 조건일 때 주어진 감퇴 시간 t에서 생산율은 다음과 같이 나타낼 수 있다.

$$q=\frac{kh\left(\overline{p_t}-p_{wf}^c\right)}{141.2B_o\mu\left[\ln\left(\frac{0.472r_e}{r_w}\right)+s\right]} \tag{8.2}$$

여기에서

$\overline{p_t}$: 감퇴 시간 t에서 평균 저류층 압력

p_{wf}^c : 생산 감퇴 동안 유지되는 임계 공저압력

감퇴 시간 t동안 유정의 누적 생산량은 다음과 같다.

$$N_p=\int_0^t \frac{kh\left(\overline{p_t}-p_{wf}^c\right)}{141.2B_o\mu\left[\ln\left(\frac{0.472r_e}{r_w}\right)+s\right]}dt \tag{8.3}$$

감퇴 시간 t동안 생산 감퇴 후 유정의 누적 생산량은 저류층 총압축도로 나타낼 수도 있다.

$$N_p=\frac{c_tN_i}{B_o}\left(\overline{p_0}-\overline{p_t}\right) \tag{8.4}$$

여기에서

c_t = 저류층 총압축도

N_i = 배유영역 내 초기 오일 부존량

$\overline{p_0}$ = 감퇴시간 0일 때 평균 저류층 압력

식 (8.4)를 (8.3)에 대입하고

$$\int_0^t \frac{kh\left(\overline{p_t}-p_{wf}^c\right)}{141.2B_o\mu\left[\ln\left(\frac{0.472r_e}{r_w}\right)+s\right]}dt=\frac{c_tN_i}{B_o}\left(\overline{p_0}-\overline{p_t}\right) \tag{8.5}$$

이 식의 양변을 t에 대하여 미분하면 저류층 압력에 대한 미분 방정식을 얻는다.

$$\frac{kh\left(\overline{p_t}-p_{wf}^c\right)}{141.2B_o\mu\left[\ln\left(\frac{0.472r_e}{r_w}\right)+s\right]}=-c_tN_i\frac{d\overline{p_t}}{dt} \tag{8.6}$$

이 식의 좌변은 q이고 식 (8.2)는

$$\frac{dq}{dt}=\frac{kh}{141.2B_o\mu\left[\ln\left(\frac{0.472r_e}{r_w}\right)+s\right]}\frac{dp_t}{dt} \tag{8.7}$$

이 된다. 따라서 식 (8.6)은

$$q=\frac{-141.2c_tN_i\mu\left[\ln\left(\frac{0.472r_e}{r_w}\right)+s\right]}{kh}\frac{dq}{dt} \tag{8.8}$$

또는 상대감퇴율 방정식이 된다.

$$\frac{1}{q}\frac{dq}{dt}=-b \tag{8.9}$$

여기에서 b는 다음과 같다.

$$b=\frac{kh}{141.2\mu c_tN_i\left[\ln\left(\frac{0.472r_e}{r_w}\right)+s\right]} \tag{8.10}$$

8.1.2 생산율 감퇴

식 (8.6)을 다음과 같이 쓰고

$$-b\left(\overline{p_t}-p_{wf}^c\right)=\frac{d\overline{p_t}}{dt} \tag{8.11}$$

변수 분리 후 적분하면

$$-\int_0^t bdt=\int_{\overline{p_0}}^{\overline{p_t}}\frac{d\overline{p_t}}{\left(\overline{p_t}-p_{wf}^c\right)} \tag{8.12}$$

저류층 압력 감퇴에 대한 식을 얻을 수 있다.

$$\overline{p_t}=p_{wf}^c+\left(\overline{p_0}-p_{wf}^c\right)e^{-bt} \tag{8.13}$$

이 식을 (8.2)에 대입하면 유정 생산율 감퇴 방정식을 얻는다.

$$q=\frac{kh\left(\overline{p_0}-p_{wf}^c\right)}{141.2B_o\mu\left[\ln\left(\frac{0.472r_e}{r_w}\right)+s\right]}e^{-bt} \tag{8.14}$$

$$q=\frac{bc_tN_i}{B_o}\left(\overline{p_0}-p_{wf}^c\right)e^{-bt} \tag{8.15}$$

이 식은 용해가스 드라이브 저류층의 생산 감퇴 분석에 일반적으로 사용하는 지수감퇴 모델이다. 일반적으로 다음 형태의 식을 사용한다.

$$q=q_ie^{-bt} \tag{8.16}$$

여기에서 q_i는 t=0에서 생산율이다. $\frac{q_2}{q_1}=\frac{q_3}{q_2}=\ldots\ldots=\frac{q_n}{q_{n-1}}=e^{-b}$ 이므로 지수감퇴 시 감퇴 분율(fractional decline)이 일정함을 알 수 있다.

8.1.3 누적 생산량

식 (8.16)을 시간에 대하여 적분하면

$$N_p = \int_0^t q dt = \int_0^t q_i e^{-bt} dt \tag{8.17}$$

감퇴 이후 누적 오일 생산량을 얻을 수 있다.

$$N_p = \frac{q_i}{b}\left(1 - e^{-bt}\right) \tag{8.18}$$

$q = q_i e^{-bt}$ 이므로 식 (8.18)은

$$N_p = \frac{1}{b}(q_i - q) \tag{8.19}$$

이 된다.

8.1.4 감퇴율 결정

상수 b를 연속감퇴율(continuous decline rate)이라고 하며 생산 이력 데이터로부터 결정할 수 있다. 생산율과 시간 데이터가 있으면 반로그 그래프의 기울기로부터 b 값을 구할 수 있다. 식 (8.16)의 양변에 로그를 취하면

$$\ln(q) = \ln(q_i) - bt \tag{8.20}$$

이 되는데 이는 데이터들이 $\log(q)$와 t의 그래프 상에서 기울기가 $-b$인 직선상에 놓임을 의미한다. 직선상에 있는 임의의 두 점 (t_1, q_1), (t_2, q_2)를 택하면

$$\ln(q_1) = \ln(q_i) - bt_1 \tag{8.21}$$

$$\ln(q_2) = \ln(q_i) - bt_2 \tag{8.22}$$

이므로 b를 해석적으로 결정할 수 있다.

$$b=\frac{1}{(t_2-t_1)}\ln\left(\frac{q_1}{q_2}\right) \tag{8.23}$$

이 식을 재배열하면 서로 다른 유동율 간 소요 시간을 알 수 있다.

$$t=\frac{\ln\left(\frac{q_1}{q_2}\right)}{b} \tag{8.24}$$

만약 생산율과 누적 생산 데이터가 있으면 b는 N_p와 q그래프의 직선 기울기로부터 구할 수 있다. 식 (8.19)를 재정렬하면

$$q=q_i-bN_p \tag{8.25}$$

이고 직선상에 있는 임의의 두 점 (N_{p1}, q_1), (N_{p2}, q_2)를 택하면

$$q_1=q_i-bN_{p1} \tag{8.26}$$

$$q_2=q_i-bN_{p2} \tag{8.27}$$

이므로 b를 해석적으로 결정할 수 있다.

$$b=\frac{q_1-q_2}{N_{p2}-N_{p1}} \tag{8.28}$$

t의 단위에 따라 b의 단위는 month^{-1} 또는 year^{-1}이고 다음 관계를 유도할 수 있다.

$$b_a=12b_m=365b_d \tag{8.29}$$

여기에서 b_a, b_m, b_d는 각각 년, 월, 일 감퇴율이다.

8.1.5 유효 감퇴율

손계산기로 지수함수를 이용하기는 어려우므로 전통적으로 유효 감퇴율을 사용해 왔다. 작은 x값에 대한 Taylor 급수 전개에 따르면 $e^{-x}\approx1-x$이므로 작은 b값에 대하여

$e^{-b} \approx 1-b$이 성립한다. 현장 적용 시 b대신 b' 을 사용한다. 식 (8.16)은

$$q = q_i(1-b')^t \tag{8.30}$$

이 되고 $\frac{q_2}{q_1} = \frac{q_3}{q_2} = ... = \frac{q_n}{q_{n-1}} = 1 - b'$ 임을 알 수 있다. t의 단위에 따라 b'의 단위는 $month^{-1}$ 또는 $year^{-1}$이고 다음 관계를 유도할 수 있다.

$$(1-b'_a) = (1-b'_m)^{12} = (1-b'_d)^{365} \tag{8.31}$$

b'_a, b'_m, b'_d는 각각 년, 월, 일 유효감퇴율이다.

예제

한 달 동안 생산율이 100 STB/D에서 96 STB/D로 감퇴된 유정이 주어져 있다. 지수 감퇴 모델을 사용하여 다음을 계산하시오.

1. 11개월 후 생산율을 예측하시오.
2. 최초 일 년간 오일 생산량을 계산하시오.
3. 향후 5년간 년 생산량을 설계하시오.

풀이

1. 11개월 후 생산율
   우선 월 감퇴율을 구하면 다음과 같다.

$$b_m = \frac{1}{(t_{1m} - t_{0m})} \ln\left(\frac{q_{0m}}{q_{1m}}\right) = \left(\frac{1}{1}\right) \ln\left(\frac{100}{96}\right) = 0.04082/\text{month}$$

연말의 생산율은 다음과 같으며,

$$q_{1m} = q_{0m}e - b_m t = 100e^{-0.04082(12)} = 61.27\,\text{STB/D}$$

유효 감퇴율 b' 은 다음과 같다.

$$b'_m = \frac{q_{0m} - q_{1m}}{q_{0m}} = \frac{100-96}{100} = 0.04\,/\text{month}$$

식 (8.31)으로부터 b'_a를 구할 수 있다.

$$1 - b'_a = (1-b'_m)^{12} = (1-0.04)^{12}$$

$$b'_a = 0.3875\,/\text{year}$$

즉, 11개월 후(연말)의 생산율은 다음과 같다.

$$q_1 = q_0(1 - b'_a) = 100(1 - 0.3875) = 61.27 \text{ STB/D}$$

2. 최초 일 년간 오일 생산량

년 감퇴율을 이용하여 일 년간 누적 오일 생산량을 구하면 다음과 같다.

$$b_a = 0.04082(12) = 0.48986 \,/\text{year}$$

$$N_{p,1} = \frac{q_0 - q_1}{b_a} = \left(\frac{100 - 61.27}{0.48986}\right)365 = 28,858 \text{ STB}$$

또한, 일 감퇴율을 이용하여 구하면 다음과 같다.

$$b_d = \left[\ln\left(\frac{100}{96}\right)\right]\left(\frac{1}{30.42}\right) = 0.001342 \,/\text{day}$$

$$N_{p,1} = \frac{100}{0.001342}\left(1 - e^{-0.001342(365)}\right) = 28,858 \text{ STB}$$

3. 향후 5년간 년 생산량

$$N_{p,2} = \frac{100}{0.001342}\left(1 - e^{-0.001342(365)}\right) = 17,681 \text{ STB}$$

$$q_2 - q_i e^{-bt} = 100e^{-0.04082(12)(2)} - 37.54 \text{ STB/D}$$

$$N_{p,3} = \frac{37.54}{0.001342}\left(1 - e^{-0.001342(365)}\right) = 10,834 \text{ STB}$$

$$q_3 = q_i e^{-bt} = 100e^{-0.04082(12)(3)} = 23.00 \text{ STB/D}$$

$$N_{p,4} = \frac{23.00}{0.001342}\left(1 - e^{-0.001342(365)}\right) = 6,639 \text{ STB}$$

$$q_4 = q_i e^{-bt} = 100e^{-0.04082(12)(4)} = 14.09 \text{ STB/D}$$

$$N_{p,5} = \frac{14.09}{0.001342}\left(1 - e^{-0.001342(365)}\right) = 4,061 \text{ STB}$$

요약하여 정리하면 다음의 표와 같다.

년	년말 생산율(STB/D)	연간 생산량(STB)
0	100.00	
1	61.27	28,858
2	37.54	17,681
3	23.00	10,834
4	14.09	6,639
5	8.64	4,061
		68,073

8.2 조화감퇴

d=1일 때 , $\frac{D}{D_0}=\frac{q}{q_0}$, $b=\frac{D_0}{q_0}$ 이고 조화감퇴에 대한 미분 방정식은 다음과 같다.

$$\frac{1}{q}\frac{dq}{dt}=-\frac{D_0}{q_0}q=-bq \tag{8.32}$$

이 식을 적분하면

$$q=\frac{q_0}{1+D_0t} \tag{8.33}$$

또는

$$\frac{1}{q}=\frac{1}{q_0}+\frac{D_0t}{q_0}=\frac{1}{q_0}+bt \tag{8.34}$$

이다. 여기에서 q_0는 t=0에서 생산율이다. 이 식을 재배열하면 초기 및 향후 유동율 간 시간차에 대하여 풀 수 있다.

$$t=\frac{q_0-q}{D_0q} \tag{8.35}$$

또한 식 (8.33)의 양변을 적분하면($N_p=\int_0^t qdt$) 누적 생산량을 얻을 수 있다.

$$N_p=\frac{q_0}{D_0}\ln(1+D_0t) \tag{8.36}$$

(8.33)와 (8.34)를 결합하면

$$N_p = \frac{q_0}{D_0}\ln\frac{q_0}{q} = \frac{q_0}{D_0}\left[\ln(q_0) - \ln(q)\right] \tag{8.37}$$

이 된다.

8.3 쌍곡선 감퇴

0<d<1일 때 , $\frac{D}{D_0}=\left(\frac{q}{q_0}\right)^d$, $b=\frac{D_0}{q_0^d}$ 이고 감퇴 방정식은 다음과 같다.

$$\frac{1}{q}\frac{dq}{dt} = -D_0\left(\frac{q}{q_0}\right)^d \tag{8.38}$$

이 식을 적분한 후

$$\int_{q_0}^{q}\frac{dq}{q} = -\int_0^t D_0\left(\frac{q}{q_0}\right)^d dt$$

$$\int_{q_0}^{q}\frac{dq}{q^{1+d}} = -\int_0^t \frac{D_0 dt}{q_0^d}$$

정리하면

$$q = \frac{q_0}{(1+dD_0t)^{\frac{1}{d}}} \tag{8.39}$$

또는

$$q = \frac{q_0}{\left(1+\frac{D_0}{a}t\right)^a} \tag{8.40}$$

을 얻는데 여기에서 $a=\frac{1}{d}$이다. 식 (8.39)을 재정렬하면

$$t = \frac{\left(\frac{q_0}{q}\right)^d - 1}{dD_0} \tag{8.41}$$

를 얻을 수 있다.

식 (8.40)의 양변을 적분하면 누적 생산량을 얻을 수 있다.

$$N_p = \frac{aq_0}{D_0(a-1)}\left[1-\left(1+\frac{D_0}{a}t\right)^{1-a}\right] \tag{8.42}$$

(8.40)과 (8.42)을 결합하면

$$N_p = \frac{a}{D_0(a-1)}\left[q_0 - q\left(1+\frac{D_0}{a}t\right)\right] \tag{8.43}$$

이 된다.

예제

아래의 주어진 표를 이용하여 2015년 말의 생산율을 계산하시오. 또한 2013년 1월부터 2015년 12월까지 증가한 누적 생산 증분을 계산하시오. 2006년 7월의 기록치가 초기 생산율이다.

일자	유정 A q (STB/D)	유정 B q (STB/D)	일자	유정 A q (STB/D)	유정 B q (STB/D)
7/2006	2,300	1,568	1/2007	2,155	970
7/2007	2,015	664	1/2008	1,885	478
7/2008	1,760	363	1/2009	1,650	285
7/2009	1,545	230	1/2010	1,440	191
7/2010	1,347	161	1/2011	1,260	137
7/2011	1,179	118	1/2012	1,102	103
7/2012	1,031	90	1/2013	965	80

풀이

다음의 그림은 유정 A와 B의 감퇴 관측치를 나타낸 반 로그 그래프이다. 유정 A는 선형 거동을 보이므로 지수 감퇴 형태를 보인다고 할 수 있다. 이 그래프의 기울기는 -5.8×10^{-2}이므로 식 (8.23)에 의해 감퇴율 b는 b=0.133 year^{-1}이다. 따라서 시간에 대한 유정 A의 생산율은 식 (8.16)에 의해 다음과 같이 주어진다.

$$q = 2300e^{-0.133t}$$

2015년 말(t = 9.5 year)의 생산율은 다음과 같다.

$$q = 2300e^{-(0.133)(9.5)} = 650 \text{ STB/D}$$

유정 A에서의 2013년 1월(6.5 year)부터 2015년 12월(9.5 year)까지 누적 생산 증분은 식 (8.17)을 이용하여 다음과 같이 나타낼 수 있다(t를 일 단위로 환산).

$$\Delta N_p = \int_{(6.5)(365)}^{(9.5)(365)} q\,dt = 2300\int_{(6.5)(365)}^{(9.5)(365)} e^{-3.65\times 10^{-4}t}\,dt$$

위의 식을 계산하면 누적 생산 증분을 구할 수 있다.

$$\Delta N_p = \frac{2300}{3.65\times 10^{-4}}\left[e^{-(3.65\times 10^{-4})(6.5)(365)} - e^{-(3.65\times 10^{-4})(9.5)(365)}\right] = 8.7\times 10^5 \text{ STB}$$

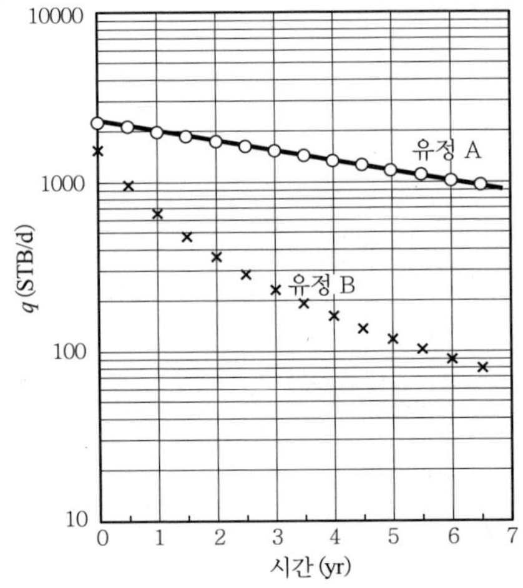

유정 B는 d = 0.5인 쌍곡선 감퇴 모델이며, 감퇴율 b는 t가 년 단위일 때 b = 2.7×10^{-2}이고, t가 일 단위일 때 b = 7.4×10^{-5}이다. 식 (8.1)을 재정렬하고 q_0에서 q까지 적분하면

$$\frac{1}{q}\frac{dq}{dt} = -bq^d$$

$$\int_{q_0}^{q}\frac{1}{q^{1+d}}dq = -\int_0^t b\,dt$$

최종 결과는 다음과 같다.

$$q^{-b} = bdt + q_0^{-b}$$

따라서 감퇴식은

$$q^{-0.5} = (1.35\times 10^{-2})t + 1568^{-0.5}$$

이다. t = 9.5 yr를 대입하면 q = 42 STB/D이다. t가 일 단위일 때 감퇴식은

$$q = \left[(3.7\times 10^{-5})t + 0.0253\right]^{-2}$$

이 되므로 적분하면

$$q=\left\{-\frac{1}{3.7\times10^{-5}}\left[(3.7\times10^{-5})t+0.0253\right]^{-1}\right\}_{(6.5)(365)}^{(9.5)(365)}=6.3\times10^4\ \text{STB}$$

이 된다.

8.4 모델 판별

그림 8.1에 제시한 것처럼 생산 데이터의 그래프를 여러 방법으로 그려보면 대표적인 감퇴 모델을 판별할 수 있다. 식 (8.20)에 따라 log(q)와 t가 직선을 나타내면 감퇴 데이터는 지수 감퇴 모델을 따른다. q와 N_p의 그래프가 직선을 나타내면 식 (8.25)에 따라 지수 감퇴 모델을 채택해야 한다. log(q)와 log(t)의 그래프가 직선을 나타내면 식 (8.33)에 따라 감퇴 데이터는 조화 감퇴 모델을 따른다. N_p와 log(q)의 그래프가 직선을 나타내면 식 (8.37)에 따라 조화 감퇴 모델을 사용해야 한다. 이 그래프들에서 직선을 찾을 수 없을 경우 식 (8.1)로 정의된 상대감퇴율을 그려보면 쌍곡선 감퇴 모델을 확인할 수 있다.

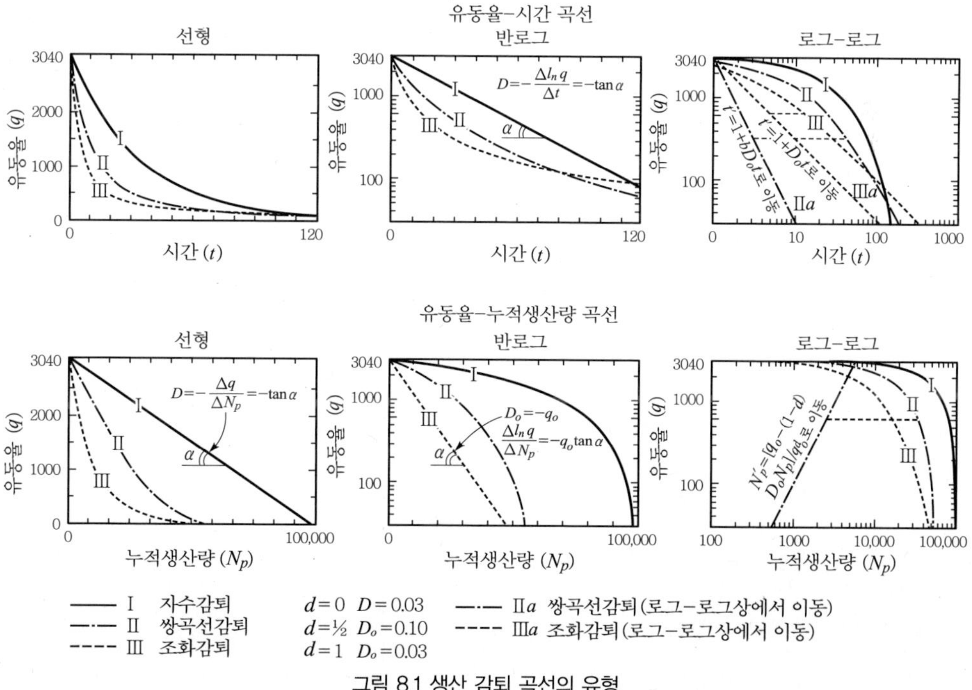

그림 8.1 생산 감퇴 곡선의 유형

8.5 모델인자 결정

감퇴 모델을 판별한 후 채택한 모델에 데이터를 맞추어 모델 인자 a와 b를 결정한다. 지수 감퇴 모델의 경우 b값은 $\log(q)$와 t그래프 상의 직선 기울기로부터 추정할 수 있다. q와 N_p 그래프 상의 직선 기울기로부터 b값을 추정할 수도 있다.

조화감퇴의 경우 식 (8.34)에 따라 직교 좌표계 상에 $\frac{1}{q}$와 t의 그래프를 그리면 t=0일 때 $\frac{1}{q}$축 상의 절편은 $\frac{1}{q_0}$이고 직선의 기울기는 $\frac{D_0}{q_0}$이다. 식 (8.34)를 재배열하면 D_0는 다음과 같다.

$$D_0 = \frac{\frac{q_0}{q_1} - 1}{t_1} \tag{8.44}$$

또한 식 (8.37)를 재배열하면

$$\ln q = \ln q_0 - \frac{D_0}{q_0} N_p \tag{8.45}$$

또는

$$\log q = \log q_0 - \frac{D_0}{2.303 q_0} N_p \tag{8.46}$$

가 되므로 N_p와 $\log(q)$그래프는 직선을 나타내며 b값은 직선 기울기로부터 추정할 수 있다.

쌍곡선 감퇴 모델의 경우 다음과 같은 절차로 a와 b값을 결정한다.

1. 두 점 (t_1, q_1), (t_2, q_2)을 선택한다.
2. $q_3 = \sqrt{q_1 q_2}$ 에서 t_3를 읽는다.
3. $\left(\frac{b}{a}\right) = \frac{t_1 + t_2 - 2t_3}{t_3^2 - t_1 t_2}$를 계산한다.
4. t=0에서 q_0를 찾는다.
5. 임의의 한 점 (t^*, q^*)을 선택한다.

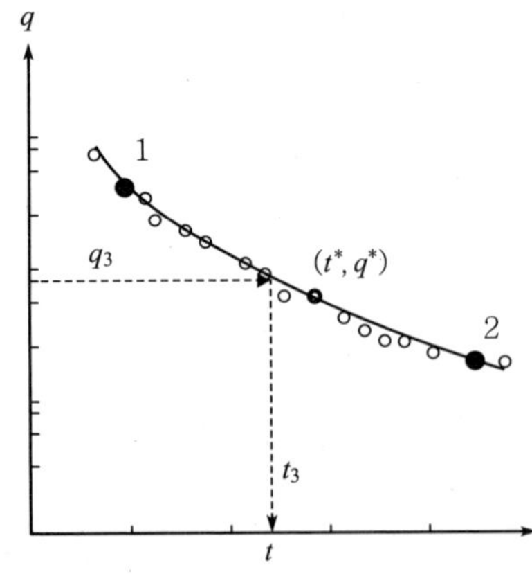

6. $q^* = \dfrac{q_0}{\left[1+\left(\dfrac{D_0}{a}\right)t^*\right]^a}$ 으로부터 $a = \dfrac{\log\left(\dfrac{q_0}{q^*}\right)}{\log\left[1+\left(\dfrac{D_0}{a}\right)t^*\right]}$ 를 구한다.

7. 최종적으로 $D_0 = \left(\dfrac{D_0}{a}\right)a$를 얻는다.

예제

아래에 주어진 표를 이용하여 적절한 감퇴 모델과 모델 상수를 결정하고, 생산율이 25 STB/D에 도달할 때까지 생산율을 예측하시오.

t (mo)	q (STB/D)	t (mo)	q (STB/D)	v	q (STB/D)
1	904.84	9	406.57	17	182.68
2	818.74	10	367.88	18	165.30
3	740.82	11	332.87	19	149.57
4	670.32	12	301.19	20	135.34
5	606.53	13	272.53	21	122.46
6	548.81	14	246.60	22	110.80
7	496.59	15	223.13	23	100.26
8	449.33	16	201.90	24	90.72

풀이

아래의 그림은 t에 대한 log(q)의 그래프이며 선형으로 나타남을 알 수 있다. 식 (8.20)에 의해 지수 감퇴 모델에 해당함을 알 수 있다.

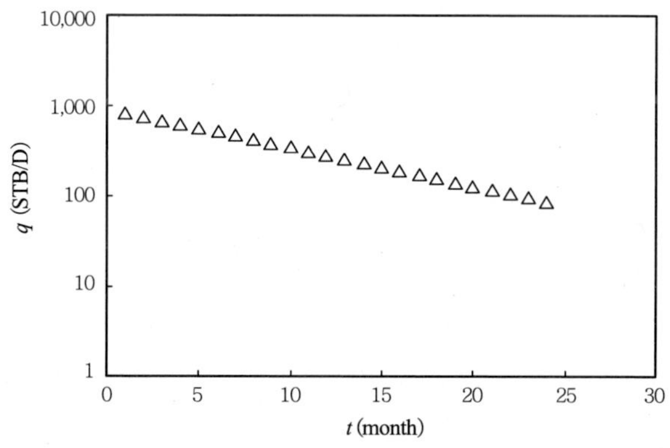

이는 상대 감퇴비를 나타낸 다음 그림에서도 확인할 수 있다.

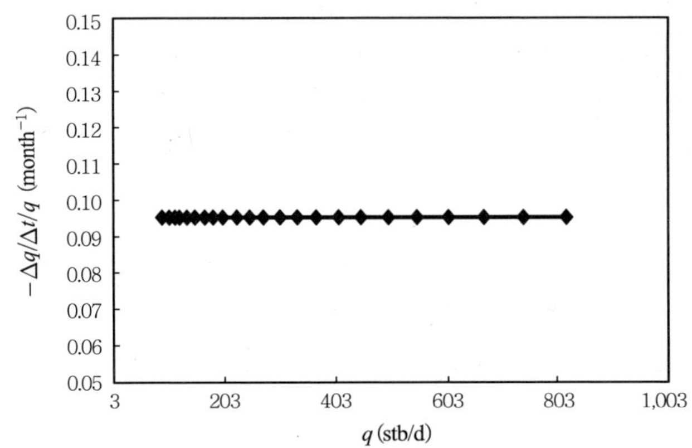

그 다음 t에 대한 log(q)의 그래프에서 두 점을 선택 한다.

$t=5\,\text{months},\ q_1=607\,\text{STB/D}$

$t=20\,\text{months},\ q_2=135\,\text{STB/D}$

선택한 두 점으로 식 (8.23)을 이용하여 감퇴율을 계산한다.

$$b=\frac{1}{(5-20)}\ln\left(\frac{135}{607}\right)=0.11/\text{month}$$

생산율이 25 STB/D에 도달할 때까지를 설계하면 다음의 그래프와 같다.

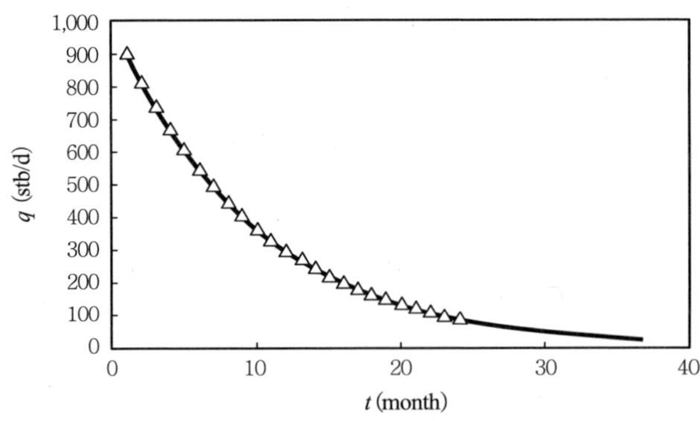

예제

아래에 주어진 표를 이용하여 적절한 감퇴 모델과 모델 상수를 결정하고, 5년 후의 생산율을 예측하여라.

t (yr)	q (1,000STB/D)	t (yr)	q (1,000STB/D)	t (yr)	q (1,000STB/D)
0.20	9.29	1.50	6.37	2.70	4.94
0.30	8.98	1.60	6.22	2.80	4.84
0.40	8.68	1.70	6.08	2.90	4.76
0.50	8.40	1.80	5.94	3.00	4.67
0.60	8.14	1.90	5.81	3.10	4.59
0.70	7.90	2.00	5.68	3.20	4.51
0.80	7.67	0.20	9.29	3.30	4.44
0.90	7.45	2.10	5.56	3.40	4.36
1.00	7.25	2.20	5.45	3.50	4.29
1.10	7.05	2.30	5.34	3.60	4.22
1.20	6.87	2.40	5.23	3.70	4.16
1.30	6.69	2.50	5.13	3.80	4.09
1.40	6.53	2.60	5.03	3.90	4.03

풀이

상대 감퇴비 그래프를 그려보면 다음과 같으며, 이는 문제에 적절한 감퇴 모델이 조화 감퇴 모델임을 알려 준다.

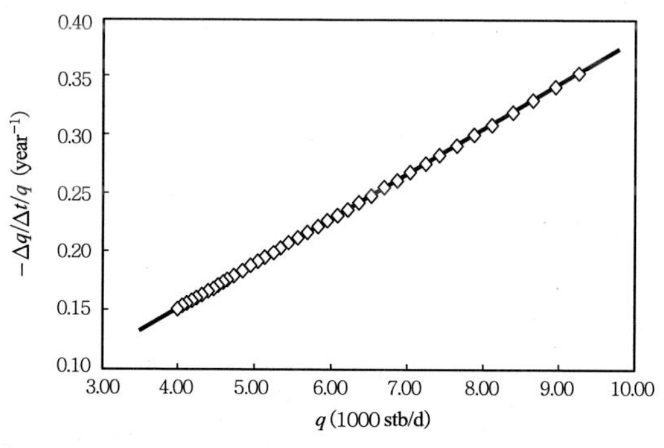

두 점 q_0와 q_1을 선택한다.

$q_0 = 10{,}000$ STB/D (t = 0일 때)

$q_1 = 5{,}680$ STB/D(t = 2 year일 때)
조화 감퇴의 경우 감퇴율은 식 (8.44)에 의해 다음과 같이 정해진다.

$$D_0 = \frac{\dfrac{10{,}000}{5680} - 1}{2} = 0.381/\text{yr}$$

마지막으로 5년 후의 생산율은 다음과 같다.

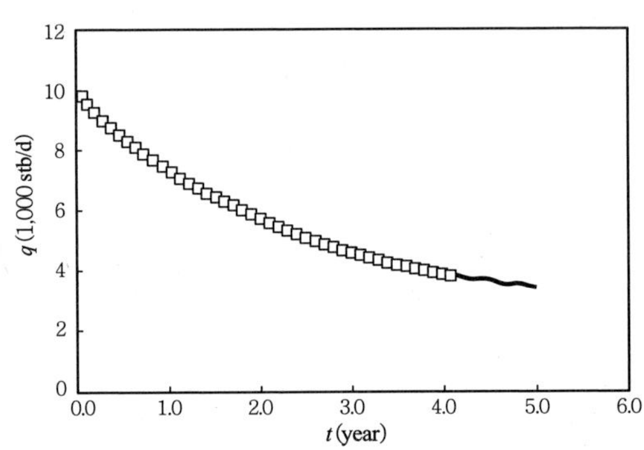

예제

아래에 주어진 표를 이용하여 적절한 감퇴 모델과 모델 상수를 결정하고, 5년 후의 생산율을 예측하시오.

풀이

상대 감퇴비 그래프를 그려보면 다음과 같으며, 이는 문제에 적절한 감퇴 모델이 쌍곡선 감퇴 모델임을 알려 준다.

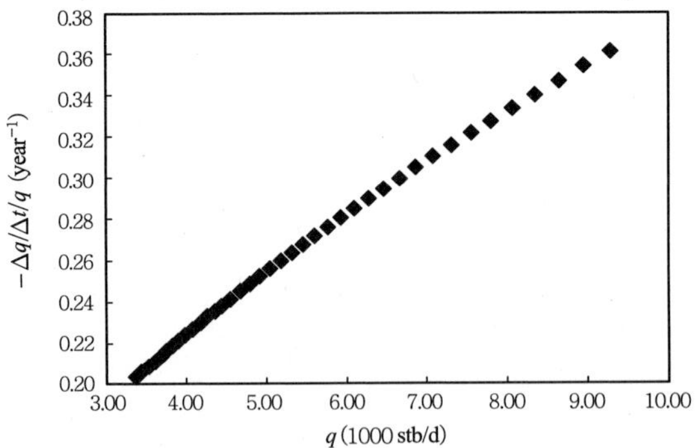

쌍곡선 감퇴 모델에서 a와 b를 구하기 위해 우선 두 점을 선택한다.

$t_1 = 0.2\,\text{year},\ q_1 = 9{,}280\ \text{STB/D}$

$t_2 = 3.8\,\text{year},\ q_2 = 3{,}490\ \text{STB/D}$

그 다음으로 q_3를 구하고 아래의 감퇴 곡선에서 t_3를 읽는다.

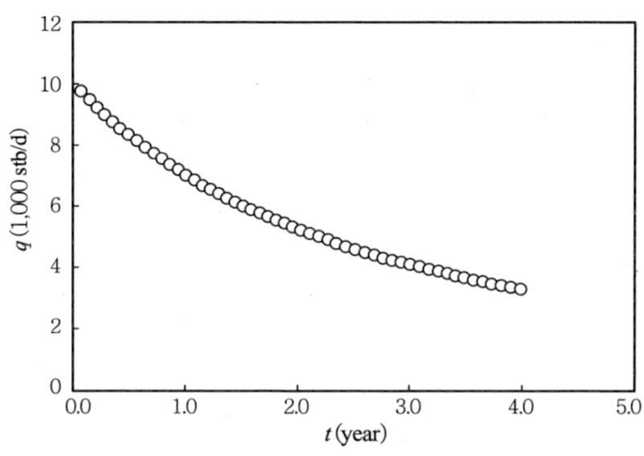

$q_3 = \sqrt{(9280)(3490)} = 5{,}670\ \text{STB/D}$

$t_3 = 1.75\,\text{year}$

$\left(\dfrac{D_0}{a}\right)$를 공식을 통해서 계산한다.

$$\left(\frac{D_0}{a}\right) = \frac{0.2 + 3.8 - 2(1.75)}{(1.75)^2 - (0.2)(3.8)} = 0.217$$

t = 0에서의 q_0값을 찾으면 q_0 = 10,000 STB/D이다. 그리고 임의의 점(t^*, q^*)을 선택한다.

$t^* = 1.4\,\text{year},\ q^* = 6{,}280\ \text{STB/D}$

모든 과정이 끝나면 $a = \dfrac{\log\left(\dfrac{q_0}{q^*}\right)}{\log\left[1 + \left(\dfrac{D_0}{a}\right)t^*\right]}$와 $D_0 = \left(\dfrac{D_0}{a}\right)a$ 로부터 a와 D_0를 다음과 같이 계산할 수 있다.

$$a = \frac{\log\left(\dfrac{10{,}000}{6{,}280}\right)}{\log(1 + (0.217)(1.4))} = 1.75$$

$$D_0 = (0.217)(1.758) = 0.38$$

마지막으로 5년 후의 생산율은 다음과 같다.

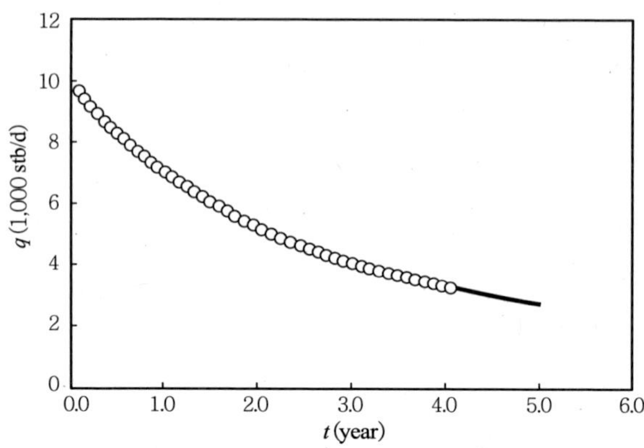

참고문헌

- Arps, J.J., 1945, "Analysis of Decline Curves," *Transactions of the AIME*, Vol. 160, No. 1, pp. 228–247.
- Golan, M. and Whitson, C.H., 1986, *Well Performance*, International Human Resource Development Corp., Upper Saddle River, USA, pp. 122–125.
- Economides, M.J., Hill, A.D., and Ehlig-Economides, C., 1993, *Petroleum Production Systems*, Prentice Hall PTR, Upper Saddle River, USA, pp. 516–519.
- Poston, S.W. and Poe, Jr., B.D., 2008, *Analysis of Production Decline Curves*, Society of Petroleum Engineers, Texas, USA.

CHAPTER 9

제9장 생산 설비

9.1 생산튜빙
9.2 분리 시스템
9.3 수송 시스템

chapter 9

제9장 생산 설비

9.1 생산튜빙

9.1.1 개요

대부분의 유정은 저류층 유체를 생산튜빙을 통해 생산한다. 이는 생산튜빙이 생산유체 누출방지 성능이 우수하고, 오일을 생산(lift)하기 위한 가스리프트의 사용이 가능하기 때문이다. 가스정은 액상 충적 문제를 줄이기 위하여 생산튜빙을 통해 가스를 생산한다.

생산튜빙은 다양한 유정의 운영 조건에서 기계적 결함을 포함한 생산튜빙의 원형손상 및 과도한 응력과 휘어짐으로 인한 변형을 방지하기 위하여 장력, 붕괴, 파열 하중을 고려하여 설계된다. 이 장에서는 생산튜빙을 설계할 때 American Petroleum Institute(API) 생산튜빙의 특성과 특이 사항을 제시한다.

9.1.2 생산튜빙의 강도

API에서는 '생산튜빙 규격(tubing size)'을 공칭 직경과 무게를 사용하여 분류한다. 공칭은 생산튜빙의 내경에 근거한다. 생산튜빙의 무게는 외경으로 결정된다. 생산튜빙의 재질 등급은 H-40, J-55, C-75, L-80, N-80, C-90, P-105로 지정되어 있다. 이 숫자들은 1,000에서 최소 항복 강도를 나타낸다. 표 9.1이 API 생산튜빙의 필요 강도를 나타낸다.

금속 시료의 간단한 압축 실험은 항복점 이전의 탄성 부분을 적용한 Hooke의 법칙(그림 9.1)에 자세히 나타나 있다.

$$\sigma = E\varepsilon \tag{9.1}$$

여기서 σ, ε, E는 각각 응력, 변형률, 영률이다. 실험에서 탄성 부분의 에너지는

$$U_u = \frac{1}{2}\sigma\varepsilon = \frac{1}{2}\frac{P}{A}\frac{\Delta l}{L} = \frac{1}{2}\frac{(P \cdot \Delta l)}{V}$$

$$U_u = \frac{1}{2}\frac{W}{V} \tag{9.2}$$

여기서 P, A, L, V, ΔL은 각각 힘, 범위, 길이, 체적, 길이 변화이다. 그러나 Hooke의 법칙에서는 아래식과 같다.

$$U_u = \frac{1}{2}\sigma\varepsilon = \frac{1}{2}\sigma\left(\frac{\sigma}{E}\right) = \frac{1}{2}\frac{\sigma^2}{E} \tag{9.3}$$

재료의 파괴 여부를 측정하기 위하여 다양한 재료 파괴 기준을 사용하였다. 가장 중요한 점은 용해 에너지 기준(distortion energy criteria)이다. 이것은 3차원에 대하여 아래 식과 같이 나타난다.

$$U = \frac{1}{2}\left(\frac{1+\nu}{3E}\right)\left[(\sigma_1 - \sigma_2)^2 + (\sigma_2 - \sigma_3)^2 + (\sigma_3 - \sigma_1)^2\right] \tag{9.4}$$

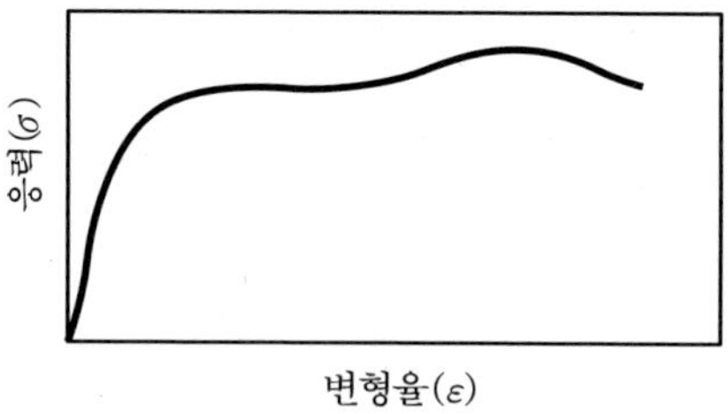

응력(σ)

변형율(ε)

그림 9.1 금속 물질의 단축 압축 시험

여기서 ν = Poisson 비

σ_1 = 축방향 응력, psi

σ_2 = 접선 주응력, psi

σ_3 = 반경 주응력, psi

표 9.1 API 생산튜빙 요구 인장력

튜빙 등급	항복강도(psi)		최소인장강도(psi)
	최소	최대	
H-40	40,000	80,000	60,000
J-55	55,000	80,000	75,000
C-75	75,000	90,000	95,000
L-80	80,000	95,000	95,000
N-80	80,000	110,000	100,000
C-90	90,000	105,000	100,000
P-105	105,000	135,000	120,000

일축 시험인 경우에선

$$\sigma_1 = \sigma$$
$$\sigma_2 = 0$$
$$\sigma_3 = 0 \tag{9.5}$$

식 (9.4)로부터

$$U = \frac{1}{2}\left(\frac{1+\nu}{3E}\right)[\sigma^2 + \sigma^2]$$
$$U = \left(\frac{1+\nu}{3E}\right)\sigma^2 \tag{9.6}$$

재료가 항복점에서 파괴되었다면 식 (9.6)은 다음과 같이 된다.

$$U_f = \left(\frac{1+\nu}{3E}\right)\sigma_y^2 \tag{9.7}$$

σ_y는 항복 응력이다. 등가 응력은 3차원에서의 에너지 등급이며 기준 에너지 등급과 동등하다. 그러므로 아래 식과 같이 나타낼 수 있다.

$$\left(\frac{1+\nu}{3E}\right)\sigma_e^2 = \left(\frac{1+\nu}{3E}\right)\sigma_y^2$$
$$\sigma_e = \sigma_y \tag{9.8}$$

여기서 σ_e는 등가 응력이다. 붕괴 압력은 아래 식과 같다.

$$p_c = 2\sigma_y \left[\frac{\left(\frac{D}{t}\right) - 1}{\left(\frac{D}{t}\right)^2} \right] \tag{9.9}$$

여기서 D는 생산튜빙의 외경이며 T는 생산튜빙 두께이다.

이를 3차원에 대해 고려하면

$$U = \left(\frac{1+\nu}{3E}\right)\sigma_e^2 \tag{9.10}$$

여기서 σ_e는 3차원의 경우에 대한 등가 응력이다.

$$\left(\frac{1+\nu}{3E}\right)\sigma_e^2 = \frac{1}{2}\left(\frac{1+\nu}{3E}\right)\left[(\sigma_1 - \sigma_2)^2 + (\sigma_2 - \sigma_3)^2 + (\sigma_3 - \sigma_1)^2\right] \tag{9.11}$$

그러므로

$$\sigma_e^2 = \frac{1}{2}\left\{(\sigma_1 - \sigma_2)^2 + (\sigma_2 - \sigma_3)^2 + (\sigma_3 - \sigma_1)^2\right\} \tag{9.12}$$

오직 인장 축 하중의 경우와 생산튜빙 외부에 압축 압력의 경우엔, 식 (9.12)를 줄여서

$$\sigma_e^2 = \frac{1}{2}\left\{(\sigma_1 - \sigma_2)^2 + (\sigma_2)^2 + (-\sigma_1)^2\right\} \tag{9.13}$$

또는

$$\sigma_e^2 = \sigma_1^2 - \sigma_1\sigma_2 + \sigma_2^2 \tag{9.14}$$

σ_1과 σ_2는 다음과 같다.

$$\sigma_1 = \frac{W}{A} \tag{9.14}$$

$$\frac{\sigma_2}{Y_m} = -\frac{p_{cc}}{p_c} \tag{9.15}$$

여기서 Y_m = 최소 항복 응력

p_{cc} = 축 하중이 있을 경우 붕괴 압력

p_c = 축 하중이 없을 경우 붕괴 압력

그러므로 식 (9.14)는 아래와 같이 된다.

$$Y_m^2 = \left(\frac{W}{A}\right)^2 + \left(\frac{W}{A}\right)\frac{p_{cc}}{p_c} \cdot Y_m + \left(\frac{p_{cc}}{p_c}\right)^2 Y_m^2 \tag{9.16}$$

$$\left(\frac{p_{cc}}{p_c}\right)^2 + \frac{W}{AY_m} \cdot \left(\frac{p_{cc}}{p_c}\right) + \left(\frac{W}{AY_m}\right)^2 - 1 = 0 \tag{9.17}$$

그러므로 식 (9.17)의 $\dfrac{p_{cc}}{p_c}$항을 해결할 수 있다

$$\frac{p_{cc}}{p_c} = \frac{-\dfrac{W}{AY_m} \pm \sqrt{\left(\dfrac{W}{AY_m}\right)^2 - 4\left(\dfrac{W}{AY_m}\right)^2 + 4}}{2} \tag{9.18}$$

$$p_{cc} = p_c\left\{\sqrt{1 - 0.75\left(\frac{S_A}{Y_m}\right)^2} - 0.5\left(\frac{S_A}{Y_m}\right)\right\} \tag{9.19}$$

여기서 $S_A = \dfrac{W}{A}$는 생산튜빙에서의 축 응력이다.

식 (9.19)에서, $W(S_A)$가 증가함에 따라 정확한 붕괴 압력 저항이 감소하는 것을 확인할 수 있다. 일반적인 네 가지 케이스가 그림 9.2에 나타나 있다.

케이스 1 : 축 장력 응력($\sigma_1 > 0$)과 붕괴 압력($\sigma_2 < 0$)

케이스 2 : 축 장력 응력($\sigma_1 > 0$)과 파열 압력($\sigma_2 < 0$)

케이스 3 : 축 압축 응력($\sigma_1 > 0$)과 붕괴 압력($\sigma_2 < 0$)

케이스 4 : 축 압축 응력($\sigma_1 > 0$)과 파열 압력($\sigma_2 < 0$)

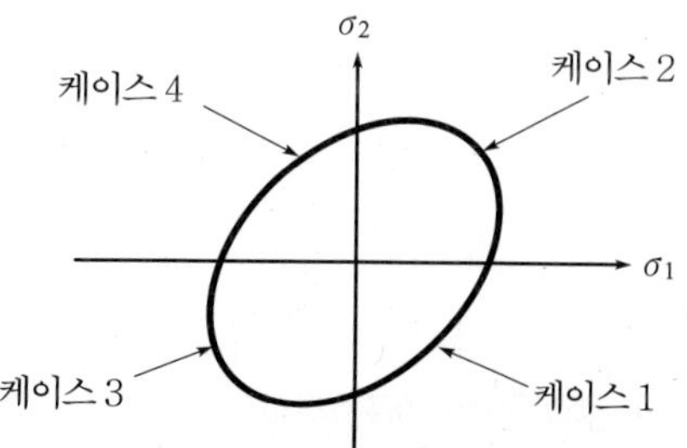

그림 9.2 축 방향 응력 하에서 인장응력 효과

9.1.3 생산튜빙 설계

생산튜빙 설계는 다양한 유정 운영 환경에서의 인장, 붕괴, 파열 하중으로 인한 생산튜빙 손상을 고려해야 한다. 생산튜빙에 영향을 미치는 힘은

1. 축 장력: 생산튜빙 무게에 기인하는 축장력, 부력에 기인하는 압축력
2. 외부 압력(완결 유체, 오일, 가스, 지층수)
3. 내부 압력(오일, 가스, 지층수)
4. 경사정에서 굽힘이 발생하는 힘
5. 측면 암석 압력에 의한 힘
6. 온도 구배 또는 열역학 때문에 발생하는 힘

(1) 장력, 붕괴, 파열 설계

생산튜빙의 붕괴 저항, 내부 항복 압력, 연결부 항복 강도는 표로 제시되어 있다. 그것들은 그림 9.2에서 나타난 2축 효과를 고려하지 않은 생산튜빙 연결부의 제한적인 내구력이다. 순수 외부 압력, 순수 내부 압력, 부력 인장 하중이 작용하는 어떤 지점에서도 각각 생산튜빙의 축 하중-정확한 붕괴 저항, 내부 항복 압력, 연결부 항복 강도를 초과하는 것이 허용되지 않는다. 생산튜빙은 안전 요소를 더 높게 설정하고 예상되는 최대 하중보다 높게 설계되어야 한다. 게다가 경사정과 수평정 설계에서는 굽힘 응력도 고려해야 한다. 굽힘에 의한 인장 응력은 식 (9.20)으로 표현된다.

$$\sigma_b = \frac{ED_o}{2R_c} \tag{9.20}$$

여기서 σ_b = 굽힘 응력, psi

E = Young률, psi

R_c = 홀 곡률 반경, in

D_o = 생산튜빙 외경, in

생산정 운영 상황에서는 매우 다양한 변화 때문에 일반적인 생산튜빙 설계 기준을 채택하는 것은 어렵다. 아마도 최고의 설계 기준은 최악의 하중 케이스에서 붕괴, 파열, 인장 하중을 생산기간 동안의 경험을 토대로 설정하는 것이다. 또한 예상하지 못

한 유정 작업이 수행되기 전에는 대상 생산정에서 생산튜빙의 현재 잔류 강도를 검사하는 것은 매우 중요하다.

(2) 생산 중의 좌굴 방지

유정완결 유체는 생산을 개시하기 전에 생산튜빙과 케이싱 사이의 환체 공간을 채우고 있다. 심도에 따른 온도는 $T=T_{sf}+G_rD$이며, G_r는 지하 온도 구배이다. 오일이 생산 중일 때, 생산튜빙 내부 온도는 상승한다. 이것은 생산튜빙의 길이를 늘어나게 하고, 만약 하중 인장력이 충분치 않으면 좌굴이 발생한다. 생산튜빙 내부 온도 분포는 Ramey(1962), Hasan와 Kabir(2002), Guo 등(2005)의 연구에 기초하여 예측이 가능하다. 온도 계산에 있어서 보수적인 접근법은 환체를 통해 저류층으로 열손실이 없다는 가정 하에 생산튜빙 내에서 최대 온도를 추정하는 것이다.

(3) 유정작업과 유정자극을 위한 고려사항

생산튜빙은 예를 들어 관 청소, 시멘트 압괴, 여과력 패킹(gravel packing), 균열 패킹, 산처리, 수압 파쇄와 같은 유정 작업과 자극 운영 등의 가혹한 조건에서 안정성이 보장되도록 설계해야 한다. 안정성을 확보하기 위한 예방책은 생산튜빙과 패커의 관계에 따라서 결정된다. 만약 생산튜빙이 non-restraining 패커 사이로 설치된다면, 생산튜빙은 움직일 수 있는 여지가 있다. 그때에는 관 좌굴과 생산튜빙-패커의 안정성이 주요 관심사이다. 만약 생산튜빙이 restraining 패커에 설치되었다면, 생산튜빙은 움직일 수 없으며 패커에 힘이 가해 질 것이다.

생산튜빙 설계에서 고려되는 요소는 아래와 같다.

- 생산튜빙 크기, 무게, 등급
- 유정 상태: 압력, 온도 영향
- 유정완결 방법: 케이싱 설치공, 나공, 다중 생산튜빙, 생산패커 종류(non-restraining, restraining)

9.2 분리 시스템

9.2.1 개요

유정으로부터 생산되는 오일과 가스는 보통 수백의 다른 화합물의 복잡한 혼합물이다. 전형적인 생산 유체는 오일, 가스, 물, 때때론 고체입자가 포함된 난류 혼합물이다. 생산 유체는 지상으로 생산된 후 가능한 빨리 처리되어야 한다. 현장 분리 과정들은 두 가지로 크게 나눌 수 있다 : (1) 오일, 물, 가스의 분리, (2) 응결된 수증기와, 수소 황화물, 이산화탄소 같은 화합물의 작용을 막기 위한 탈수 장치. 이번 절에서는 분리 및 탈수 과정의 원리와 이를 선정하는 방법을 기술한다.

9.2.2 분리 시스템

액상 유체로부터 가스를 분리하는 것은 유전 생산유체 처리과정에서 처음으로 수행되는 가장 중요한 단계이다. 혼합 유체의 성분비와 압력은 분리기 유형과 용량을 결정하는 주요 요소이다. 또한 분리기는 압축기의 상단부와 하단부, 탈수 장치, 탈황 장치(gas sweetening unit) 사이에서도 사용된다. 분리기가 다른 장치들 사이에서 사용될 때는 scrubber, knockouts, free liquid knockouts과 같은 명칭으로 사용된다. 이러한 모든 장치들은 유동 가스로부터 액체상을 분리하는 같은 목적으로 사용된다.

(1) 분리의 원리

분리기는 중력 분리와 원심 분리 방법으로 제작, 작동된다.

1. 분리기는 액체와 가스의 주요 분리 지점에 원심 유입 장치가 있다.
2. 분리기는 액체 슬러그를 저장하기 충분한 공간과 함께 가스로부터 분리된 작은 액체상이 충분히 모일 수 있는 높이 또는 길이의 공간을 보유한다.
3. 분리기는 중력에 의해 분리되지 않는 작은 액체 입자가 뭉치는 가스 배출구 근처에 가스 환기 장치 또는 제거기를 갖추고 있다.
4. 분리기는 단계별 제어, 액체 펌프 밸브, 가스 역압력 밸브, 안전 구호 밸브, 압력 게이지, 검수관, 가스 조절기로 구성되어 충분한 제어가 가능하다.

(2) 분리기의 형태

일반적인 분리기는 세 가지 유형(수직, 수평, 구형)으로 제작된다. 수평 분리기는 두 형태(싱글 튜브, 더블 튜브)로 세분화 할 수 있다. 각 유형의 분리기는 확실한 이점과 한계가 존재한다. 분리기 유형은 처리된 생산 유체 유동 특성, 현장의 공간 가용성, 이송, 가격 등의 요소들에 의해 선정된다.

1) 수직 분리기

그림 9.3이 수직 분리기이다. 주입구 전환 칸막이(inlet diverter baffle)는 주입 스팀을 만드는 구심 유입 장비이다. 이 장치는 액체 방울이 중력에 의하여 분리기의 벽을 따라 아래로 떨어지도록 만든다. 수직분리기는 가스 유출부로 이동없이 액체 슬러그를 처리하기 때문에 침전부에 충분한 저장공간이 확보되어야 한다.

가스 배출구 근처에 설치된 가스 제거기 또는 추출기는 가스에 포함된 액체를 대부분 제거할 수 있다. 수직 분리기는 가스-오일비가 중간 정도인 유체나 액체 슬러그가 많은 유체에서 처리가 간단할 경우 자주 사용된다. 수직 분리기는 가스 배출구로 이동하지 않는 큰 액체 슬러그를 분리하며, 액체 레벨(액상의 높이)을 제어하는 것은 중요하지 않다. 수직 분리기는 작은 공간을 차지하기 때문에 공간 제약이 큰 해상 플랫폼 등의 현장에서 사용될 수 있다.

수직 분리기는 분리된 액체상의 높이와 가스 유출부 사이가 멀기 때문에 액체가 가스상으로 재기화하는 경우가 제한적이다. 그러나 액체방울이 떨어지면서 유출부로 가스 상승을 막지 않기 위해서는 분리기 직경이 충분해야 한다. 수직 분리기는 제작과 분리기 탑재 장치들의 선적에 비용이 많이 필요하다.

2) 수평 분리기

그림 9.4는 수평분리기의 도면이다. 수평 분리기에서, 가스는 수평으로 흐르는 반면에 액체 방울은 아래로 떨어진다. 수분을 포함한 가스는 baffle 표면에서 흐르며 분리기의 액체 부분에서 빠져나와 액체 필름을 형성한다. baffle은 액체가 흐르는

거리보다 길어야한다. 액체 레벨 제어기 설치는 포집 공간이 제한되기 때문에 수직 분리기보다 수평 분리기에서 더 중요하다.

수평 분리기가 가격이 낮기 때문에 첫 번째 선택사항으로 고려된다. 이 분리기는 생산 유체의 가스-오일 비가 높거나 거품이 발생(foaming)하는 경우, 또는 액체와 액체를 분리할 때 널리 사용된다. 또한 이 분리기는 가스 분리 부분이 크고, 길고, 칸막이가 되어 있기 때문에 가스-액체의 계면이 매우 크다. 수평 분리기는 탑재와 유지보수가 쉽고 현장 연결 시 작은 배관을 사용할 수 있다. 또한 다중 분리기 설치 시 각각의 분리기를 쉽게 쌓을 수 있어 설치 공간을 최소화할 수 있다.

그림 9.5는 두 개의 튜브로 이루어진 수직 이중 튜브 분리기를 보여준다. 상단 튜브는 baffle로 채워져 있다. 가스는 높은 속도로 직선으로 흐르며, 유입되는 자유 액체는 곧 바로 상부 튜브에서 하부 튜브로 흘러간다. 수평 이중 튜브 분리기는 일반적인 수평 싱글 튜브 분리기의 모든 장점을 가지고 있으며 액체를 분리하는 성능이 매우 우수하다.

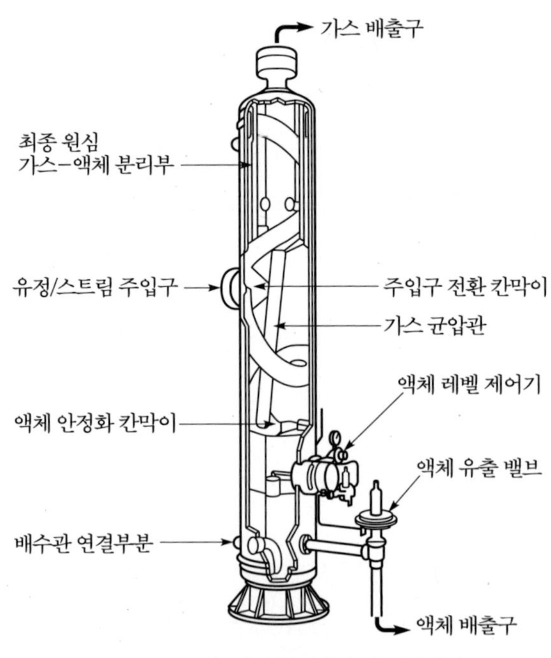

그림 9.3 일반적인 수직 분리기

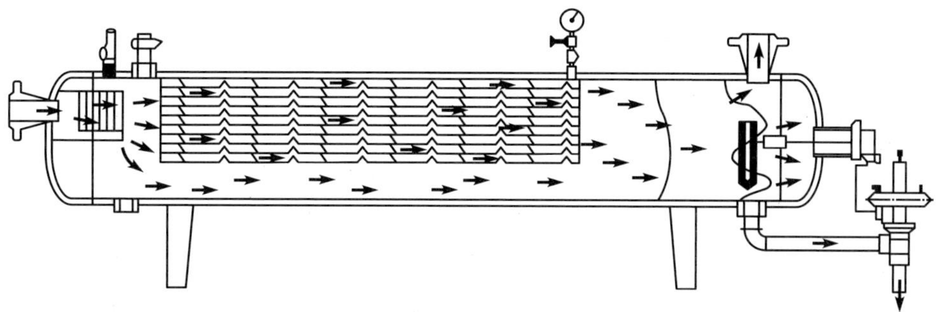

그림 9.4 일반적인 수평 분리기

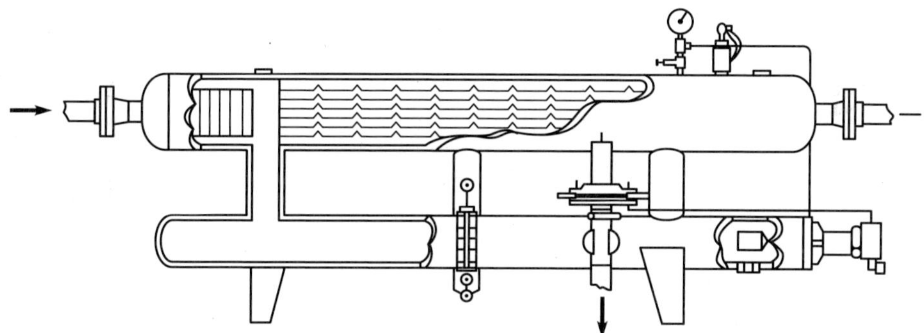

그림 9.5 일반적인 2중 튜브 분리기

그림 9.6은 수평 오일-가스-물 3상 분리기를 보여준다. 이런 형태 분리기는 보통 유정시험이나 오일 또는 컨덴세이트로부터 물을 쉽게 분리하기 위해 사용된다. 3상 분리 장치는 어떤 형태로도 제작될 수 있다.

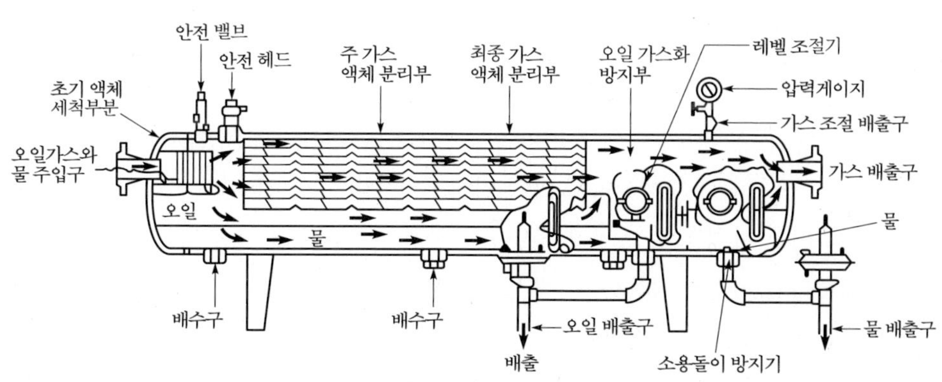

그림 9.6 일반적인 수평 3상 분리기

3) 구형 분리기

구형 분리기는 그림 9.7에 나타난 바와 같이 가격이 저렴하고 크기가 작다. 이러한 크기 제한 때문에 액체 저장 공간과 액체 침전 부분의 공간이 매우 제한적이다. 또한 이런 분리기 유형에서는 액체 레벨 조절 장치의 설치와 운영이 매우 중요하다.

(3) 분리에 영향을 미치는 요소

분리 효율은 분리기의 크기에 좌우된다. 각 분리기에서 액체와 가스 분리에 영향을 주는 요소로는 분리기 운영 압력과 온도, 분리 유체 구성 성분이 있다. 이런 요소들의 변화에 의해 배출되는 가스와 분리되는 액체의 양이 변화된다. 일반적으로 운영 압력이 증가하거나 온도가 감소하면 분리되는 액체의 양이 증가된다. 그러나 최적의 압력에서 액상이 최대로 분리되는 가스 컨덴세이트 시스템에서는 가끔 적용되지 않는다. 우리는 생산되는 유체의 상변화 시뮬레이션(flash vaporization calculation)을 통해 분리기가 액체 회수량을 최대화할 수 있는 최적의 온도와 압력조건을 찾을 수 있다. 그러나 최적의 운영조건에서 분리기를 운영하기가 현실적으로 어려운 경우가 발생한다. 그 이유는 최적의 상태에서 분리기의 저장 시스템의 증기 손실이 매우 크게 발생할 수도 있기 때문이나.

분리시설을 운영하는 운영자는 최고의 이익을 얻을 수 있도록 최적조건을 결정하는 경향이 있다. 액체 탄화수소는 일반적으로 가스보다 가치가 크기 때문에, 액체 회수량을 최대화할 수 있도록 분리 시스템을 운영하는 것이 바람직하다. 운영자는 역압력 밸브를 사용하여 어느 정도 운영 압력을 제어할 수 있다. 그러나 가스 열량 조절을 위한 파이프라인 설치도 분리기 운영에 영향을 미치는 요소로 고려되어야 한다.

고가의 기계적 냉각장치 없이 분리기의 운영온도를 낮추는 것은 일반적으로 불가능하다. 그러나 쵸크에서 파이프라인 압력 강하가 발생하기 이전에 가스 온도를 높이기 위해 간접히터를 사용할 수 있는데 대부분 생산정 압력이 높은 경우에 사용된다. 운영자는 간접히터를 적절히 작동함으로써 초크 전단부에서 유동하는 가스의 과열을 막을 수 있다.

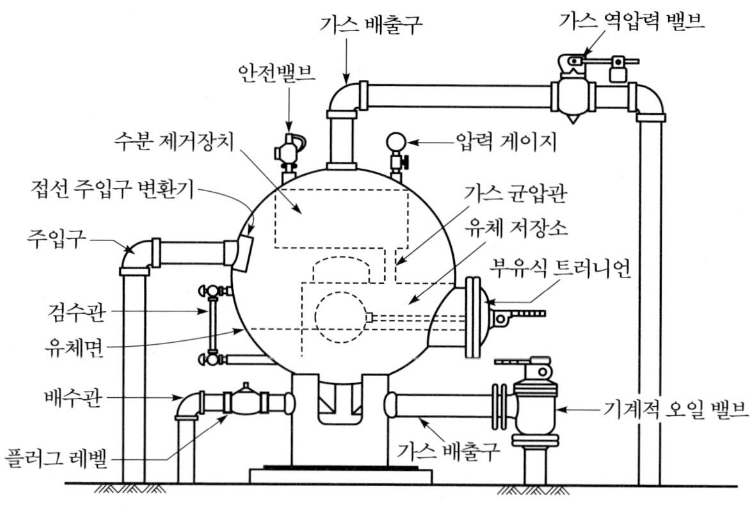

그림 9.7 일반적인 구형 저압 분리기

(4) 분리기 선정

석유공학자는 보통 자세하게 분리기를 설계하지 않고 제조업자의 제품 규격서에서 작업에 적합한 분리기를 선택한다. 이 절에서는 생산 유체 유동 상태에 근거하여 분리기 규격서를 어떻게 결정하는지 설명한다. 이 규격서는 분리기를 선택하는데 사용된다.

1)가스 용량

Souders-Brown에 의해 제안된 경험식은 오일/가스 분리기의 가스 용량을 계산하기 위하여 널리 사용된다.

$$v = K\sqrt{\frac{\rho_L - \rho_g}{\rho_g}} \tag{9.21}$$

$$q = Av \tag{9.22}$$

여기서 A = 분리기의 총 cross-sectional area, ft^2

v = A에 근거한 표면상의 가스 속도, ft/sec

q = 운영 조건에서 가스 유동율, ft^3/sec

ρ_L= 운영 조건에서 액체의 밀도, lbm/ft^3

ρ_g= 운영 조건에서 가스의 밀도, lbm/ft^3

K= 경험 요인

표 9.2는 다양한 분리기 형태에 대한 K값을 제시한다. 또한 표에 나열된 K값은 탈수 또는 탈황 장치 내의 미스트 제거기와 trayed 타워의 설계에도 사용된다.

표 9.2 분리기 선택에 사용되는 K값

분리기 형태	K	비고
수직분리기	0.06–0.35	
수평분리기	0.40–0.50	
철망 수분 분리기	0.35	
bubble cap trayed columns	0.16	24- spacing

식 (9.22)에 (9.21)을 대입하고 실제 기체 법칙을 적용하면

$$q_{st} = \frac{2.4D^2Kp}{z(T+460)}\sqrt{\frac{\rho_L-\rho_g}{\rho_g}} \tag{9.23}$$

어기서 q_{st} = 표준 상태에서 가스 용량, MMscfD

D = 관의 내경, ft

p = 운영 압력, psia

T = 운영 온도, °F

z = 가스 보정 인자

식 (9.23)이 수직 분리기에서 높이 차이와 수평 분리기에서 길이 차이를 고려하지 않은 경험식임을 주목해야 한다. 따라서 현장 경험 상 수직 분리기의 높이와 수평 분리기의 길이를 증가시킴으로써 가스 용량을 증가시킬 수 있다. 분리기 표(Sivalls, 1977; Ikoku, 1984)는 분리기의 가스 용량을 위한 더 실제적인 값을 제공한다. 대부분의 싱글-튜브 수평 분리기에서 전체 액체 저장공간의 절반 정도를 채우는 것이 표준이지만 장치 내에 가스 공간을 늘려 액체 레벨을 낮춤으로써 가스 용량을 증가시킬 수도 있다.

2) 액체 용량

장치 내에 액체 용량은 얼마동안 분리기에서 액체를 가지고 있느냐에 따라 결정된다. 그런데 안정적인 분리를 위해서는 분리기 압력, 온도에서 액체와 가스 사이에 평형 상태가 되도록 충분한 시간이 필요하다. 따라서 분리기의 액체 용량은 침전량 및 보유 시간과 관계가 있다.

$$q_L = \frac{1,440\, V_L}{t} \tag{9.24}$$

여기서 q_L = 액체 용량, B/D
V_L = 액체 침전량, bbl
t = 보유 시간, min

표 9.3은 현장에서 검증된 분리기의 다양한 형태에 대한 t 값을 제시한다. 이를 통해 낮은 압력에서 온도가 3상 분리에 크게 영향을 미침을 볼 수 있다. 표 9.4에서 9.9까지는 전형적인 오일/가스 분리기에서 일반적인 액체-높이에 따른 액체-침전량을 제시한다.

분리기의 적절한 용량을 선택하기 위해서는 가스 용량을 위한 식 (9.23)과 액체 용량을 위한 식 (9.24)가 모두 필요하다. 경험적으로 가스오일비가 높은 생산 유체를 처리하는 고압 분리기에서는 가스 용량이 분리기 선택을 결정하는 주요한 요소이고, 가스-오일비가 낮은 저압 분리기에서는 반대로 액체 용량이 주요한 요인일 수 있다.

표 9.3 다양한 분리기 운영 조건에서 필요한 보유 시간

분리조건	$T(^\circ F)$	t(min)
오일/가스 분리		1
고압 오일/가스/물 분리		2–5
저압 오일/가스/물 분리	>100	5–10
	90	10–15
	80	15–20
	70	20–25
	60	25–30

표 9.4 표준 수직 고압 분리기에서 침전 체적 (운영압력 230–2,000 psi)

	V_L (bbl)	
크기(D×H)	오일/가스 분리기	오일/가스/물 분리기
16″ × 5′	0.27	0.44
16″ × 7½′	0.41	0.72
16″ × 10′	0.51	0.94
20″ × 5′	0.44	0.71
20″ × 7½′	0.65	1.15
20″ × 10′	0.82	1.48
24″ × 5′	0.66	1.05
24″ × 7½′	0.97	1.68
24″ × 10′	1.21	2.15
30″ × 5′	1.13	1.76
30″ × 7½′	1.64	2.78
30″ × 10′	2.02	3.54
36″ × 7½′	2.47	4.13
36″ × 10′	3.02	5.24
36″ × 15′	4.13	7.45
42″ × 7½′	3.53	5.80
42″ × 10′	4.29	7.32
42″ × 15′	5.80	10.36
48″ × 7½′	4.81	7.79
48″ × 10′	5.80	9.78
48″ × 15′	7.79	13.76
54″ × 7½′	6.33	10.12
54″ × 10′	7.60	12.65
54″ × 15′	10.12	17.70
60″ × 7½′	8.08	12.73
60″ × 10′	9.63	15.83
60″ × 15′	12.73	22.03
60″ × 20′	15.31	27.20

표 9.5 표준 수직 저압 분리기에서 침전 체적 (운영압력 125 psi)

V_L (bbl)		
크기(D×H)	오일/가스 분리기	오일/가스/물 분리기
24″ × 5′	0.65	1.10
24″ × 7½′	1.01	1.82
30″ × 10′	2.06	3.75
36″ × 5′	1.61	2.63
36″ × 7½′	2.43	4.26
36″ × 10′	3.04	5.48
48″ × 10′	5.67	10.06
48″ × 15′	7.86	14.44
60″ × 10′	9.23	16.08
60″ × 15′	12.65	12.93
60″ × 20′	15.51	18.64

표 9.6 표준 수평 고압 분리기에서 침전 체적 (운영압력 230–2,000 psi)

V_L (bbl)			
크기(D×H)	½ Full	⅓ Full	¼ Full
12¾″ × 5′	0.38	0.22	0.15
12¾″ × 7½′	0.55	0.32	0.21
12¾″ × 10′	0.72	0.42	0.28
16″ × 5′	0.61	0.35	0.24
16″ × 7½′	0.88	0.50	0.34
16″ × 10′	1.14	0.66	0.44
20″ × 5′	0.98	0.55	0.38
20″ × 7½′	1.39	0.79	0.54
20″ × 10′	1.80	1.03	0.70
24″ × 5′	1.45	0.83	0.55
24″ × 7½′	2.04	1.18	0.78
24″ × 10′	2.63	1.52	1.01
24″ × 15′	3.81	2.21	1.47
30″ × 5′	2.43	1.39	0.91
30″ × 7½′	3.40	1.96	1.29
30″ × 10′	4.37	2.52	1.67
30″ × 15′	6.30	3.65	2.42
36″ × 7½′	4.99	2.87	1.90
36″ × 10′	6.38	3.68	2.45

표 9.6 표준 수평 고압 분리기에서 침전 체적 (운영압력 230–2,000 psi)(계속)

V_L (bbl)			
크기 (D×H)	$\frac{1}{2}$ Full	$\frac{1}{3}$ Full	$\frac{1}{4}$ Full
36″ × 15′	9.17	5.30	3.54
36″ × 20′	11.96	6.92	4.63
42″ × 7$\frac{1}{2}$′	6.93	3.98	2.61
42″ × 10′	8.83	5.09	3.35
42″ × 15′	12.62	7.30	4.83
42″ × 20′	16.41	9.51	6.32
48″ × 7$\frac{1}{2}$′	9.28	5.32	3.51
48″ × 10′	11.77	6.77	4.49
48″ × 15′	16.74	9.67	6.43
48″ × 20′	21.71	12.57	8.38
54″ × 7$\frac{1}{2}$′	12.02	6.87	4.49
54″ × 10′	15.17	8.71	5.73
54″ × 15′	12.49	12.40	8.20
54″ × 20′	27.81	16.08	10.68
60″ × 7$\frac{1}{2}$′	15.05	8.60	5.66
60″ × 10′	18.93	10.86	7.17
60″ × 15′	26.68	15.38	10.21
60″ × 20′	34.44	19.90	13.24

표 9.7 표준 수평 저압 분리기에서 침전 체적 (운영압력 125 psi)

V_L (bbl)			
크기 (D×H)	$\frac{1}{2}$ Full	$\frac{1}{3}$ Full	$\frac{1}{4}$ Full
24″ × 5′	1.55	0.89	0.59
24″ × 7$\frac{1}{2}$′	2.22	1.28	0.86
24″ × 10′	2.89	1.67	1.12
30″ × 5′	2.48	1.43	0.94
30″ × 7$\frac{1}{2}$′	3.54	2.04	1.36
30″ × 10′	4.59	2.66	1.77
36″ × 10′	6.71	3.88	2.59
36″ × 15′	9.76	5.66	3.79
48″ × 10′	12.24	7.07	4.71
48″ × 15′	17.72	10.26	6.85
60″ × 10′	19.50	11.24	7.47
60″ × 15′	28.06	16.23	10.82
60″ × 20′	36.63	21.21	14.16

표 9.8 표준 구형 고압 분리기에서 침전 체적 (운영압력 230–2,000 psi)

크기 (OD)	V_L (bbl)
24″	0.15
30″	0.30
36″	0.54
42″	0.88
48″	1.33
60″	2.20

표 9.9 표준 구형 저압 분리기에서 침전 체적 (125 psi)

크기 (OD)	V_L (bbl)
41″	0.77
46″	1.02
54″	1.60

9.2.3 탈수 시스템

분리기에서 분리된 모든 천연가스는 어느 정도의 수증기를 포함하고 있다. 수증기는 미처리 천연가스에서 가장 일반적인 불순물이다. 천연가스로부터 수증기를 제거하는 주요 이유는 수증기가 낮은 온도와 높은 압력 상태에서 물이 되기 때문이다. 특히, 물 함유량은 다음의 요소들 때문에 천연가스의 장거리 수송에 영향을 미칠 수 있다.

1. 액화 물과 천연가스는 파이프라인과 다른 장비를 막는 하이드레이트를 형성할 수 있다.
2. CO_2와 H_2S를 포함한 천연가스는 액상 물이 존재할 때 부식성을 띈다.
3. 천연가스 파이프 내 액상 물은 파이프라인 유체의 유속을 낮추어 잠재적으로 슬러그 유동 상태를 만들 수 있다.
4. 물 함유량은 수송되는 천연가스의 열량을 감소시킨다.

탈수 시스템은 가스가 파이프라인으로 수송 전에 천연가스로부터 수증기를 더 많이 분리하기 위해 설계된다.

(1) 천연가스 내 물 함량

천연가스 내 물의 용해도는 온도에 따라 증가하고 압력에 따라 감소한다. 액상의 물에 염분이 존재하면 가스 내 물 함유량이 감소된다. 미처리 천연가스의 물 함유량은 보통 가스 MMScf 당 물 몇 백 파운드 정도이다. 가스 파이프라인에서 요구되는 물 함유량은 보통 6-8lbm/MMScf정도이나 해상 파이프라인에서는 물 함량이 더 낮아져야 한다.

천연가스의 물 함유량은 '이슬점'에 의해 간접적으로 파악할 수 있다. 이슬점은 주어진 압력에서 천연가스가 수증기로 포화되는 온도로 정의된다. 이슬점에서 천연가스는 액상 물과 평형 상태가 된다. 온도가 감소하거나 압력이 증가되면 수증기는 응축하기 시작한다. 물로 포화된 유동 가스와 탈수된 가스 사이의 이슬점 온도 차이를 이슬점 격차라고 한다.

탈수 장비의 설계와 운영에서 포화된 천연가스 내 수증기 함유량의 정확한 추정은 필수적이다. 이것은 McCarthy 등(1950)과 McKetta와 Wehe(1958)의 관계식과 같은 몇몇 방법에 의해 예측이 가능하다. 또한 Dalton의 부분압력 법칙은 대기압 근처에서 가스 내 수증기 함유량을 평가하는데 사용할 수 있다. McKetta과 Wehe(1958)에 의한 차트 수치는 Guo와 Ghalambor(2005)이 그림 9.8과 같이 나타냈다.

(2) 탈수를 위한 방법

석유 산업에서 탈수를 위해 원칙적으로 네 가지 방법이 적용된다. (a) 직접 냉각, (b) 압축 후 냉각, (c) 흡수, (d) 흡착. 앞의 두 가지 방법은 파이프라인에 주입하기 위해 충분히 낮은 물 함유량까지 탈수 작업을 수행하기 어렵다. 따라서 흡수 또는 흡착에 의한 탈수 방법이 자주 사용된다.

1) 냉각에 의한 탈수

일정 압력에서 천연가스가 수증기를 포함할 수 있는 능력은 온도가 낮아짐에 따라 감소한다. 이에 따라 냉각 처리 과정에서 수증기는 액화되고 시스템에서 제거된다. 따라서 냉각을 통해 천연가스 내 수증기 함량을 줄일 수 있다. 냉각에 의해 탈수된 가스는 온도가 오르거나 압력이 떨어지지 않는 한 물 이슬점을 유지한다. 냉각에

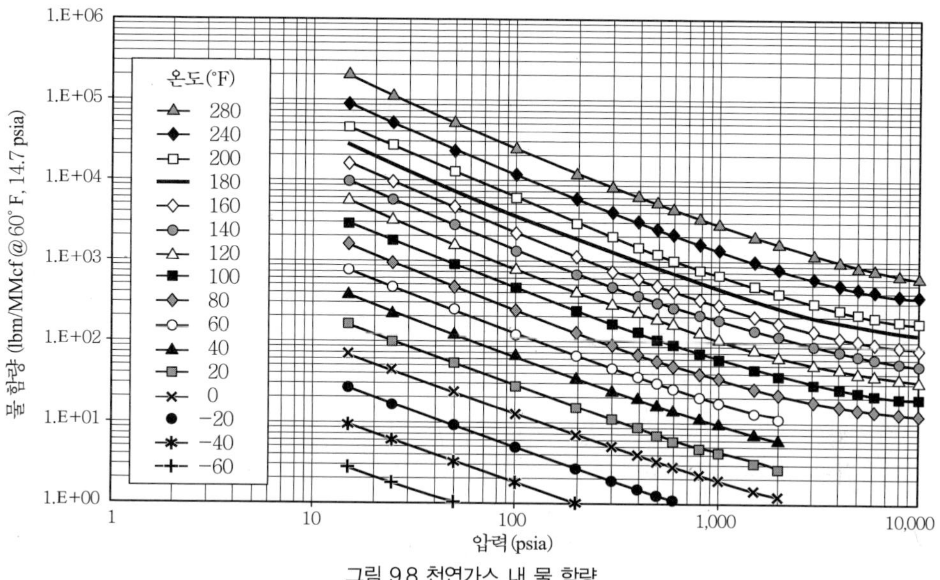

그림 9.8 천연가스 내 물 함량

의한 탈수는 가스 온도가 비정상적으로 높을 경우 때때로 경제적이다. 또한 냉각을 다른 탈수 방법과 결합해서 사용하면 효과적이다.

가스 압축기도 부분적으로 탈수장치의 역할을 할 수 있다. 그 이유는 천연가스에 대한 물 포화도는 압력이 높아지면 감소하기 때문에, 일정량의 물 응축이나 압축기 방출 쿨러에 의한 효과로 수증기가 압축기에서 가스로부터 제거된다. 현대의 오일 흡수 가스 처리 시설은 유입 가스를 냉각하기 위하여 기계적 냉장고를 사용한다. 또한 에틸렌글리콜은 일반적으로 가스 냉각부로 주입되는데, 이것은 저온 분리기와 유사하게 가스를 탈수하는 동시에 액체 탄화수소를 회수하는데 사용될 수 있다.

2) 흡착에 의한 탈수

흡착은 표면에 가스 또는 액체를 고착시킬 수 있는 물질의 능력이다. 흡착 탈수에서, 수증기는 잔류 valiancy에 의해 발생하는 힘으로 고체 건조제 표면에 응축되거나 고착된다. 고체 건조제는 표면 힘을 활용하기 위하여 단위 무게당 표면적이 매우 크다. 오늘날 사용되는 가장 일반적인 고체 건조제는 분자체로 알려진 실리카

(silica), 알루미나(alumina), 특정 규산염(silicates)이다. 탈수 공정에서 실제로 고체 건조제를 사용하여 천연가스로부터 모든 물을 제거할 수 있다. 고체 건조제는 건조 능력이 매우 뛰어나기 때문에, 높은 효과가 필요한 곳에서 사용된다.

그림 9.9에서 묘사된 것은 전형적인 고체 건조제 탈수 장치이다. 장치로 유입되는 수분을 포함한 가스는 가스 내에 포함된 고체와 액체 오염물을 제거하는 필터 분리기를 통과하면서 깨끗해진다. 필터 분리기에서 걸러진 가스는 건조 베드를 장착한 한 개의 흡착기를 통해 탈수되는 동안 아래 방향으로 흐른다. 이렇게 하는 이유는 높은 유속으로 발생할 수 있는 베드의 교란을 줄이기 위해서다. 하나의 흡착기에서 탈수가 진행되는 동안, 다른 흡착기는 재생 가스히터로부터 유입된 고온의 가스 스팀에 의해 재생 과정을 진행한다. 재생에 필요한 열은 직접적 가열 히터, 고온의 오일, 스팀, 간접적 가열 히터에 의해 생성된다. 재생 가스는 재생 효율을 높이기 위해 일반적으로 탈수되는 가스가 마지막으로 접촉하는 베드의 하부를 거쳐 윗 방향으로 유동한다. 고온으로 재생되는 베드는 hutting off 또는 bypassing 히터에 의해 냉각된다. 탈수 과정에서 가스가 아래 방향으로 흐를 때, 냉각 가스로부터 흡착된 물은 베드의 상부에 존재하고, 탈수단계 동안 탈착되지 않는다. 고온을 유지하는 재생 가스와 냉각 가스는 흡수된 물을 응축하기 위하여 재생 가스 냉각기를 통과한다. 각 과정을 연결히는 전기밸브는 탈수, 재생, 냉각 단계 사이의 흡착기의 타이머 스위치에 의해 작동한다.

보통의 운영 조건하에서, 건조제의 수명은 1~4년의 정도이다. 고체 건조제는 사용년수가 늘어남에 따라 유효 표면적이 손실되기 때문에 효율이 떨어진다. 고체 건조제가 비정상적으로 빠르게 효율이 저하되는 것은 작은 공극, 모세관을 막는 윤활류, 아민류, 글리콜, 부식 억제제, 기타 오염물질을 재생 사이클 동안 효과적으로 제거하지 못하기 때문이다. 또한, 황화수소 탈수 능력 저하와 용량의 감소를 초래할 수 있다.

고체-건조 탈수의 장점은 다음과 같다.

- 낮은 이슬점, 수분함량이 매우 낮은 건가스(물 함유량<1.0lb/MMcf)가 생산된다.
- 일부 흡착제는 높은 접촉 온도에서도 사용 가능하다.
- 특히 탈착 초기 갑작스런 부하 변경이 가능하다.
- 작동 중지 후 빠른 재시작이 가능하다.
- 탈수 기능 이외에 특정 액체 탄화수소의 회수에 적용할 수 있다.

고체-건조 탈수의 운영 문제는 다음과 같다.

• 흡착제의 효율이 지속적으로 저하되고 교체가 필요하다.

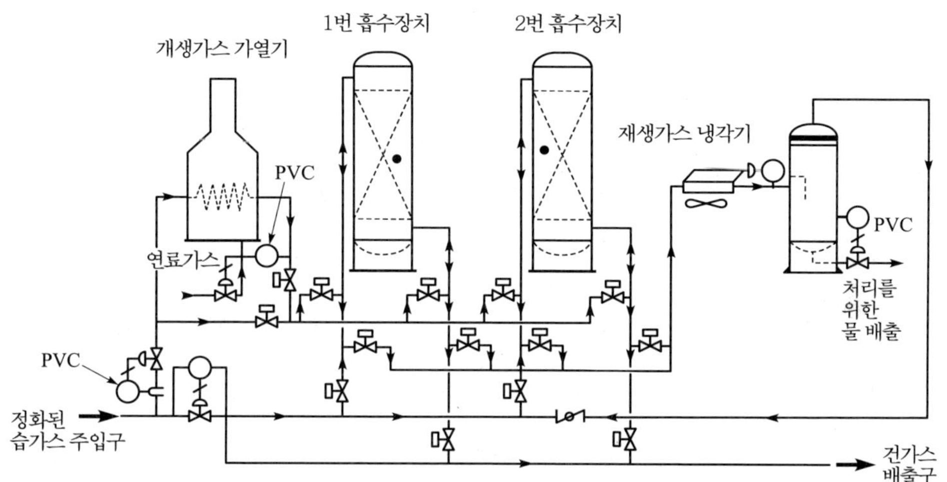

그림 9.9 일반적인 고체 건조제 탈수 장치 흐름도(Guenther, 1979)

탈수과정에서 하나의 타워가 기능이 멈추기 전에 반드시 재생과 냉각이 되어 있어야 한다. 탈수작업을 수행할 수 있는 최대 허용 시간은 건조제가 사용함에 따라 수용력이 줄어들기 때문에 서서히 짧아진다.

이러한 형태의 탈수 장치가 급격한 부하 변화에도 문제없이 운영되지만, 급격한 부하 변화는 건조제 베드에 이상을 초래할 수 있으며, 탈수 효율을 떨어뜨릴 수 있는 갑작스런 압력 변화도 피해야 한다. 만약 장치가 정격 수용량 이상에서 작동되면, 높은 압력 손실에 의해 장치의 마멸(금속제의 마모)이 일어나게 된다. 이것이 반복적으로 늘어나게 되면 과도한 압력 손실과 수용력 저하를 일으킨다.

건조제 교체는 운영 전에 계획되고 완료되어야 한다. 탈수장치 작동을 지속적으로 유지하기 위해서는 정상 운영 수명에 도달하기 전에 건조제를 폐기하는 것이 필요하다. 운영 자금을 줄이고자 한다면, 건조제의 나머지 부분은 유지하고 탈수장치의 주입부분만 재충전하여 사용할 수도 있다.

3) 흡수에 의한 탈수

흡수 탈수 과정에서 수증기는 흡습성의 액체 건조제와 접촉에 의해 가스로부터 제거된다. 이 접촉은 보통 packed 또는 trayed 타워에서 이루어진다. 효과적인 액체 건조제로써 글리콜이 널리 사용되고 있다. 글리콜 흡수에 의한 탈수는 일반적으로 고체 건조제 탈수보다 경제적으로 더욱 효과적이다.

천연가스 탈수에 사용되는 글리콜은 에틸렌 글리콜(EG), 디에틸렌 글리콜(DEG), 트리에틸렌 글리콜(TEG), 테트라에틸렌 글리콜(T4EG) 이다. 일반적으로 순수 글리콜이 탈수에 사용되지만, 때때로 글리콜을 섞는 것은 경제적으로도 효과가 있다. TEG는 이슬점 강하, 운영비용, 운영 신뢰성이 우수하기 때문에 경제적으로 가장 우수한 글리콜로 알려져 있다. TEG는 넓은 범위에 걸쳐 적용 가능하여 불순물이 높거나(sour) 낮은(sweet) 천연가스의 탈수에서 모두 성공적으로 적용될 수 있다. 이슬점 강하는 주어진 TEG 농도 및 접촉 온도에 대한 평형상태 이슬점 온도에 달려있다. 탈수 과정에서 글리콜의 점성도가 증가하면 접촉 온도에서 문제가 발생할 수 있으므로 천연가스에 대한 가열이 필요할 수 있다. 탈수 장치를 흐르는 매우 고온의 가스는 TEG의 증발을 막기 위하여 탈수 전에 종종 냉각된다.

탈수장치 내로 주입되는 가스는 모든 액상 물과 탄화수소, 모래, 시추 이수, 다른 불순물이 제거되어야 한다. 이러한 물질은 심각한 거품, 범람, 높은 글리콜 손실, 낮은 효율성, 탈수 타워 또는 흡수기의 유지 보수 증가를 일으킬 수 있다. 이러한 불순물들은 효율적인 scrubber를 통해 분리할 수 있고, 매우 오염된 가스에 대해선 필터 분리기를 사용하여 제거할 수 있다. 수화 작용 억제제로서 정두에 주입되는 메탄올은 글리콜 탈수 장치에서 몇 가지 문제를 일으킬 수 있다. 그것은 글리콜 재생 시스템에 대한 열 사용량을 증가시킨다. 또한 액체 메탄올 슬러그는 흡수기에서 범람을 일으킬 수도 있다. 재생 시스템에서 수증기와 함께 대기로 환기되는 메탄올 기체는 위험하므로 회수되거나 위험하지 않은 농도로 배출되어야 한다.

가. 글리콜 탈수 과정

그림 9.10은 전형적인 글리콜 탈수 장치에서 탈수 과정과 가스 유동을 보여준다. 탈수 과정은 다음과 같다.

1. 탈수 장치로 주입되는 가스는 먼저 액체상을 제거하기 위하여 유입 가스 세정

기(scrubber)를 통해 장치 안으로 들어간다.

2. 습가스(수분을 포함한 가스)는 글리콜이 컬럼을 통하여 아래로 흐르는 동안 글리콜-가스 접촉부 하부를 흐르거나 트레이를 통하여 위쪽으로 흐를 수 있다. 글리콜은 각 트레이에서 가스와 접촉하여 가스로부터 수증기를 흡수한다.
3. 동심원 파이프 열 교환기 형태로 제작된 수직 글리콜 냉각기를 통과하여 아래로 흐를 때 유출되는 건가스는 고온의 재생 글리콜이 접촉기로 들어가기 전에 냉각시키는 작용을 한다.
4. 건 글리콜은 글리콜 냉각기로부터 글리콜-가스 접촉기의 싱부로 들어가고 가장 상부 트레이를 향해 주입된다. 글리콜은 각 트레이를 거쳐 흐르고 다음 트레이로 다운커머 파이프를 통해 이동한다.
5. 가스로부터 수증기를 흡수한 습 글리콜은 고압 글리콜 필터를 통과하여 글리콜-가스 접촉기의 하부로 이동한다. 또한 고압 글리콜 필터에서 가스로부터 이질적인 고체 입자를 제거하고 글리콜 펌프의 파워 사이드로 들어간다.
6. 글리콜 펌프에서, 접촉기 컬럼에서 이동된 고압의 습 글리콜은 재생된 건 글리콜을 컬럼으로 밀어 올린다. 습 글리콜은 글리콜 펌프에서 플래쉬(flash) 분리기로 이동하는데 플래쉬 분리기는 용해가스가 방출되도록 하는 장치이다.
7. 플래쉬 분리기에서 분리된 가스는 플래쉬 분리기 장치의 최상부로 이동하고 재가열기를 위한 연료가스로 보충된다. 이 양보다 초과되는 가스는 역압력 밸브를 통해 방출된다. 플래쉬 분리기는 액체 레벨 조절과 습 글리콜 유동을 예열하는 저장 탱크에서 열교환 코일을 통하여 습 글리콜 유동을 방출하는 격막 모터 밸브가 장비되어 있다.
8. 습 글리콜은 저장 탱크에 열교환 코일로 이동하고 still안의 급전점(fed point)에 재가열기의 상부에 장착된 stripping still로 들어간다. stripping still은 세라믹 intalox saddle 타입 패킹으로 포장되고, 글리콜은 컬럼을 통해 아래로 흐르고 재가열기로 들어간다. still을 통하여 아래로 흐르는 습 글리콜은 고온의 상승 글리콜과 컬럼을 통해 상승하는 수증기와 접촉한다. 재가열기에서 배출되고 stripping still 안의 글리콜으로부터 방출된 수증기는 응축기를 통하여 위로 흐른다. 수증기는 stripping still 컬럼의 상부에 남고 대기중으로 배출된다.

9. 글리콜은 stripping still 컬럼에서 반대편 끝까지 수평으로 재가열기를 통해 흐른다. 재가열기에서, 글리콜은 99.5% 또는 그 이상으로 재응축하여 충분히 수증기를 제거하기 위해 대략 350~400°F로 가열된다. 현장 탈수 장치에서 재가열기는 일반적으로 유동 천연가스의 일부를 사용하여 직접 가열하는 화실(fire-box)이 장착된다

10. 재응축된 글리콜은 과류(overflow) 파이프를 통해 재가열기를 빠져나와 열 교환기/저장탱크의 쉘 측면으로 이동한다. 저장탱크에서 고온의 재응축 글리콜은 코일을 통과하는 습글리콜 흐름과 교환되는 열에 의하여 냉각된다. 또한 저장탱크는 글리콜 펌프의 이송을 위한 액체 저장기로써의 기능도 수행한다. 재응축된 글리콜은 여과기를 통해 저장탱크로부터 글리콜 펌프로 이동된다. 재응축 글리콜은 펌프로부터 글리콜-가스 접촉기에 장착된 글리콜 냉각기의 쉘 사이드로 전달된다. 그 후 글리콜 냉각기에서 냉각된 글리콜은 다시 탑 트레이로 주입된다.

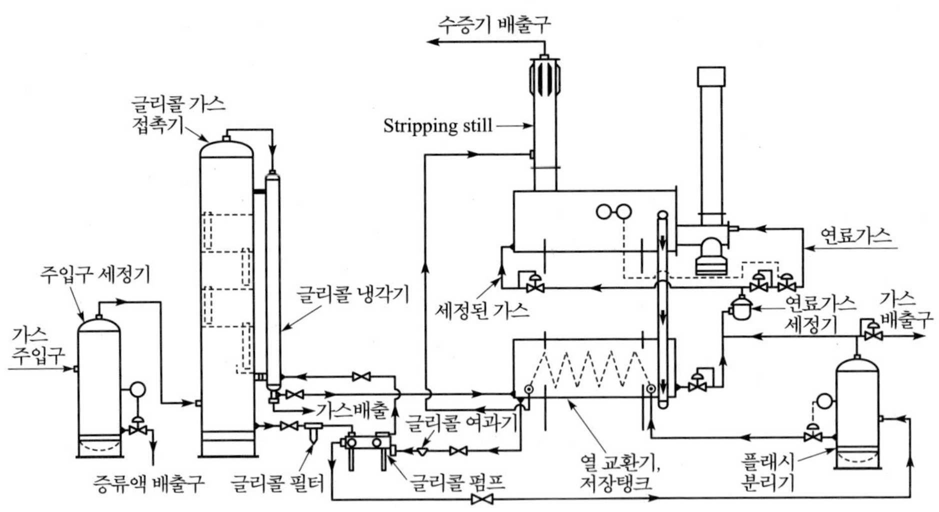

그림 9.10 일반적인 글리콜 탈수장치의 흐름도 (Sivalls, 1977)

나. 글리콜 탈수 장치의 장점과 한계

장점은 다음과 같다.

- 낮은 초기 설치 비용
- 흡수 타워를 이동할 때 낮은 압력 강하
- 연속적인 운영
- 부가 장치가 쉽게 추가될 수 있음
- 타워 재충전에 아무런 문제가 없음
- 고체 불순물 발생 시에도 운영 성능을 보장할 수 있음

글리콜 탈수 장치의 몇몇 운영 문제점은 다음과 같다.

- 먼지, 물때(scale), 철 산화물은 글리콜 용액을 오염시킬 수 있음
- 탈수 공정 후 슬러지는 가열 시 효율을 떨어뜨리거나 심한 경우 전체 유동을 정지시킬 수 있음
- 산소와 수소 황화물이 모두 존재할 때, 글리콜 용액에서 산성물질의 형성 때문에 부식 문제가 발생할 수 있음
- 유입 가스에 포함된 액체(예를 들면 물, 경탄화수소, 또는 윤활유)는 흡수재와 접촉하기 앞서 효과적으로 제거되어야 하기 때문에 분리기의 설치가 필요함. 탈수 과정에서 생성되는 물은 광물화되어 재가열기에 결정화되고 축적될 수 있음
- 액체의 캐리오버 결과로 용액에서 거품이 발생할 수 있기 때문에 미량의 거품 억제제의 첨가로 문제를 감소시킬 필요가 있음
- 패킹을 과도하게 조이는 것은 장비에 문제를 초래할 수 있기 때문에 펌프의 패킹 주변에 약간의 누수는 허용됨. 누수된 물은 정기적으로 포집되어 시스템에 재주입됨
- 고도로 농축된 글리콜 용액은 낮은 온도에서 끈적거리게 되는 경향이 있어 상부로 끌어올리기 어려움. 또한 장비가 가동하지 않을 때 낮은 온도에서 완전히 고체화될 수 있음. 기온이 낮을 때는 가열을 통해 용액이 지속적으로 순환할 수 있도록 해야 함
- 장치를 가동시키기 전에 모든 흡수재 트레이는 글리콜로 가득차 있어야 함
- 플랜트를 가동하고 정지할 때 용액이 갑작스럽게 밀려나오는 것은 피해야 함. 그렇지 않으면, 대규모 용액이 흘러넘쳐 손실이 발생할 수 있음

9.3 수송 시스템

9.3.1 개요

원유와 천연가스는 짧거나 긴 거리를 주로 파이프라인을 통하여 수송된다. 펌프와 압축기는 수송을 위한 가압에 사용된다. 이 절에서는 장비 선택에 사용되는 펌프와 압축기 기술의 원리를 설명한다. 또한 파이프라인 설계 기준 및 파이프라인에서 유체의 유동도 기술한다.

9.3.2 펌프

왕복 피스톤 펌프(슬러쉬 펌프 또는 파워 펌프라고도 부름)는 파이프라인을 통한 원유의 수송에 널리 쓰인다. 피스톤 스트로크는 싱글-액션 피스톤 스트로크와 더블-액션 피스톤 스트로크의 두 형태가 있다(그림 9.11, 9.12). 더블-액션 스트로크는 듀플렉스(두 개의 피스톤)펌프에서 사용된다. 싱글-액션 스트로크는 세 개 또는 그 이상 피스톤(예를 들어 트리플렉스 펌프) 펌프에서 적용된다. 일반적으로, 듀플렉스 펌프는 유량이 높을 때 사용되고, 트리플렉스 펌프는 높은 압력이 필요할 때 이용된다.

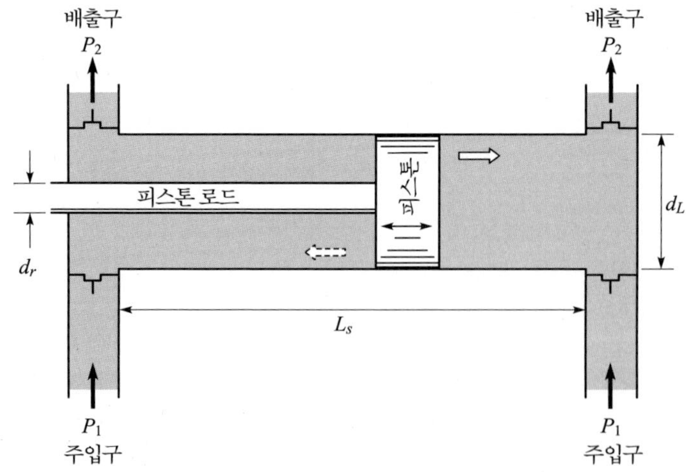

그림 9.11 듀플렉스 펌프에서 더블-액션 스트로크

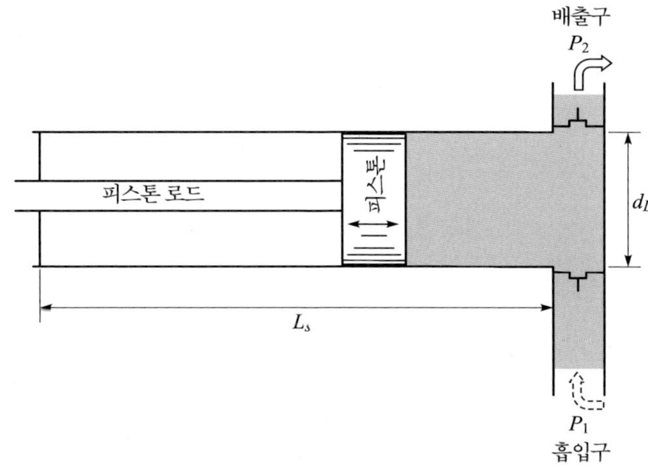

그림 9.12 트리플 펌프에서 싱글-액션 스트로크

9.3.3 압축기

천연가스가 압력이 충분하지 않아 유동이 불가능할 때, 압축 장비가 필요하다. 천연가스 개발 산업에서 5개 형태의 압축기가 일반적으로 사용된다.

- 다수의 생산정으로부터 가스를 모으기 위한 현장 가스-포집시설(gathering station)은 전송 또는 분배 시스템으로 원하는 유동량으로 생산하는 것이 불충분함. 이런 현장은 일반적으로 대기압 이하에서 750 psi까지와 일 당 몇 천에서 몇 만 ft^3 체적까지의 흡입 입력을 다룸
- 트랜스미션 라인에서 압력을 올리기 위한 주 유동 설비는 일반적으로 압력 범위가 200~1300 psig사이일 때 가스 대용량을 압축
- 공정 또는 오일 2차회수 프로젝트를 위해 가스를 6000 psig까지 가압하기 위한 재압축 또는 재활용 스테이션
- 최대 4,000 psig까지 압력에서 주입 유정에 주입하기 위하여 트렁크 라인 가스를 압축하는 저장소
- 약 20~100psig, 또는 최대 2,500 psig까지 bottle storage로 펌프의 중간 또는 고압 유동 라인 홀더 공급 장치로부터 가스를 펌핑하기 위한 분배 시설소

(1) 압축기의 형태

천연가스 산업에서는 두 가지 형태의 압축기가 사용되는데 왕복과 회전 압축기이다. 왕복 압축기는 천연가스 산업에서 거의 일반적으로 사용된다. 이 압축기는 실질적인 모든 압력과 체적 용량에 적용될 수 있다. 그림 9.13에 나타난 바와 같이, 왕복 압축기가 이동 부분이 더 길기 때문에 회전 압축기보다 기계적 효율이 낮다. 왕복 압축기의 각 실린더 조립체는 실린더 피스톤, 실린더 헤드, 흡입 및 배출 밸브, 기타 부품 왕복 운동으로 회전 운동을 변환하는 데 필요한 장치들로 구성되어 있다. 왕복 압축기는 적절한 피스톤 변위와 실린더 내에 간극용적(clearance volume)을 선택함으로써 특정 범위의 압축 비율을 가지도록 설계할 수 있다. 이 간극용적은 고정 또는 가변 중에 하나로 선택할 수 있으며, 동작 범위 연장과 하중 변동 범위에 따라 결정된다. 일반적인 왕복 압축기는 최대 10,000 psig의 방출 압력에서 최대 30,000 ft^3/min(cfm)를 수송할 수 있다.

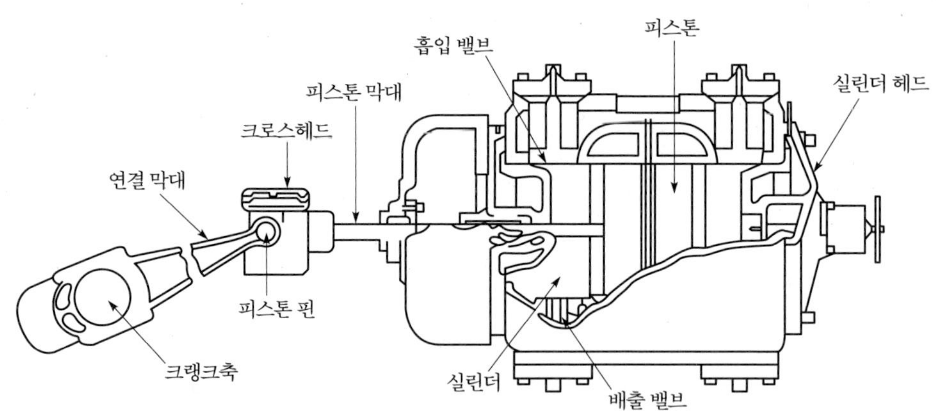

그림 9.13 일반적인 왕복 압축기 구성요소

회전 압축기는 원심 압축기와 회전 송풍기 두 가지로 분류한다. 원심 압축기(그림 9.14)는 유동 통로를 가진 공간(housing), 임펠러가 탑재된 회전 축(shaft), 베어링, 축을 따라 누출되는 가스를 막기 위한 밀폐기로 구성되어 있다. 원심 압축기는 오직 임펠러와 샤프트만 회전하기 때문에 몇 개의 움직이는 부품만을 가지고 있다. 따라서 효율이 높고 윤활 오일 소모와 유지 보수 비용이 적게 든다. 또한 압축률과 마찰 손실이 낮기 때문에 냉각수는 보통 불필요하다. 그러나 왕복 압축기처럼 이동하면서 압축하지 않기 때문에 원심압축기의 압축률이 낮다. 원심 압축기는 원심력을 이용하여 가스를 압축한다. 이러한 압축기에서 임펠러에 의해 가스가 압축된다. 가스는 속도가 감소하고 운동 에너지는 정압으로 변환되는 디퓨저에서 빠른 속도로 배출된다. 원심 압축기는 왕복 압축기와 달리 모든 과정이 물리적 압축 없이 이루어지기 때문에 연속적인 유동을 할 수 있어 유량이 높고 압력비가 낮은 경우에 적합한 기계이다. 일반적으로 체적은 100,000 cfm 이상이고 방출 압력은 100 psig까지이다.

회전 송풍기는 하나 또는 그 이상의 임펠러가 반대 방향으로 회전하는 케이싱으로 만들어진다. 회전 송풍기는 주로 흡입과 배출 사이의 압력차이가 15psi 보다 적은 분배 시스템에 사용된다. 또한 쿨링과 흡착 장비에서 재생을 위해 사용된다. 로터리 송풍기는 몇 가지 장점이 있다. 낮은 마력에 많은 양의 저압 가스를 가압할 수 있고, 초기 투자비용과 유지 보수비용이 낮으며, 설치가 간단하고 작동이 쉬우며, 유동 시 진동이 작다. 단점으로써 높은 압력을 견딜 수 없고, 기어 소음과 임펠러 소음, 임펠러와 케이싱 사이의 간격을 부적절하게 밀폐하고, 안전 압력 이상에서 운영할 경우 과열된다. 일반적으로 회전 송풍기는 최대 17,000 cfm의 용적 가스 유량을 전달하고 10 psig의 최대 흡입 압력과 10 psi의 압력차가 적용된다.

압축기를 선택할 때, 압력-체적 특성과 구동장치의 유형이 반드시 고려되어야 한다. 소형 회전 압축기(날개 또는 임펠러 타입)는 일반적으로 전기 모터에 의해 구동된다. 대규모 압축기는 낮은 속도로 운영되고 일반적으로 증기 또는 가스 엔진에 의해 구동된다. 그들은 스팀 터빈 또는 전기 모터에 의한 감속 기어를 통해 구동된다. 스팀 터빈이나 전기 모터에 의해 구동되는 왕복 압축기는 전통적 고속 압축 기계로 천연 가스 산업에 가장 널리 사용된다. 압축기 선정에는 가스 유동성(gas deliverability), 압력, 압축비, 그리고 마력이 고려되어야 한다.

다음은 압축기의 두 종류의 중요한 특성이다:

- 왕복 피스톤 압축기는 역압력으로 배출 압력을 조정할 수 있다.
- 왕복 압축기는 용적 유량 출력을 다양하게 선택할 수 있다(특정 한도 이내).
- 왕복 압축기는 압축기 설계의 상대 간극용적과 관련되어 고유한 용적 효율을 갖고 있다.

- 회전 압축기는 고정된 압력비를 가지고, 그래서 일정한 압력을 출력할 수 있다.
- 회전 압축기는 용적 유량 출력을 선택할 수 있다(특정 한도 이내).

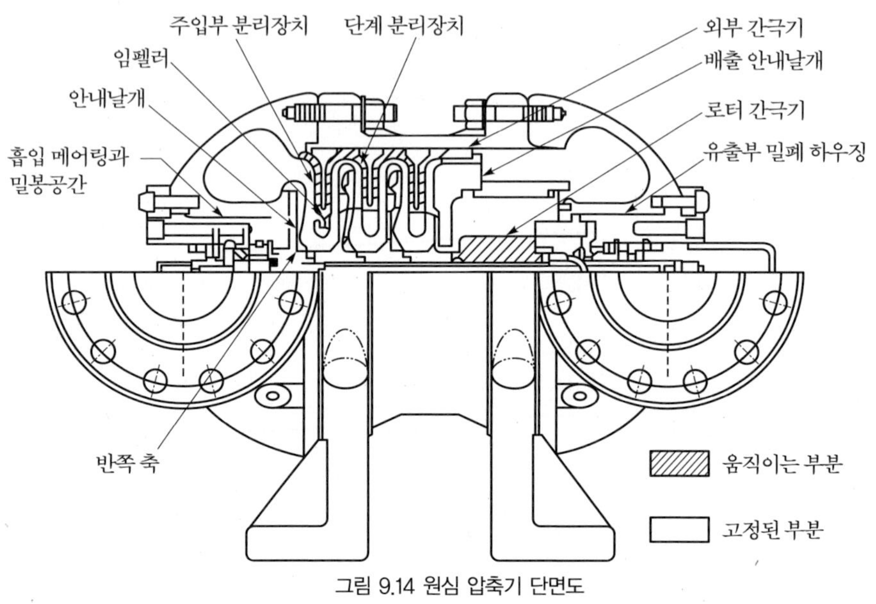

그림 9.14 원심 압축기 단면도

9.3.4 파이프라인

파이프라인으로 오일을 수송하는 것은 연속적이고 신뢰할만한 방법이다. 파이프라인은 먼 지역과 어려운 환경을 포함한 여러 환경에서 적용할 수 있다는 것이 입증되었다. 주로 파이프라인은 다음과 같이 분류할 수 있다.

- 생산정에서부터 수집시설(manifold)로 오일이나 가스를 수송하는 플로우라인
- 수집시설로부터 생산 시설로 오일이나 가스를 수송하는 플로우라인
- 생산 장비들 간의 오일이나 가스를 수송하는 현장 내 플로우라인
- 생산 설비로부터 정유공장이나 소비자들에게로 오일이나 가스를 수송하는 수송 파이프라인

파이프라인은 필요 압력과 유동 분석을 기반으로 충분한 유체를 유동시킬 수 있는 크기로 설계된다. 이 절에서는 다음과 같은 주제를 설명한다.

- 오일과 가스 파이프라인의 유동
- 파이프라인의 설계
- 파이프라인의 운용

(1) 파이프라인 유동

원유와 가스를 수송하기 위해 긴 연장의 파이프라인을 설계하기 위해서는 용량과 필요압력을 계산하기 위한 유동식을 이해해야 한다. 열역학 제1법칙을 근거로 하여 전체 압력 강하는 세 가지의 요소로 구성된다.

$$\frac{dP}{dL} = \frac{g}{g_c}\rho\sin\theta + \frac{f_M\rho u^2}{2g_cD} + \frac{\rho udu}{g_cdL} \tag{9.25}$$

$\frac{g}{g_c}\rho\sin\theta$ = 높이나 위치 에너지의 변화에 의해서 생기는 압력 강하

$\frac{f_M\rho u^2}{2g_cD}$ = 마찰 손실에 의해서 생기는 압력 강하

$\frac{\rho udu}{g_cdL}$ = 가속도나 운동 에너지에 변화에 의해서 생기는 압력 강하

P = 압력, lbf/ft^2

L = 파이프 길이, ft

g = 중력가속도, ft/sec^2

g_c = 32.17, $ft\text{-}lbm/lbf\text{-}sec^2$

ρ = 밀도 lbm/ft^3

θ = 수평방향에 대한 경사각

f_M = Moody 마찰 계수

u = 유동속도, ft/sec

D = 파이프 내경, ft

높이 차에 의한 구성 요소는 파이프 경사각에 따라 달라지고, 수평유동에서는 0이다. 마찰 손실 요소는 유동 형태에 따라서 어떤 파이프 경사각에서도 적용되고 유동 방

향으로 압력 강하를 발생시킨다. 가속도는 속도 변화가 일어나는 어떤 유동 조건에서 속도가 증가하는 방향으로 압력강하를 일으킨다. 이것은 비압축성 유동에서 0이다.

식 (9.25)에서 마찰계수 f_M은 유동영역(층류나 난류)에 의해 결정된다. Reynolds 수는 층류와 난류를 결정하기 위해 사용된다. Reynolds 수는 유체의 관성력(momentum force)과 점성 전단력의 비로 정의된다. Reynolds 수는 무차원이고, 다음과 같이 표현된다.

$$N_{Re} = \frac{Du\rho}{\mu} \tag{9.26}$$

D = 파이프 내경

u = 유체 속도

ρ = 유체 밀도

μ = 유체 점성도

보통 파이프 내의 순환 유동으로 인해서 층류에서 난류로의 변화는 Reynolds 수가 2,100 이상이 될 때 일어난다고 알려져 있다. 미국 현장 단위인 ft 직경, ft/sec 단위의 속도, 밀도와 가속도에 대한 섬노를 사용하면 Reynolds 수는 다음과 같이 변한다.

$$N_{Re} = 1{,}488\frac{Du\rho}{\mu} \tag{9.27}$$

내부직경 D인 파이프에 비중 γ_g, 점성도 μ_g(cp), 유량이 q(McfD)인 표준가스가 온도 압력이 각각 °R, p_b(psia)로 측정되면 Reynolds 수는 다음과 같이 표현할 수 있다.

$$N_{Re} = \frac{711 p_b q \gamma_g}{T_b D \mu_g} \tag{9.28}$$

Reynolds 수는 보통 가스 파이프라인에서 10,000 보다 클 때 신뢰할 만한 값이 된다. 온도가 520 °R이고 압력이 14.4~15.025 psia 일 때, 711 pb/Tb는 19.69에서 20.54인 값을 가진다. 사실상 천연가스의 유동에서 Reynolds 수는 다음과 같이 표현할 수 있다.

$$N_{Re} = \frac{20q\gamma_g}{\mu_g d} \tag{9.29}$$

q = 60와 14.73 psia일 때 가스 유량, McfD

γ_g = 가스 비중

μ_g = 온도 압력에 대한 가스 점성도, cp

d = 파이프 직경, in

q가 sch/h이면 계수 20이 0.48로 된다.

그림 9.15는 유체 유동 상태에 따른 마찰 계수를 나타낸 그래프이다. 그래프에 나타난 바와 같이 Reynolds 수와 상대적인 거칠기에 관한 마찰 계수에 대한 식은 영역마다 달라진다. 층류 영역에서 마찰 계수는 분석적으로 결정될 수 있다. 층류일 때 Hagen-Poiseuille 식은 다음과 같다.

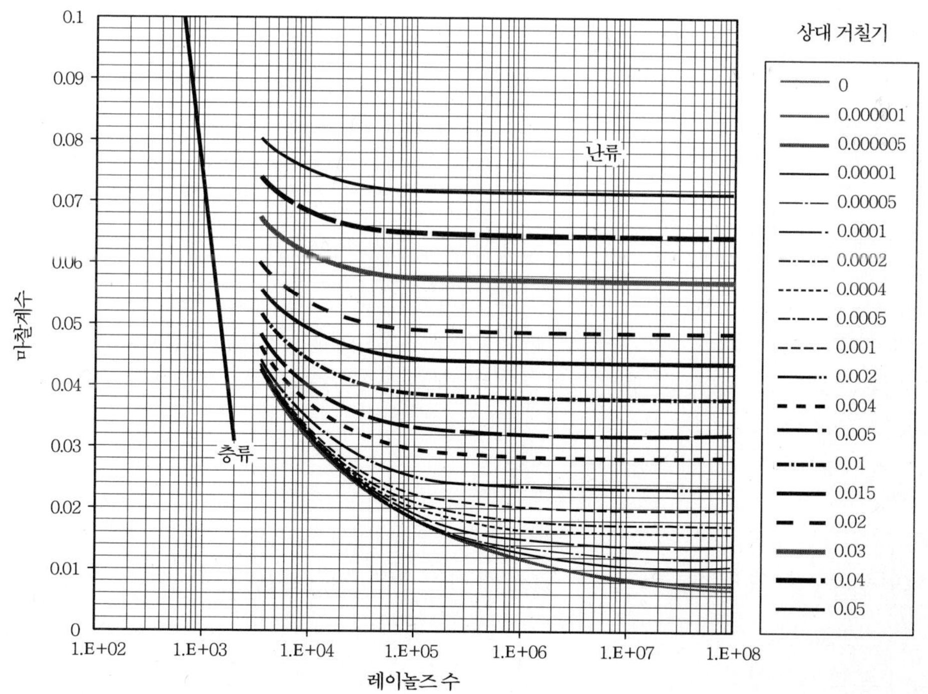

그림 9.15 Darcy-Wiesbach 마찰계수 차트 (Moody, 1944)

$$\left(\frac{dp}{dL}\right)_f = \frac{32\mu u}{g_c D^2} \tag{9.30}$$

식 (9.25)와 (9.30)에서 동일한 마찰 계수 변화도가 주어진다.

$$\frac{f_M \rho u^2}{2g_c D} = \frac{32\mu u}{g_c D^2} \tag{9.31}$$

$$f_M = \frac{64\mu}{du\rho} = \frac{64}{N_{Re}} \tag{9.32}$$

난류 영역에서는 경험식에 의해서만 마찰 계수를 구할 수 있다. 난류 유동 영역에서 표면이 매끄러운 파이프가 있을 때 Drew 식이 가장 널리 사용되고 정확한 경험식이다.

$$f_M = 0.0056 + \frac{0.5}{N_{Re}^{0.32}} \tag{9.33}$$

난류 유동 영역에서 표면이 거친 파이프가 있을 때 마찰 계수에 의한 표면 거칠기 효과는 Reynolds 수와 상대적인 거칠기에 따라서 달라진다. Nikuradse(1993)의 마찰 계수 식은 표면이 거친 파이프 내에서 난류 유동이 발생할 때 적용 가능한 최고의 경험식이다.

$$\frac{1}{\sqrt{f_M}} = 1.74 - 2\log(2e_D) \tag{9.34}$$

이 식은 상대적인 거칠기 효과가 높은 곳에서 Reynolds 수가 커도 적용이 가능하다. 이 경험식은 Colebrook이 제안한 현대의 마찰 계수 차트에서도 기초로 사용되었다.

$$\frac{1}{\sqrt{f_M}} = 1.74 - 2\log\left(2e_D + \frac{1.87}{N_{Re}\sqrt{f_M}}\right) \tag{9.35}$$

이 경험식은 매끄러운 파이프와 완전히 거친 파이프의 난류 유동에서도 적용 될 수 있다. Reynolds 수가 클 때는 Nikuradse 경험식은 적용이 어려워진다. 식(9.35)는 f_M이 분명하지 않다. 그러나 f_M의 값은 Newton-Raphson 반복법 같은 수치 해석적으로 구하는 것이 가능하다. 그 후 Jain은 마찰 계수가 분명한 경험식을 만들었다.

$$\frac{1}{\sqrt{f_M}} = 1.14 - 2\log\left(e_D + \frac{21.25}{N_{Re}^{0.9}}\right) \quad (9.36)$$

이 경험식은 Colebrook의 경험식과 비교할 만하다. 상대적인 거칠기가 10^{-6}과 10^{-2} 사이에 있고, Reynolds 수가 5×10^3과 10^8사이에 있다면, Colebrook 경험식과 비교할 때, 보고된 오차는 ±1%내외 이다. 그래서 식(9.36)는 난류에서 마찰계수를 결정할 필요가 있을 때 추천할만한 계산식이다.

파이프라인 벽면 거칠기는 파이프 재료, 제조 방법, 노출된 환경에 따라 달라진다. 벽면 거칠기는 균일하지 않고, 벽 표면에서 최고, 최저까지의 거리도 크게 다르다. 파이프 벽면의 절대 거칠기는 실제 파이프 벽에 비교적 균일하게 분산된 평균 돌출 높이에 의해 결정될 수 있다. 실제적으로 거칠기 효과가 절대적 크기에 기인하지 않는다고 제안하는 연구들이 존재하지만 거칠기의 크기는 분명히 파이프의 내경과 관계가 있다. 상대적인 거칠기는 절대적 거칠기와 파이프 내경의 비로 정의된다.

$$e_D = \frac{\varepsilon}{D} \quad (9.37)$$

ε과 D는 같은 단위이다.

절대 거칠기는 파이프로부터 직접 측정이 가능한 특성이 아니고, 파이프 벽면 거칠기 값의 선택으로 계산할 수 있다. 절대 거칠기를 구하는 방법은 압력 경사도를 비교하는 것이다. 만약 측정된 압력 경사도가 사용 가능하다면, 압력 계수와 Reynolds 수는 계산이 가능하고, 유효 ε_D는 Moody의 그래프로부터 얻을 수 있다. 만약 거칠기에 관한 정보가 아무것도 없다면 ε=0.0006 in.의 값을 사용하는데 이것은 생산튜빙과 플로우라인에서 일반적으로 적용되는 값이다.

1) 오일 유동

원유는 비압축 유체로도 간주될 수 있다. 파이프라인에서 유체 속도와 압력 차이 관계는 운동에너지를 무시할 수 있을 때 식(9.25)의 적분에 의해서 손쉽게 계산할 수 있다.

$$P_1 - P_2 = \left(\frac{g}{g_c}\rho\sin\theta + \frac{f_M \rho u^2}{2g_c D}\right)L \tag{9.38}$$

$$P_1 - P_2 = \left(\frac{g}{gc}\rho\sin\theta + \frac{f_M \rho q^2}{2g_c D A^2}\right)L \tag{9.39}$$

q = 액체 유동 속도, ft^3/sec

A = 단면적, ft^2

식 (9.39)를 미국 현장 단위로 바꾸면

$$p_1 - p_2 = 0.433\gamma_o L sin\theta + 1.15\times 10^{-5} \times \frac{f_M \gamma_o Q^2 L}{d^5} \tag{9.40}$$

p_1 = 들어가는 압력, psi

p_2 = 나가는 압력, psi

γ_o =오일 비중, 물=1.0

Q =오일 유량, B/D

d =파이프 내경, in

2) 가스 유동

일정한 직경의 수평 파이프라인에서 건가스의 정상 유동을 고려해보자. 기계적인 에너지 식은 식 (9.25)에서 다음과 같이 구할 수 있다.

$$\frac{dp}{dL} = \frac{f_M \rho u^2}{2g_c D} = \frac{p(MW)_a}{zRT}\frac{fu^2}{2g_c D} \tag{9.41}$$

이 식은 많은 파이프라인 식을 유도하기 위해 사용되었다. 이 식에서 z-factor와 마찰 계수의 처리 방법으로 미분이 사용된다. 식 (9.41)을 적분하면

$$\int dp = \frac{(MW)_a f_M u^2}{2Rg_c D}\int \frac{p}{zT}dL \tag{9.42}$$

만약 파이프라인에서 온도의 평균값인 $\overline{T}$가 일정하다고 가정하고, 가스 보정 인자인 z를 평균 온도와 평균 압력 $\overline{p}$에서 구한다면, 식 (9.42)는 상단부 압력과 하단부 압력 사이에 거리 L로 구하는 것이 가능하다.

$$p_1^2 - p_2^2 = \frac{25\gamma_g Q^2 \overline{T}\overline{z} f_M L}{d^5} \tag{9.43}$$

식 (9.43)은 임의의 기본 상태에서 측정되는 유량에 관해서 다시 쓸 수 있다.

$$q = \frac{CT_b}{p_b}\sqrt{\frac{(p_1^2 - p_2^2)d^5}{\gamma_g \overline{T}\overline{z} f_M L}} \tag{9.44}$$

C는 식에서 사용되는 단위 체계에 의해 결정되는 변환 상수이다. 만약 L이 mile이고, q가 scf/D이면, C는 77.54이다. 식(9.44)는 반복법에 의해 계산할 수 있다.

(2) 파이프라인 설계

파이프라인 설계는 재질, 직경, 두께, 단열, 부식방지 여부 등을 고려한다. 해상 파이프라인의 경우, 도금 부착량과 안정성 제어에 대해 고려한다. Bai(2001)는 해상 파이프라인 설계에 대한 상세한 분석을 제시하였다. Guo 등(2005)은 파이프라인 설계에 대해 간략화하여 나타내었다.

파이프라인의 직경은 유량을 계산하여 결정해야 한다. 그전에 파이프라인의 두께와 부식을 고려한다.

1) 벽면 두께 설계

강철로 된 파이프라인 두께에 대한 설계는 U.S Code ASME/ANSI B32.8이 좌우한다. 다른 Code로는 Z187(캐나다), DnV(노르웨이), IP6(영국) 있는데 근본적으로 조건이 같다. 그러나 US Code가 주로 사용된다.

직경이 큰 파이프는 제외하고(>30 inch), 재질에 따른 등급 분류로 주로 심해나 높은 압력이 필요한 경우 X-60, X-65(414 or 448 MPa) 사용한다. 더 높은 등급은 특별한 경우에 사용되고, X-42, X-52나 X-56는 낮은 등급으로 천해나 낮은 압력에서 사용된다. 비용을 줄이기 위하여 직경이 큰 파이프라인을 쓰거나 충격저항을 향상시키기 위해서 높은 연성을 지니는 재료를 쓴다. 파이프의 종류는 다음과 같다.

- 이음매가 없는 것
- 물에 설치 가능하게 용접(submerged are welded) SAW or DSAW
- 전기 저항 용접(ERW)
- 나선형으로 용접

특별한 경우를 제외하고는 이음매가 없는 파이프와 SAW 파이프가 사용된다. 이음매가 없는 것은 직경이 12 정도이거나 그보다 작으며, 만약 ERW 파이프가 사용된다면, 전체 파이프라인을 초음파 검사를 수행해야 한다. 나선형 용접 파이프는 오일/가스 파이프라인에는 거의 사용되지 않는다.

가. 설계 과정

파이프라인 벽면 두께는 내부압력 또는 외부의 정수압에 의해서 결정된다. 세로방향 최대 응력과 결합 응력은 때로는 설치나 작동 그리고 code에 따라서 제한을 받는다. 파이프라인의 벽 두께를 설계할 때 다음을 고려할 것을 추천한다.

Step 1: 내부압력 설계에 대해 요구되는 최소의 벽 두께를 계산한다.

Step 2: 외부압력을 견딜 수 있는 최소의 벽 두께를 계산한다.

Step 3: 부식에 허용되는 벽 두께를 추가한다.

Step 4: 명목상 가장 높은 벽 두께를 선택한다

Step 5: 수압조건에 대한 벽 두께를 고려하여 선택한다.

Step 6: 실제 설치 운영성을 체크한다. 즉 파이프라인 운영 작업은 D/t가 50보다 크면 어려우며, 파이프 용접을 위해 특별한 경우를 대비하여 0.3 in 보다 작아야 한다.

이것은 규격외의 두께일 경우에도 적용 가능하며, 큰 규격일 때도 마찬가지로 적용 가능하다.

파이프라인의 크기는 생산 조건에서 파이프라인에 작용하는 최고 응력 조건에 근거하여 정한다. 응력 계산 방법은 얇은 파이프와 두꺼운 파이프가 각각 다르다. 얇은 파이프는 D/t가 20이상인 경우이고, 두꺼운 파이프는 D/t가 20 이하인 경우에 해당된다.

2) 단열 설계

오일과 가스 현장에서는 파이프라인 단열이 중요하다. 현징에서는 주위의 온도보다 파이프라인의 온도가 더 높아야 한다.

이러한 이유로는,

- 가스 하이드레이트 생성을 막는다.
- 왁스와 아스팔트의 생성을 막는다.
- 공급량을 높이는데 사용된다.
- 공급을 멈추었을 때 냉각속도를 높여 준다.

액화가스 파이프라인에서는, 액화천연가스를 단열시켜 온도를 낮게 유지함으로써 액체 상태로 만든다.

파이프라인 단열 설계는 많은 양의 단열 관련 자료와 열 이동 메카니즘을 접목시켜야 한다. 열 손실에 대한 정확한 예측과 파이프라인에서 오일과 가스를 생산할 때 온도는 파이프라인을 설계하고 평가할 때 중요한 요소이다.

참고문헌

- Ahmed, T., 1989, *Hydrocarbon Phase Behavior,* Gulf Publishing Company, Houston, USA.
- Almehaideb, R.A., Aziz, K., and Pedrosa, O.A., JR., 1989, "A Reservoir/Wellbore Model for Mmultiphase Injection and Pressure Transient Analysis," *Presented at the SPE Middle East Oil Show,* Bahrain, March 11–14.
- American Gas Association, 1990, "Collapse of Offshore Pipelines," *Pipeline Research Committee Seminar,* Houston, Texas, February 20.
- American Society of Mechanical Engineers, 1993, *Liquid Transportation Systems for Hydrocarbons, Liquid Petroleum Gas, Anhydrous Ammonia and Alcohols,* ASME, Washington, USA.
- American Society of Mechanical Engineers, 2007, *Gas Transmission and Distribution Piping Systems,* ASME, Washington, USA.
- Bai, Y., 2001, *Pipelines and Risers,* Vol. 3, Ocean Engineering Book Series, Elsevier, Amsterdam.
- Brown, G.G., 1945, "A Series of Enthalpy–Entropy Charts for Natural Gases," *Trans. AIME,* Vol. 160, No. 1, pp. 65–76.
- Campbell, J.M., 1976, *Gas Conditioning and Processing,* Campbell Petroleum Services, Norman, Oklahoma, USA.

- Carmichael, R., Fang, J., and Tam, C., 1999, "Pipe-in-Pipe Systems for Deepwater Developments," *Proceedings of the Deepwater Pipeline Technology Conference,* New Orleans, USA.
- Carter, B., Gray, C., and Cai, J., 2003, "2002 Survey of Offshore Non-Chemical Flow Assurance Solutions," *Poster published by Offshore Magazine,* Houston, USA.
- Det Norske Veritas, 1981, *Rules for Submarine Pipeline Systems,* Det Norske Veritas, Baerum, Norway.
- Guenther, J.D., 1979, "Natural gas dehydration," *Presented at the Seminar on Process Equipment and Systems on Treatment Platforms,* Taastrup, Denmark, April 26.
- Guo, B. et al., 2005, *Offshore Pipelines,* Gulf Professional Publishing, Elsevier, Netherlands.
- Guo, B., Duan s., and Ghalambor, A., 2006, "A Simple Model for Predicting Heat Loss and Temperature Profiles in Insulated Pipelines," *SPE Prod. Operations J.,* Vol. 21, No. 1, pp. 107–113.
- Guo, B. and Ghalambor, A., 2005, *Natural Gas Engineering Handbook,* Gulf Publishing Company, Houston, Texas, USA.
- Hasan, A.R. and Kabir, C.S., 1994, "Aspects of Wellbore Heat Transfer During Two-Phase Flow," *SPE Production and Facilities,* Vol. 9, No. 3, pp. 211–218.
- Hasan, A.R., Kabir, C.S., and Wang, X., 1998, "Wellbore Twophase Flow and Heat Transfer During Transient Testing" *SPE J.,* Vol. 3, No. 2, pp. 174–181.
- Hasan, A.R., Kabir, C.S., and Wang, X., 1997, "Development and Application of A Wellbore/Reservoir Simulator for Testing Oil Wells," *SPE Formation, Evaluation,* Vol. 12, No. 3, pp. 182–188.
- Hasan, R. and Kabir, C.S., 2002, *Fluid Flow and Heat Transfer in Wellbores,* SPE, Richardson, Texas, USA.
- Hill, R.T. and Warwick, P.C., 1986, "Internal Corrosion Allowance for Marine Pipelines: A Question of Validity," *Presented at Offshore Technology Conference,* Houston, Texas, May 5–8.
- Holman, J.P., 1981, *Heat Transfer,* McGraw-Hill Book Co., New York, USA.
- Ikoku, C.U., 1984, *Natural Gas Production Engineering,* John Wiley & Sons, New York, USA.
- Kabir, C.S. et al., 1996, "A Wellbore/Reservoir Simulator for Testing Gas Well in High-Temperature Reservoirs," *SPE Formation Evaluation,* Vol. 11, No. 2, pp. 128–134.
- Katz, D.L. and Lee, R.L., 1990, *Natural Gas Engineering – Production and Storage,* McGraw-Hill Publishing Co., New York, USA.
- Lyons, W.C., 2001, *Air and Gas Drilling Manual,* McGraw-Hill, New York, USA.
- Mccarthy, E.L., Boyd, W.L., and Reid, L.S., 1950, "The Water Vapor Content of Essentially Nitrogen-Free Natural Gas Saturated at Various Conditions of Temperature and Pressure," *J. Petro. Tech.,* Vol. 2, No. 8, pp. 241–242.
- Mckelvie, M., 2000, "Bundles – Design and Construction," *Integrated Graduate Development Scheme,* Heriot-Watt U.
- Mcketta, J.J. and Wehe, W.L., 1958, "Use This Chart for Water Content of Natural Gases," *Petroleum Refinery,* Vol. 37, pp. 153–154.
- Miller, C.W., 1980, "Wellbore Storage Effect in Geothermal Wells," *SPE J.,* Vol. 20, No. 6, pp. 555–566.
- Murphey, C.E. and Langner, C.G., 1985, "Ultimate Pipe Strength Under Bending, Collapse, and Fatigue," *Proceedings of the OMAE Conference.*
- Ramey, H.J., JR., 1962, "Wellbore Heat Transmission," *J. Petro. Tech.,* Vol. 14. No. 4, pp. 427–435.
- Rollins, J.P., 1973, *Compressed Air and Gas Handbook,* Compressed Air and Gas Institute, New York, USA.
- Sivalls, C.R., 1977, "Fundamentals of Oil and Gas Separation," *Proceedings of the Gas Conditioning Conference,* University of Oklahoma, Norman, Oklahoma.
- Stone, T.W., Edmunds, N.R., and Kristoff, B.J. "A Comprehensive Wellbore/Reservoir Simulator," *Presented at the 1989 SPE Reservoir Simulation Symposium,* Houston, February 6–8.
- Winterfeld, P.H., 1989, "Simulation of Pressure Buildup in a Multiphase Wellbore/Reservoir System," *SPE Formation Evaluation,* Vol. 4, No. 2, pp. 247–252.

CHAPTER 10

제10장 인공 채유법

10.1 흡입 로드
10.2 가스리프트
10.3 기타 인공채유 방법

chapter 10

제10장 인공 채유법

10.1 흡입 로드(sucker rod)

10.1.1 개요

흡입 로드 펌프는 인공 채유 방식 중에 가장 많이 알려진 방법이다. 흡입 로드 펌프라는 이름과 함께 'beam pump' 라고도 불리는 이 펌프는 기계적인 힘으로 오일을 저류층에서 지상까지 끌어올리는 역할을 한다. 이 장비는 낮은 압력에서도 생산속도를 끌어올릴 수 있고 슬림홀, 다중완결, 고온 저류층, 고점도 오일 등에 적용될 수 있다. 또한 저렴한 비용으로 장비를 다른 생산정으로 쉽게 옮길 수 있다는 장점이 있다. 하지만 경사정에서의 과도한 마찰, 모래생산에 의한 문제, 가스가 많이 생산되는 유정에서 낮은 효율, 로드 길이에 따른 심도제한, 대형 해상 플랫폼에서의 사용제한 등의 단점이 있다.

10.1.2 펌핑 시스템

그림 10.1과 같이 펌프는 지상과 지하부분으로 구분된다. 펌프의 중요 장치 중 하나인 주 작동기(prime mover)는 동력을 공급해 주는 역할을 한다. 일반적으로 전기모터나 연료모터를 사용하는데, 두 모터 중에서도 전기모터가 펌프 자동화에 용이하기 때문에 사용이 선호된다. 주 작동기는 V-belt의 기어 조정과 크랭크 축(crank arm)의 교체를 통하여 input shaft와 output shaft를 조정 할 수 있다. 갱부 축(pitman arm)

은 크랭크 축의 회전운동을 반복적인 수직 상하운동으로 전환시켜주는 역할을 하고, 펌프 헤드(horse' s head)와 hanger cable은 흡입 로드 string(수직 운동하는 모든 장비)를 끌어당기는 역할을 하게 된다. Polished rod와 stuffing box의 연결부분은 유체의 흐름을 차단하여 유체가 stuffing box 아래의 'T' connection으로 흐르게 한다.

재래식 펌프 장비들은 크기가 다양하고 행정(stroke) 길이도 12~200 인치로 다양하며, 펌프 장비에 상관없이 행정의 길이를 증가시킬 수 있다. 즉, 펌프 종류에 따라 행정 길이는 제한된 범위 내에서 다양하게 선택할 수 있는데 이는 갱부 축과 크랭크 축 사이의 행정 위치를 변화하여 서로 다른 길이를 얻을 수 있기 때문이다.

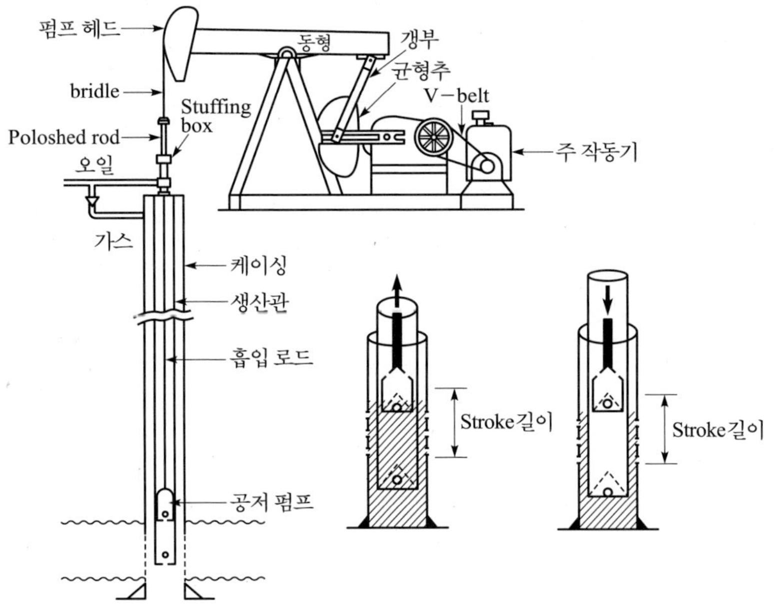

그림 10.1 흡입 로드 펌프 시스템에 대한 모식도 (Golan와 Whitson, 1991).

Walking beam ratings은 Polished rod loads(PRLs)로 표시되고, 개략적으로 3000~35000 1b의 수치를 나타낸다. Counterbalance은 beam에서의 무게를 적절히 배치하는 역할을 한다. 최근에 디자인 된 rotary counterbalance는 jackscrew와 rack, pinion mechanism에 의해 crank의 무게 이동을 조정할 수 있게 되었다.

American petroleum institute(API)는 흡입 로드 펌프의 문자열을 만들었다. 이

는 4개의 정보로 구성된다.

ex) C-228D-200-74

첫 글자는 펌프의 타입이다. C는 재래식 펌프이고 A는 공기 조절식(air balance) 펌프, B는 beam counterbalance 펌프, M은 mark Ⅱ 펌프이다. 두 번째 부분은 천파운드-인치 단위의 최대 토크율과 기어 감속기의 형태를 나타낸다. D는 double-reduction 기어 감속기의 약자이다. 세 번째 부분은 백 파운드 단위로 나타낸 PRL이다. 미지막 부분은 행정의 길이를 인치 단위로 나타낸 것이다.

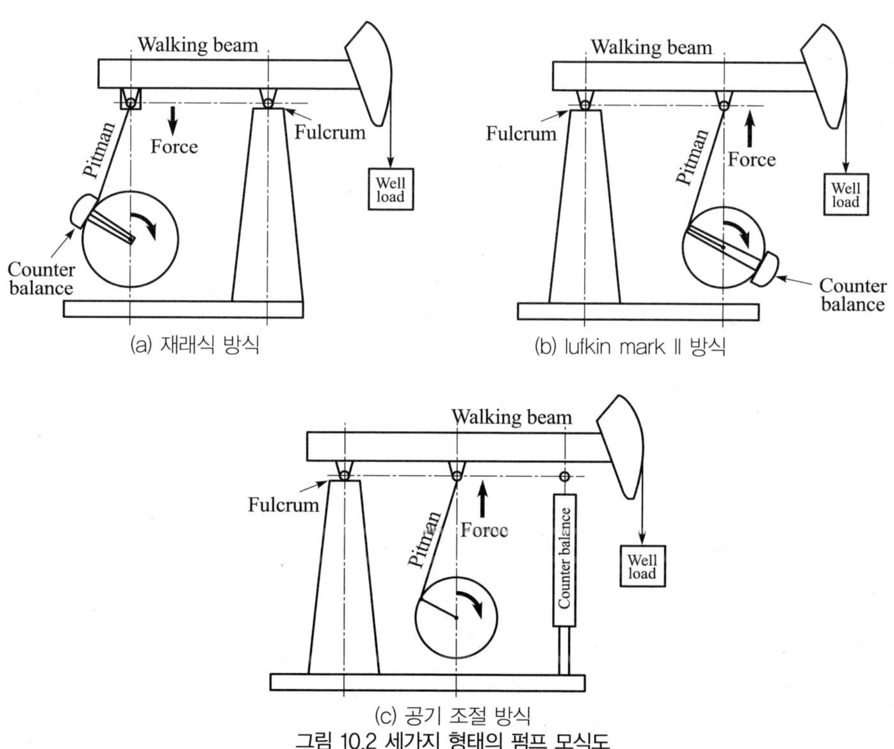

(c) 공기 조절 방식

그림 10.2 세가지 형태의 펌프 모식도

그림 10.3은 플런저(plunger) 펌프의 동작원리를 보여준다. 펌프는 동적인 액체 레벨 아래 생산튜빙에 설치되고 흡입 로드에 연결된 작업 배럴(working barrel), 라이너, 고정밸브(standing valve : SV), 이동밸브(traveling valve : TV)로 구성된다. 플런저가 아래로 움직이면 TV가 열리고 유체가 밸브로 흘러 들어오게 된다. 플런저가

내려가는 동작 중에는 SV는 닫혀있고 액체는 TV쪽으로만 흐르게 된다. 플런저가 아래쪽에서 위쪽으로 향할 때 TV는 닫히게 되고 SV는 열리게 된다. 플런저가 최고 지

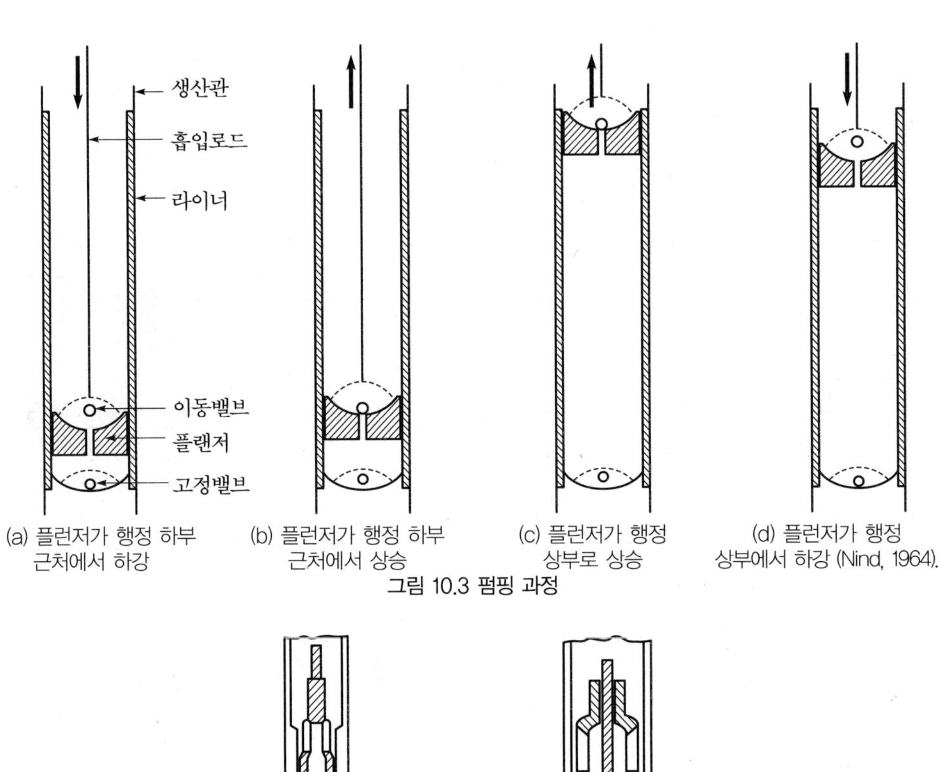

(a) 플런저가 행정 하부 근처에서 하강 (b) 플런저가 행정 하부 근처에서 상승 (c) 플런저가 행정 상부로 상승 (d) 플런저가 행정 상부에서 하강 (Nind, 1964).

그림 10.3 펌핑 과정

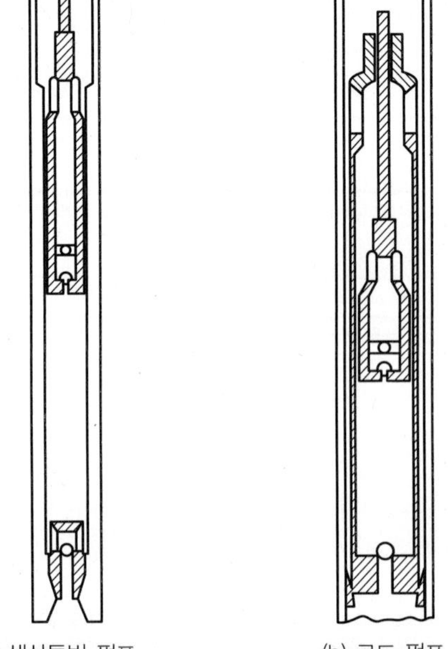

(a) 생산튜빙 펌프 (b) 로드 펌프

그림 10.4 두가지 방식의 플런저 펌프 (Nind, 1964).

점까지 올라가는 동안 SV 아래에 있던 액체들이 플런저의 빈 공간을 채우게 된다. 그림 10.4는 기본적인 플런저 펌프의 모식도이다.

10.1.3 Polished rod 동작

Polished rod의 작동원리는 1950년 수립된 이론이다. 그림 10.5는 공기 조절식 펌프와 재래식 펌프의 polished rod cyclic 동작을 보여준다.

재래식 펌프의 가속은 행정이 하단에 위치할 때 높아지고 상부에 위치했을 때 낮아지는 모습을 보인다. 이러한 현상은 재래식 펌프에서 최대 단점이 된다. TV가 닫히는 시점에 유체의 하중이 로드로 전달되고, 로드에 대한 가속도도 최고치에 도달하게 된다. 이러한 두 가지 이유 때문에 combine에 최대 스트레스를 받게 되고 이 문제가 장비설계에 제한 요소가 된다(그림 10.6).

공기 조절식 펌프 장비의 형태는 행정이 상부에 위치했을 때 최대 가속이 일어난다(하단부에서 가속은 일반적인 원운동과 비교했을 때 더 낮은 경향을 보인다). 따라서 유체의 하중이 로드로 전달되는 시스템에 보다 낮은 최대 하중을 설정하게 된다. 반면에 재래식 장비에서는 polished rod의 움직임에 대한 분석이 필요하다. 그림 10.7은 갱부 축과 워킹 축(walking arm)의 연결부위를 보여준다.

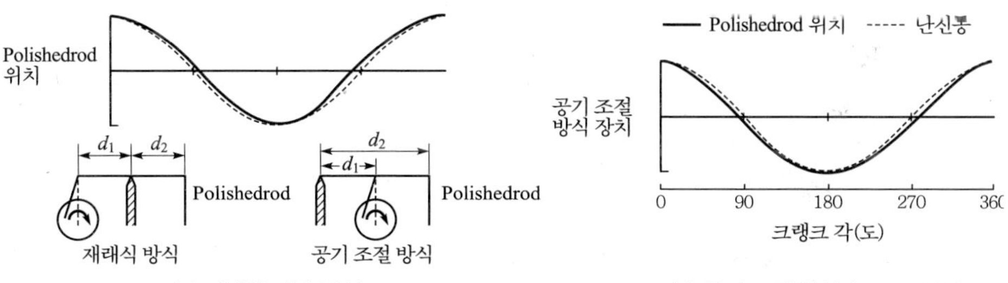

(a) 재래식 펌핑 방식 (b) 공기 조절 방식 (Nind, 1964).

그림 10.5 polished rod의 운동

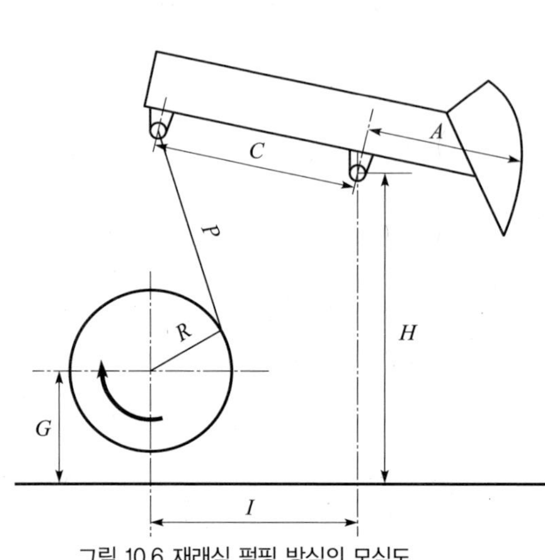

그림 10.6 재래식 펌핑 방식의 모식도

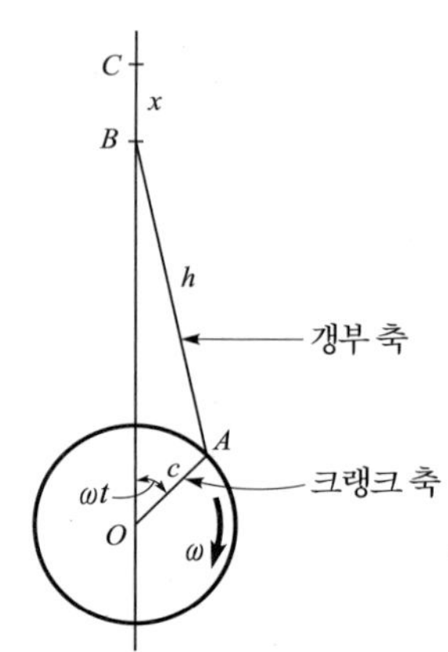

그림 10.7 갱부 축과 walking beam 연결부에서 운동 (Nind, 1964).

만약 x가 B와 C사이의 거리이고, 크랭크 축과 갱부 축이 수직이 되었을 때 아래의 코사인 법칙이 성립한다.

$$(AB)^2 = (OA)^2 + (OB)^2 - 2(OA)(OB)\cos AOB$$

이 식은 아래와 같이 변환된다.

$$h^2 = c^2 + (h + c - x)^2 - 2c(h + c - x)\cos wt$$

여기서 w는 크랭크의 각속도이고 식은 아래와 간소화 된다.

$$x^2 - 2x[h - c(1 - \cos wt)] + 2c(h + c)(1 - \cos wt) = 0$$

따라서 아래와 같이 나타낼 수 있다.

$$x = h + c(1 - \cos wt) \pm \sqrt{c^2\cos^2 wt + (h^2 - c^2)}$$

여기서 wt가 0일 때, x는 0이 되고 음수 제곱근 값만 남게 된다.

$$x = h + c(1 - \cos wt) - \sqrt{c^2\cos^2 wt + (h^2 + c^2)}$$

가속도를 미분하면 최대 가속도가 wt가 0일 때 일어나는 것을 알 수 있고 이 값은 식 (10.1)과 같다

$$a = \frac{d^2x}{dt^2}$$

$$a_{\max} = w^2c\left(1 + \frac{c}{h}\right) \tag{10.1}$$

최소 가속도 또한 식 (10.2)와 같이 나타낼 수 있다.

$$a_{\min} = w^2c\left(1 - \frac{c}{h}\right) \tag{10.2}$$

만약 N이 분당 펌핑 횟수라면

$$w = \frac{2\pi N}{60} \tag{10.3}$$

B지점에서의 최대 하향 가속도는

$$a_{\max} = \frac{cN^2}{91.2}\left(1 + \frac{c}{h}\right)\ (\mathrm{ft/sec^2}) \tag{10.4}$$

또는

$$a_{\max} = \frac{cN^2g}{2936.3}\left(1 + \frac{c}{h}\right)\ (\mathrm{ft/sec^2}) \tag{10.5}$$

이와 유사하게 B지점에서의 최소 상향 가속도는

$$a_{\min} = \frac{cN^2g}{2936.3}\left(1 - \frac{c}{h}\right)\ (\mathrm{ft/sec^2}) \tag{10.6}$$

이 수식들에 따라 재래식 장비에서의 펌프 헤드의 상향 최대 가속은 행정이 하단부에 위치할 때 일어난다.

$$a_{\max} = \frac{d_1}{d_2}\frac{cN^2g}{2936.3}\left(1 + \frac{c}{h}\right)\ (\mathrm{ft/sec^2}) \tag{10.7}$$

여기서 d_1과 d_2는 그림 10.5에서 볼 수 있다. 하지만

$$\frac{2cd_2}{d_1} = S$$

S가 polished rod 행정의 길이이고, 측정을 인치로 했다면 아래식과 같이 계산된다.

$$\frac{2cd_2}{d_1} = \frac{S}{12} \quad \text{or} \quad \frac{2cd_2}{d_1} = \frac{S}{24} \tag{10.8}$$

식 (10.8)을 (10.7)에 대입하면

$$a_{max} = \frac{SN^2 g}{70,471.2}\left(1+\frac{c}{h}\right) \text{ (ft/sec}^2\text{)} \tag{10.9}$$

혹은 (10.9)에 대입하면

$$a_{max} = \frac{SN^2 g}{70,471.2} M \text{ (ft/sec}^2\text{)} \tag{10.10}$$

여기서 ***M***은 기계적인 요소로 아래와 같이 정의된다.

$$M = 1 + \frac{c}{h} \tag{10.11}$$

유사하게

$$a_{max} = \frac{SN^2 g}{70,471.2}\left(1-\frac{c}{h}\right) \text{ (ft/sec}^2\text{)} \tag{10.12}$$

위의 식은 공기 조절식 장비에서 사용된다. 레버들의 재조정 때문에 식 (10.12)에서의 유속의 증가는 행정의 하단부에서, 식 (10.9)에서는 상단부에서 발생한다. 각각의 공기 조절식 장치의 레버 시스템에서 polished rod는 크랭크 축이 수직방향으로 상승할 때 행정의 상부에 위치하게 된다.

10.1.4 펌핑 장비의 하중

펌프 장비의 하중은 생산정의 심도, 로드의 크기, 유체의 특성, 동적 시스템들에 의해 결정된다. 최대 PRL과 최대 토크는 펌프 장비에서 중요 고려 대상이다.

(1) 최대 PRL

PRL은 유체를 끌어올릴 때 받는 모든 하중의 합을 말한다. 실제적으로 유체 가속에는 어떤 힘도 필요하지 않다. 따라서 여기서의 가속은 오로지 로드의 가속과 관련된 것이다. 여기서 마찰과 플런저의 무게는 크게 고려되지 않는다. 또한 최대 PRL에서는 반사힘을 무시하는데 이 영향을 과소평가 하는 경향이 있다. 이것을 보정하기 위해 up thrust의 힘을 0으로 설정한다. TV가 닫혔을 때 가속구간이 최대에 다다른다고 가정하면 PRL_{max}는 아래식과 같이 나타난다.

$$PRL_{\max} = S_f(62.4)D\left(\frac{A_p - A_r}{144}\right) + \frac{\gamma_s DA_r}{144} + \frac{\gamma_s DA_r}{144}\left(\frac{SN^2M}{70,471.2}\right) \tag{10.13}$$

S_f = 튜빙 안에서의 유체의 비중

D = 흡입 로드 string의 길이, ft

A_p = 플런저 단면적, in^2

A_r = 흡입 로드 단면적, in^2

γ_s = 철의 비중

M = 식 (10.11)

공기 조절식 장비에서는 식 (10.13)에 M이 $1-c/h$로 다시 쓰여 지게 된다.

식 (10.13)을 다시 쓰면

$$PRL_{\max} = S_f(62.4)\frac{DA_p}{144} - S_f(62.4)\frac{DA_r}{144} + \frac{\gamma_s DA_r}{144} + \frac{\gamma_s DA_r}{144}\left(\frac{SN^2M}{70,471.2}\right) \tag{10.14}$$

공기 중에서의 rod string무게가 아래와 같이 나타난다면

$$W_r = \frac{\gamma_s DA_r}{144} \tag{10.15}$$

A_r을 아래와 같이 풀 수 있다.

$$A_r = \frac{144\,W_r}{\gamma_s D} \tag{10.16}$$

식 (10.14)에 식 (10.16)을 대입하면

$$PRL_{\max} = S_f(62.4)\frac{DA_p}{144} - S_f(62.4)\frac{W_r}{\gamma_s} + W_r + W_r\left(\frac{SN^2M}{70,471.2}\right) \tag{10.17}$$

위의 식은 끌어당겨진 유체에 의한 두 번째 구간에서 추가적인 감소를 보인다. 50°API 에서는 S_f= 0.78이다. 따라서 식 (10.17)은(γ_s=490일 때)

$$PRL_{\max} = W_f + 0.9\,W_r + W_r\left(\frac{SN^2M}{70,471.2}\right)$$

또는

$$PRL_{\max} = W_f + (0.9 + F_1)\,W_r \tag{10.18}$$

여기서 $W_f = S_f(62.4)\frac{DA_p}{144}$ 을 유체 하중(여기서 하중은 rod string의 실제 유체 무게가 아니다.)이라 부른다. 따라서 식 (10.18)은 아래와 같이 나타내어진다.

$$PRL_{\max} = W_f + (0.9 + F_1)W_r \tag{10.19}$$

재래식 장비에서는

$$F_1 = \frac{SN^2\left(1 + \frac{c}{h}\right)}{70,471.2} \tag{10.20}$$

공기 조절식 장비에서는

$$F_1 = \frac{SN^2\left(1 - \frac{c}{h}\right)}{70,471.2} \tag{10.21}$$

와 같이 나타낸다.

(2) 최소 PRL

최소 PRL은 TV가 열리고 그 속의 유체 하중이 생산튜빙으로 옮겨진 상태를 말한다. 최소 하중은 행정이 최상부에 위치한 상태이다. 플런저의 무게와 마찰을 무시한 최소 PRL은 아래식과 같이 나타난다.

$$PRL_{\min} = -S_f(62.4)\frac{W_r}{\gamma_s} + W_r - W_r F_2$$

50°API의 오일에서는 아래와 같이 줄어들게 된다.

$$PRL_{\min} = 0.9W_r - F_2 W_r = (0.9 - F_2)W_r \tag{10.22}$$

재래식 장비에서는 식 (10.23)이 쓰이고

$$F_2 = \frac{SN^2\left(1 - \frac{c}{h}\right)}{70,471.2} \tag{10.23}$$

공기 조절식 장비에서는 식 (10.24)가 사용된다.

$$F_2 = \frac{SN^2\left(1+\frac{c}{h}\right)}{70,471.2} \tag{10.24}$$

(3) counterweights

주 작동기의 파워 요구량을 낮추기 위해서 counterbalance 하중을 walking beam, rotary crank에 사용한다. Ideal counterbalance load는 PRL의 평균값이다. 그러므로 아래와 같이 정의된다.

$$C = \frac{1}{2}(PRL_{\max} + PRL_{\min})$$

식 (10.19)와 (10.22)를 사용하여 정리하면 아래와 같이 정리되고,

$$C = \frac{1}{2}W_f + 0.9W_r + \frac{1}{2}(F_1 - F_2)W_r \tag{10.25}$$

재래식 장비에서는 식 (10.26)

$$C = \frac{1}{2}W_f + W_r\left(0.9 + \frac{SN^2}{70,741.2}\frac{c}{h}\right) \tag{10.26}$$

공기 조절식 펌프에서는 식 (10.27)과 같이 나타내어진다.

$$C = \frac{1}{2}W_f + W_r\left(0.9 - \frac{SN^2}{70,741.2}\frac{c}{h}\right) \tag{10.27}$$

Counterbalance load는 구조의 불균형, walking beam에서 counterweight의 위치, rotary crank에 의해 결정된다. Counterweight는 **C**값을 기준으로 분류되어있고 제작사의 카탈로그에서 선택할 수 있다. counterbalance load와 counterweight의 관계는 아래의 식과 같이 나타내어진다.

$$C = C_s + W_c\frac{r}{c}\frac{d_1}{d_2}$$

C_s = 구조 불균형, lb

W_e = counterweight의 총 무게, lb

r = counterweight의 중심과 crank shaft 중심사이의 거리, in

(4) 최대 토크와 속도 제한

일반적으로 최대 토크는 극한의 상황을 가정해 계산한다. 이것은 최대 하중을 일으키고 이때 유효 crank 길이 또한 최대가 된다. 따라서 최대토크 **T**는 식 (10.28)과 같다.

$$c[C-(0.9-F_2)W_r]\frac{d_2}{d_1} \qquad (10.28) \tag{10.28}$$

식 (10.25)를 식 (10.28)에 대입하면

$$T=\frac{1}{2}S[C-(0.9-F_2)W_r] \tag{10.29}$$

또는

$$T=\frac{1}{2}S\left[\frac{1}{2}W_f+\frac{1}{2}(F_1-F_2)W_r\right]$$

또는

$$T=\frac{1}{4}S\left(W_f+\frac{2SN^2W_r}{70,471.2}\right)\ (\text{in}-\text{lb}) \tag{10.30}$$

펌프 장비 자체만으로는 완벽하게 균형 잡히지 않아($C_s \neq 0$) 최대토크 또한 구조의 불균형에 의해 영향을 받는다. 토크 요소들은 보정되어 사용할 수 있다.

$$T=\frac{\frac{1}{2}[PRL_{\max}(TF_1)+PRL_{\min}(TF_2)]}{0.93} \tag{10.31}$$

TF_1 = 최대 상승운동 토크 계수

TF_2 = 최대 하강운동 토크 계수

0.93 = 시스템 효율

균형 잡힌 재래식 장비와 공기 조절식 장비에 대해서

$$TF=TF_1=TF_2$$

이것들은 행정 길이와 분당 회전수와의 관계를 제한한다. 앞서 받은 하단부 가속 최댓값은 아래와 같다.

$$a_{\max/\min}=\frac{SN^2g\left(1\pm\frac{c}{h}\right)}{70,471.2} \tag{10.32}$$

만약 이 최대 가속을 중력가속도로 나누면 행거의 하단부에서의 가속은 로드가 상단에서 낙하 할 때의 가속도 보다 큰 값을 가진다. 이것은 polish rod shoulder가 행거 쪽으로 떨어질 때 심한 요동의 원인이 된다. 따라서 하단부로의 가속 구간을 중력가속도로 나눴을 때 값은 대략적으로 0.5이하로 제한된다. 따라서

$$\frac{SN^2\left(1 \pm \dfrac{c}{h}\right)}{70,471.2} \leq L \tag{10.33}$$

또는

$$N_{\text{lim}} = \sqrt{\frac{70,471.2L}{S\left(1 \mp \dfrac{c}{h}\right)}} \tag{10.34}$$

이 0.5일 때

$$N_{\text{lim}} = \frac{187.7}{\sqrt{S\left(1 \mp \dfrac{c}{h}\right)}} \tag{10.35}$$

음수 부호는 재래식 장비, 양수는 공기 조절식 장비에서 적용된다.

(5) tapered rod strings

생산정의 대상 심도가 깊을 때 지표에서의 PRL의 감소를 위해 tapered 흡입 로드 string이 사용된다. 큰 직경을 가진 로드는 string의 상단에 위치하고 하단에는 직경이 가장 작은 string이 위치하게 된다. 일반적으로 4가지 크기의 string이 사용된다. Tapered rod는 1/8-in 단위로 증가되고 tapered rod string은 아래와 같이 숫자로 구분된다.

a. No.88 nontapered 8/8 또는 1-in 직경의 로드 string

b. No.76 최초 직경이 7/8in 이고 마지막 부분의 직경이 6/8인 로드

c. No.75 3가지 tapered string으로 구성

시작 로드의 직경 7/8in

중간 로드의 직경 6/8in

마지막 로드의 직경 5/8in

d. No.107은 4가지 tapered string으로 구성
   시작 로드의 직경 10/8in
   아래 로드의 직경 9/8in
   아래 로드의 직경 8/8in
   마지막 로드의 직경 7/9in

Tapered rod string은 무작위의 낮은 동적 하중을 허용하기에 충분한 안전요소가 고려된 정적 하중을 적용하여 설계한다.

Tapered rod string의 설계는 두 가지 기준을 따른다.

1. 각 크기의 로드 가장 상부에서 응력은 전체 관에서 모두 동일하다.
2. 가장 작은 크기의 로드 (가장 깊은 심도에 위치한 rod) 상부에서 응력은 가장 높아야 하고 (~30,000psi), 위로 올라갈수록 응력이 점진적으로 감소해야 한다.

10.1.5 펌핑 장비의 선택 과정

아래의 과정에 따라 펌프를 선택한다.

1. 유입유동관계식(IPR) 및 추정 체적 효율에서 필요한 펌프 배수량을 계신
2. 생산정의 깊이와 펌프의 배수량을 기반으로 사용할 펌핑 장비의 API등급과 행정의 길이를 결정
3. 생산튜빙, 플런저, 로드, 펌핑속도를 선택
4. Rod string 연결부분 각각의 부분 길이를 계산
5. Rod string의 각 부분의 길이를 25ft에 근접하게 계산
6. 가속인자를 계산
7. 유효 플런저길이 결정
8. 예상 체적효율을 이용하여 생산량을 예측하고 생산량과 비교
9. Rod string의 자중을 계산
10. 유체 중량을 계산
11. 최대 polished 중량을 결정하고 선택된 장비의 최대 빔 하중을 확인
12. 각 로드 크기에 따르는 최대 응력을 계산하고 사용할 로드에 대한 최대 허용 하중과 비교

13. 이상적인 counterbalance 효과를 계산하고 선택한 장치에 사용할 수 있는지를 확인
14. 제조사의 제품들을 보고 counterweight의 이상적인 효과를 얻기 위한 위치 결정
15. Counterbalance를 벗어나는 범위를 5%로 가정했을 때 기어 감속기의 최대 토크를 계산하고 선택된 장비의 API 규격과 비교하여 체크
16. 유압 마력, 마찰력, 브레이크마력을 계산하고 주 작동기를 선택
17. 제조사의 카탈로그에 근거하여 기어 감속비, 장비선택에서의 도르래 크기, 주 작동기의 속도를 계산하고, 필요한 속도를 내기 위한 도르래의 크기를 결정

10.2 가스리프트

10.2.1 개요

가스리프트기술은 오일생산을 증가시키기 위해 생산튜빙 하단부에 가스를 주입하는 것이다. 주입된 가스는 저류층 유체에 두 가지 영향을 주게 되는데, 첫 번째는 가스 주입으로 인한 압력상승, 두 번째로 가스 포화에 의한 밀도 감소이다. 이 두 가지 효과로 저류층 유체가 쉽게 지상으로 유동할 수 있게 된다.

아래의 생산정 상태에서 가스리프트가 적용된다.

1. High productivity index (PI), high bottom-hole pressure wells
2. High PI, low bottom-hole pressure wells
3. Low PI, high bottom-hole pressure wells
4. Low PI, low bottom-hole pressure wells

생산정 지수(PI)가 0.5이하이면 PI가 낮은 생산정, 0.5 이상일 때 PI가 높은 생산정으로 구분된다. 공저압력이 높으면 관내의 유체 상승 높이를 전체의 70%까지 지지하지만 공저압력이 낮으면 40%까지밖에 지지하지 못한다.

가스리프트 기술은 모래나 가스 생산이 많은 유전에서 광범위하게 사용된다. 생산정의 심도에 제한이 없고 균열 층이나 단층에 구애받지 않으며 해상에서도 사용이 가능하고 다수 생산정에서 이동 비용도 일반적으로 매우 낮은 편이다. 하지만 이 방법은 생산정에서 생산되거나 유전 근처에서 확보할 수 있는 충분한 양의 가스가 필요하다. 또

한 규모가 작은 유전이나 가스압축장비가 필요하게 되면 효율적이지 못하다. 압력제어와 자동화에 있어서 가스리프트의 장점은 각각의 생산정을 최적화할 수 있다는 것이다.

10.2.2 가스 리프트 시스템

가스 리프트 시스템은 가스압축설비, 가스주입장치, 주입쵸크, 지상제어장치, 생산튜빙, 배출 밸브, 작동 밸브, 공저 챔버로 구성되어있다.

그림 10.8은 가스리프트의 모식도이다. 가스리프트를 위해 생산튜빙 내에 설치되는 밸브는 배출 밸브와 작동 밸브로 구성된다. 이러한 가스밸브들은 4가지 이점을 가진다.

1. 밸브를 이용함으로써 지상에서 정압의 주입압력으로 가스 주입 심도를 깊게 하는 것이 가능하다.
2. 가스 주입 밸브의 위치를 조절하여 생산량을 조절할 수 있다.
3. 밸브를 이용하기 때문에 주입된 가스량을 측정하는 것이 가능하다.
4. 점진적으로 밸브 설치 심도를 높이면서 불연속적으로 가스를 주입함으로써 생산정에서 연속적인 또는 간헐적인 kick off를 일으킬 수 있다.

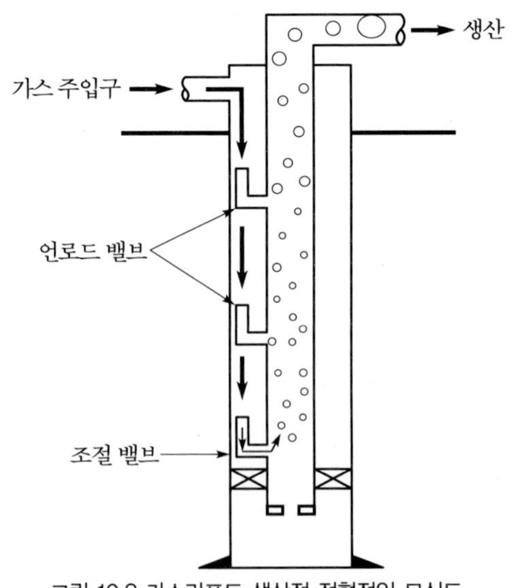

그림 10.8 가스리프트 생산정 전형적인 모식도

연속적인 가스리프트 운영에서 생산정을 통해 지상으로 생산되는 가스를 포함한 액체는 정상상태 유동을 한다. 불연속적인 (간헐적인) 가스리프트 운영에서 지상으로 생산되는 유체는 유동과 정지를 반복하는 특징이 나타나는데 이것은 비정상상태 유동이다.

연속 가스리프트 운영 시 고압상태에서 주입가스 체적이 작으면 생산튜빙을 유동하는 유체의 비중이 낮아진다. 이 주입가스의 팽창에 의한 공저압력이 유체를 지상으로 유동할 수 있게 한다. 이러한 과정을 효과적으로 수행하기 위해서는 주입 허용압력을 고려하여 가능한 깊은 위치의 밸브를 통해 주입하는 적절한 시스템을 설계해야 한다.

연속 가스리프트 방법은 PI가 0.5STB/D/psi 이상이고 저류층 압력이 정수압보다 높을 때 사용된다. 불연속 가스리프트는 PI가 높고 저류층 압력이 낮을 때 또는 PI가 낮고 저류층 압력이 낮을 때 적합하다.

연속 또는 불연속 가스리프트를 결정하는데 있어서 또 다른 요소로는 생산되는 유체의 양, 가용한 주입가스의 양과 압력이 있고, 모래생산, 물침투, 가스생산 등에 의해 발생할 수 있는 공저압력의 급격한 강하와 같은 저류층 조건이 있다.

그림 10.9는 폐쇄 회전 가스리프트 시스템이 적용된 하나의 생산정에서 불연속 주입방식의 흐름도를 간략하게 나타낸 것이다. 지상에 설치된 제어장치가 가스 주입과 중단을 조절한다.

적절한 가스리프트의 선택, 설치, 운영을 위해서는 유영장비에 대한 기본적인 지식이 필요하다.

a. 메인 작동 밸브
b. 와이어라인 조정 장치
c. 체크 밸브
d. 주축
e. 지상 제어장치
f. 압축기

이 장에서는 가스리프트 운영에 있어 기본적인 공학적 설계에 대해서 다루게 된다. 관련된 내용은 아래와 같다.

1. 가스리프트 생산성 평가를 위한 유체의 유동 분석
2. 주입 가스 압력측정을 위한 가스 유동 분석
3. Spacing 공저 밸브를 위한 배출 과정 분석
4. 지상 밸브 선정을 위한 밸브 특성 분석
5. 연속 또는 불연속 리프트 시스템을 위한 설치 설계

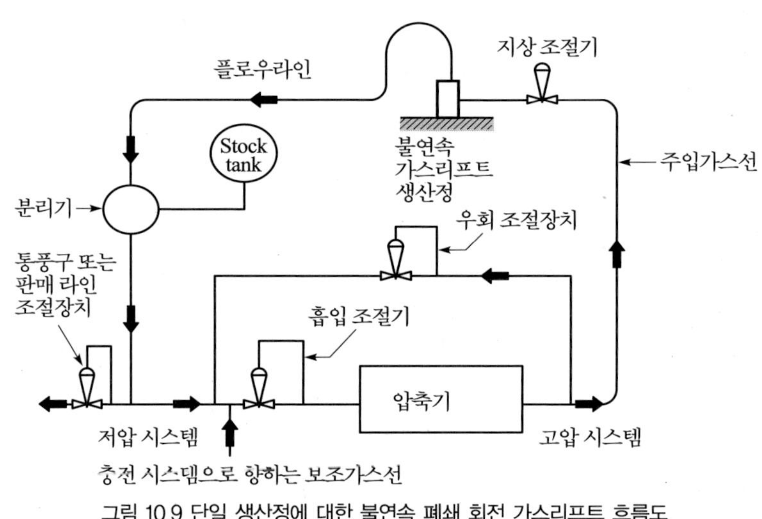

그림 10.9 단일 생산정에 대한 불연속 폐쇄 회전 가스리프트 흐름도.

10.2.3 가스리프트의 생산성 평가

연속 가스 리프트 생산정들은 대부분 공저 유동성을 확보하기 위한 값을 가지고 있는데 PI가 0.5B/D/psi 이상일 때가 적용 가능한 합리적인 값이다. PI가 0.2B/D/psi 보다 낮을 때도 충분히 높은 압력으로 가스를 주입할 수 있다면 연속 가스리프트가 적용될 수 있다. 불연속 가스리프트는 일반적으로 PI가 0.5B/D/psi 보다 낮을 때 사용된다.

연속 가스리프트 생산정은 저류층 압력이 일정 수준 이하로 떨어지면 불연속 가스리프트로 교체된다. 그러므로 불연속 가스리프트 생산정들은 일반적으로 연속법 보다 생산량이 낮게 된다. 오일 생산에 있어서 가스리프트 적용 여부의 결정은 연속 가스리프트의 생산성 평가로부터 시작된다.

가스리프트 생산성 평가는 다양한 가스리프트의 장점들에 따라 생산정의 운영 방법을 결정하는 분석 시스템이 필요하다. 원리는 어느 시스템에서든지 압력에 기반을 두고 있는데 압력 측정은 상류(upstream) 또는 하류(downstream)에서 수행된다. 생산성 평가 지점으로 공저가 사용되기도 하지만 분석 노드는 일반적으로 생산정 내부로 가스가 주입되는 지점이 선택된다.

가스리프트 생산정의 생산성은 가스 주입량 또는 가스액체비(GLR)로 조정된다. 가스리프트 유영 시에 다음의 4가지 가스 주입 속도들이 중요하다.

1. 생산정에서 액체를 들어 올리는데 필요한 최소 가스 유량
2. 가스의 최소체적, 액체를 들어 올리는데 필요한 최다 효율의 주입유량
3. 최대 유량을 위한 주입유량 "최적의 가스액체비"
4. 과도한 가스 주입으로 인해 유체의 유동이 멈추는 가스 주입유량

그림 10.10은 연속 가스리프트의 단면도이다. 생산정에서 가스주입 지점 이하는 저류층 유체로 차있고 그 위는 저류층 유체와 주입된 가스의 혼합물로 차있다. 연속 가스리프트 적용 시 압력과의 관계를 나타낸 것이 그림 10.11이다.

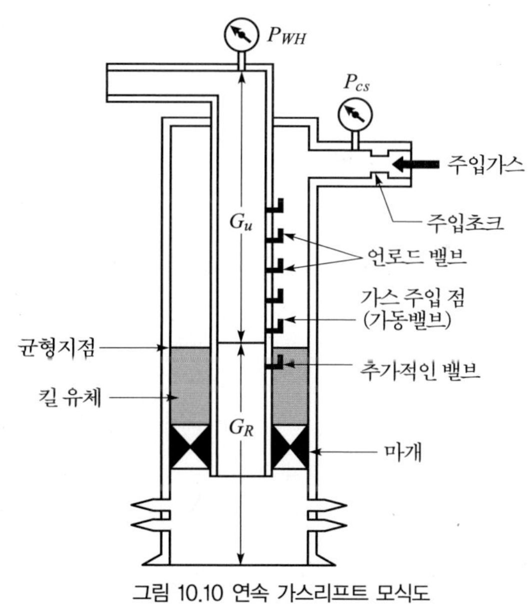

그림 10.10 연속 가스리프트 모식도

생산듀빙 내 가스 주입지점에 위치한 노드에서 IPR 곡선은 생산정의 IPR 곡선에서 공저로부터 주입 노드까지의 압력강하를 뺀 것이다. 이 노드에서 OPR은 저류층의 GLR과 주입 GLR의 합인 총 GLR에 의한 수직 유동 곡선이다. 따라서 이 두 곡선이 교차하는 지점의 압력과 생산량이 운영조건 즉 생산성이 된다.

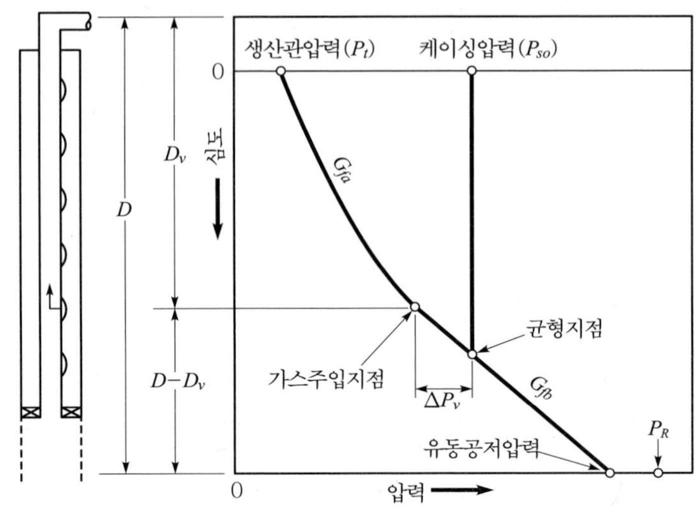

그림 10.11 연속 가스리프트에서 압력관계도

전체 유전에 대한 가스리프트 적용 가능성 평가에서 가스리프트에 사용되는 가스가 무한정 공급이 가능하다면 각 생산정에서 가스 주입량은 각 생산정의 생산량을 최대화할 수 있는 양으로 결정하면 된다. 하지만 사용할 수 있는 주입 가스의 양이 제한적이라면 주입가스는 개별 생산정에서 예측된 생산성에 기초하여 배분되어야 한다. 즉, 동일한 주입 가스량으로 더 많은 오일을 생산할 수 있는 생산정을 우선적으로 선택한다.

가스리프트에서 가스를 무제한 주입하는 것이 가능하다면, 공저압력을 최대한 낮출 수 있는 GLR에 맞추어 주입가스양을 선정할 것이다. 최적 GLR은 액체 유량에 따라 결정되는데 이것은 전통적인 구배곡선에서 찾을 수 있다(Gilbert, 1954). 또한 유사한 곡선을 다상 유동 관계식을 이용한 컴퓨터 프로그램을 사용하여 만들 수도 있다. 이 이론은 다상유동을 해석하기 위해 개발된 Chen method(1979)를 기초로 수정되어 마찰계수 정의에 사용된다. 이 프로그램은 생산튜빙에서 주어진 정두압력과 유량의 관계에서 최적 GLR을 예측할 수 있다.

시스템 분석 이후에는 생산튜빙 내 가스 주입 위치에서 최적화된 GLR이 결정되는데 이것으로 생산되는 유체의 양을 판단할 수 있게 된다. 필요한 주입 GLR은 아래의 식으로 계산할 수 있다.

$$GLR_{inj} = GLR_{opt,o} - GLR_{fm} \tag{10.36}$$

GLR_{inj} = 주입 GLR, scf/STB

$GLR_{opt,o}$ = 생산조건에서 최적 GTL, scf/STB

GLR_{fm} = 저류층 오일의 GLR, scf/STB

요구되는 가스 주입량은 아래의 식으로 구해진다.

$$q_{g,\infty} = GLR_{inj}q_0 \tag{10.37}$$

q_0는 예상되는 운영상 유량이다.

만약 리프트 가스이용이 제한된다면 생산정의 잠재력은 아래와 같이 표현된다.

$$GLR = GLR_{fm} + \frac{q_{g,inj}}{q} \tag{10.38}$$

는 생산정에 사용가능한 주입량(scf/STB)이다.

10.2.4 가스리프트 가스 압축 요구량

가스 압축기는 충분히 높은 압력에서 적절한 양의 가스를 주입할 수 있도록 설계되어야 한다. 이를 위해 가스 유속과 유출 압력에 따라 요구되는 압축기의 힘을 결정하여야 한다.

(1) 가스 요구량

압축기의 총 가스 유량은 가스리프트 생산정의 안전요소와 누출을 고려하여 최대량을 설계한다.

$$q_{g,total} = S_f \sum_{i=1}^{N_w} (q_{g,inj})_i \tag{10.39}$$

q_g = 압축 스테이션의 총 방출 가스양. scf/D

S_f = 안전율, 1.05 또는 그 이상

N_w = 생산정의 수

(2) 배출(주입) 가스압력 요구량

생산이 중단된 생산정에서 생산 재개는 안정적으로 생산중인 생산정에서 필요한 압축기 압력보다 더 높게 설계되어야 한다. 이동용 압축기 트레일러는 생산이 중단된 생산정의 재생산 작업 시 사용된다. 압축기의 배출 압력은 재생산 상태가 아닌 정상적인 유동 상태에서 가스 분배 압력을 기준으로 설계 되어야 한다. 이것을 식으로 표현하면

$$p_{out} = S_f p_L \tag{10.40}$$

p_{out} = 압축기의 배출 압력

S_f = 안전율

p_L = 가스 분배라인 입구에서 압력, psi

가스 분배라인의 입구에서 압력($p_{t,v}$)은 압력과 주입경로의 관계로 추정할 수 있다. 이 관계는 이후에 다루어질 것이다.

1) 가스 주입 밸브 심도에서 주입 압력

주입 밸브 심도에서 케이싱 쪽 주입 압력은 다음과 같이 나타낼 수 있다.

$$p_{c,v} = p_{t,v} + \Delta p_v \tag{10.41}$$

$p_{c,v}$ = 밸브 설치 심도에서 케이싱 압력, psia

Δp_v = 운영 밸브에서의 압력차, psia

일반적으로 Δp_v= 100psia를 사용한다. 주입부에서 요구 압력은 이 책에서 다뤄질 쵸크 유동식을 이용하여 결정할 수 있다.

2) 지상 주입 압력

지상 주입압력의 정확한 계산을 위해서는 Cullender방법이나 Smith 방법과 같은 복잡한 계산이 필요하다(Katz 등, 1959). 평균온도와 압축계수방법을 사용하는 것도 가능하다. 두 방법은 환체 공간에서 마찰 압력 손실을 고려한다. 하지만 환체 공간 단면적이 큰 경우 마찰압력 손실을 종종 무시하기도 한다. 평균온도와 압축 계

수 모델을 무시하면(Economides 등, 1994)

$$p_{c,v} = p_{c,s} e^{0.01875 \frac{\gamma_g D_v}{\bar{z} \bar{T}}} \tag{10.42}$$

$p_{c,v}$ = 밸브에서의 케이싱 압력

$p_{c,s}$ = 지표면에서의 케이싱 압력

γ_g = 가스의 비중

$\bar{z}$ = 압축계수 평균

$\bar{T}$ = 평균온도, $°R$

식 (10.42)를 다시 쓰면

$$p_{c,s} = p_{c,v} e^{-0.01875 \frac{\gamma_g D_v}{\bar{z} \bar{T}}} \tag{10.43}$$

z가 $p_{c,s}$에 따라 결정되면 이 식은 $p_{c,s}$와 시행착오법을 이용하여 풀 수 있다. 이 방정식에 대한 근사치는 기존에도 사용되어왔다. 사실상 식 (10.42)는 테일러급수로 나타낼 수 있고, 만약 주입 유체 특성이 천연가스와 유사하여 γ_g= 0.7, $\bar{z}$= 0.9, $\bar{T}$= 600°R로 나타낼 수 있다면 아래와 같이 근사할 수 있다.

$$p_{c,v} = p_{c,s}\left(1 + \frac{D_v}{40{,}000}\right) \tag{10.44}$$

이 식은 또한

$$p_{c,s} = \frac{p_{c,v}}{1 + \frac{D_v}{40{,}000}} \tag{10.45}$$

주입조절장치와 케이싱헤드에서의 압력손실을 무시하고 주입 조절장치의 하단부 압력(p_{dn})은 케이싱 지표에서 주입 압력으로 가정할 수 있다.

3) 쵸크 상단부 압력

주입 쵸크의 상단부 압력은 쵸크에서의 유동상태 즉 소닉 유동 또는 준소닉 유동 상태에 따른다. 소닉 유동의 존재 유무는 상하단부 압력비에 의해 결정된다. 만약

이 비율이 임계압력비보다 낮다면 소닉 유동이 나타난다. 이 압력비가 임계압력비와 같거나 크다면 준소닉 유동이 발생할 것이다. 쵸크에서의 입계압력비는

$$R_c = \left(\frac{2}{k+1}\right)^{\frac{k}{k-1}} \tag{10.46}$$

여기서 $k = C_p/C_v$는 가스 비열비이다. k의 값은 일반적인 천연가스에서 1.28이다. 따라서 임계압력비는 약 0.55이다.

쵸크 유동을 위한 압력수식은 엔트로피 과정을 기반으로 유도된다. 이 식은 단열을 가정하고 쵸크에서의 마찰은 무시한다.

가. 소닉 유동

소닉 유동 상태 하에서 가스 유량은 최대값에 도달하고 유지된다. 이상기체의 가스 유량은 아래의 방정식과 같이 나타낸다.

$$q_{gM} = 879 C_c A p_{up} \sqrt{\left(\frac{k}{\gamma_g T_{up}}\right)\left(\frac{2}{k+1}\right)^{\frac{k+1}{k-1}}} \tag{10.47}$$

q_{gM} = 가스유량, Mscf/D
p_{up} = 쵸크의 상류압력, psia
A= 쵸크의 단면적, in^2
T_{up} = 상단부 온도, $^\circ R$
γ_g = 가스의 비중
C_C = 쵸크 유동 계수

쵸크 유동 계수인 C_C는 각각의 노즐 및 관 타입에 따라 결정할 수 있다. 다음과 같은 상관관계에서는 쵸크의 노즐타입에서 10^4와 10^6의 사이의 Reynolds 수를 가지는 것이 합리적인 정확도를 도출하는 것으로 확인되었다(Guo와 Ghalambor, 2005).

$$C = \frac{d}{D} + \frac{0.3167}{\left(\frac{d}{D}\right)^{0.6}} + 0.025[\log(N_{Re}) - 4] \tag{10.48}$$

d = 쵸크 직경, in

D = 관 직경, in

N_{Re} = Reynolds 수

그리고 이 Reynolds 수는

$$N_{Re} = \frac{20 q_{gM} \gamma_g}{\mu d} \tag{10.49}$$

μ = 현장 온도와 압력에서 가스 점성도, cp

식 (10.47)은 쵸크 상단부 압력이 소닉 유동 조건에서 하단부 압력이 독립적임을 나타낸다. 소닉 유동 조건 하에서 쵸크를 운영한다면, 상단부 압력은 다음과 같은 조건을 충족시킬 것이다.

$$p_{up} \geq \frac{p_{dn}}{0.55} = 1.82 p_{dn} \tag{10.50}$$

쵸크/오리피스의 상단부 압력이 식 (10.50)로 결정될 때, 요구되는 쵸크/오리피스의 직경은 식 (10.47)를 사용하여 시행착오법으로 계산할 수 있다.

나. 준소닉 유동

준소닉 유동상태 하에서 쵸크를 통과하는 가스량은 아래와 같이 나타낼 수 있다.

$$q_{gM} = 1{,}248 C_C A p_{up} \times \sqrt{\frac{k}{(k-1)\gamma_g T_{up}} \left[\left(\frac{p_{dn}}{p_{up}} \right)^{\frac{2}{k}} - \left(\frac{p_{dn}}{p_{up}} \right)^{\frac{k+1}{k}} \right]} \tag{10.51}$$

만약 준소닉 유동조건에서 쵸크 운영을 하고 있다면, 상단부 압력은 식 (10.51)에서 시행착오법으로 결정한다.

다. 가스분배라인의 압력

가스 분배라인의 주입구 압력은 수평 유동에 대한 Weymouth 방정식을 이용하여 계산할 수 있다.

$$q_{gM}=\frac{0.433\,T_b}{p_b}\sqrt{\frac{(p_L^2-p_{up}^2)D^{16/3}}{\gamma_g\overline{T}\,\overline{z}\,L_g}} \tag{10.52}$$

T_b =기준온도, °R

p_b =기준압력, psia

p_L =가스분배라인 입구에서의 압력, psia

L_g =분배라인의 길이, mile

식 (10.52)는 압력에 관해 다시 쓰면

$$p_L=\sqrt{p_{up}^2+\left(\frac{q_{gM}p_b}{0.433\,T_b}\right)^2\frac{\gamma_g\overline{T}\,\overline{z}\,L_g}{D^{16/3}}} \tag{10.53}$$

10.2.5 가스리프트 밸브의 선택

생산이 중단된 생산정의 재생산에서는 궁극적인 운영압력보다 훨씬 높은 가스압력이 요구된다. 재생산 문제로 인해 가스리프트의 밸브가 생산튜빙의 일부로 개발되고 운영되고 있다. 이 밸브들은 생산튜빙 내에 있는 유체를 생산하기 위해 가스를 주입하고 생산튜빙 내에서 유동이 발생하도록 한다. 이러한 밸브의 심도를 적절히 설계하기 위해서 언로딩 과정과 밸브의 특성에 대한 이해가 필요하다.

(1) 언로딩(생산) 절차

그림 10.12는 가스리트프에 의한 생산정의 생산 과정을 나타낸다. 일반적으로 모든 밸브는 초기 상태에 개방되어 있는데 이유는 높은 생산튜빙 압력 때문이다. 이는 그림 10.12a에 묘사되어있다. 초기에 생산튜빙 내 유체는 정적인 유체 칼럼에 의한 압력 변화율(G_s)을 나타낸다. 가스가 그림 10.12b와 같이 첫 밸브로 들어갈 때 밸브 위에 밀도가 낮은 가스와 액체의 혼합물 슬러그를 만든다. 슬러그의 팽창은 유체 칼럼을 밀게 되고 지상으로 유동하게 된다. 만약 생산튜빙 끝에 체크 밸브가 설치되지 않는다면, 유체가 공저에서 저류층으로 역류하는 원인이 된다. 하지만 주입가스에 의해 가벼운 슬러그가 증가하게 되면, 공저압은 결국 저류층 압력 아래로 감소할 것이고 이에 따라 저류층 유체가 유입되게 된다. 첫 번째 밸브 심도에서 생산튜빙 압력이 충분히 낮을 때, 첫

번째 밸브는 닫히게 될 것이고 그림 10.12c 에 나타난 것처럼 가스는 두 번째 밸브에 힘을 가할 것이다. 두 번째 밸브로의 가스 주입은 생산튜빙 내 첫 번째 밸브와 두 번째 밸브 사이의 액체를 가스화시켜 추가적인 공저압 강하와 유체 유동을 일으킨다. 슬러그가 첫 번째 밸브에 도달했을 때 첫 번째 밸브는 닫히게 될 것이고 이에 따라 두 번째 밸브로 더욱 많은 가스가 주입될 것이다. 이와 같은 과정은 그림 10.12d에 나타나듯 가스가 메인밸브에 도달할 때까지 일어난다. 메인밸브는 일반적으로 생산튜빙의 맨 아래쪽에 있고 절대 닫히지 않는다. 연속 가스리프트 작업에서 생산정이 완전히 생산중이고 유동이 정상상태일 때, 메인 밸브만이 열려져서 운영 중인 상태가 된다 (그림 10.12e).

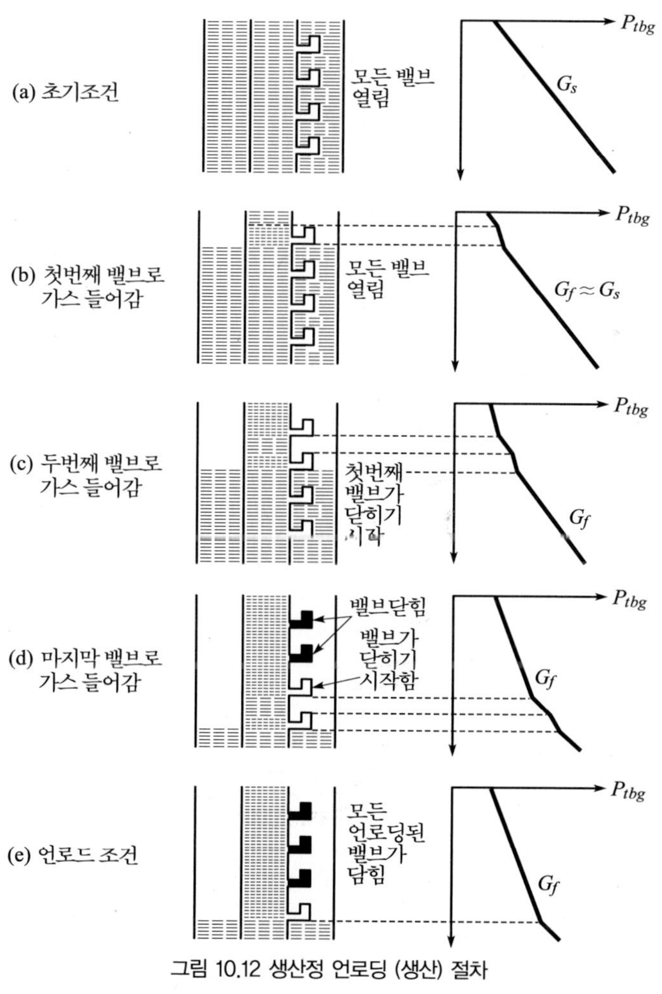

그림 10.12 생산정 언로딩 (생산) 절차

(2) 밸브 간격

석유개발 산업에서 밸브 설치 심도를 결정하기 위해 다양한 방법들이 사용되고 있다. API-recommended, fallback, percent load 방법이 세계적인 설계 방법이다. 하지만 기본적인 목적은 다음과 같다.

1. 주입 운영압력 하에서 재생산 시에 생산(unloading) 밸브를 열수 있어야 함
2. 일반적인 운영 상태에서 단일 밸브 주입 동안 정상적인 작동 조건 보장
3. 가능한 깊은 심도에서 가스 주입

또한 어떤 방법을 사용하더라도 아래의 규칙은 적용된다.

- 밸브 심도에서 생산튜빙 압력은 주입 가스의 압력과 최소 튜빙압력 사이에서 설계
- 첫 밸브의 심도는 재생산 작업을 위한 특수 압축기로부터 발생하는 재생산 압력에 근거하여 설계
- 다른 밸브들의 설치 심도는 주입 운영 압력에 따라 설계
- 아래의 효과들을 고려하여 재생산 케이싱 압력의 차이, 주입 운영 압력 차이, 생산튜빙 전환 압력 차이를 결정
  - 밸브 전체에 걸친 압력 강하
  - 상부 위치 밸브의 생산튜빙 압력 효과
  - 비선형적인 생산튜빙 유동 구배 곡선

이 부분에서 설명한 보편적인 설계방법은 모든 형태의 연속 가스리프트 밸브에서 유용하게 사용된다. 보편적인 설계를 위한 추가적인 절차들을 아래의 사항들을 포함하여 적용된다.

a. 압력 작동 밸브에 적용되는 지상 개방 압력을 일정하게 유지할 수 있는 설계 과정

b. 압력 작동 밸브에서 밸브 사이의 지상 닫힘 압력을 10 - 20 차이에서 유지할 수 있는 설계 과정

c. 유체 작동 밸브의 설계 과정

d. 압력 닫힘-유체 개방 밸브 조합의 설계 과정

이들 과정에 대해 좀 더 자세한 내용은 Brown(1980)에 기술되어 있다. 이 절에서는 압력 작동 밸브에서 일정한 지상 개방 압력을 적용하여 설계하는 것에 대해서만 언급한다.

그림 10.13의 그래프는 압력 작동 밸브에서 일정한 지상 개방 압력을 적용하는데 대한 모식도이다.

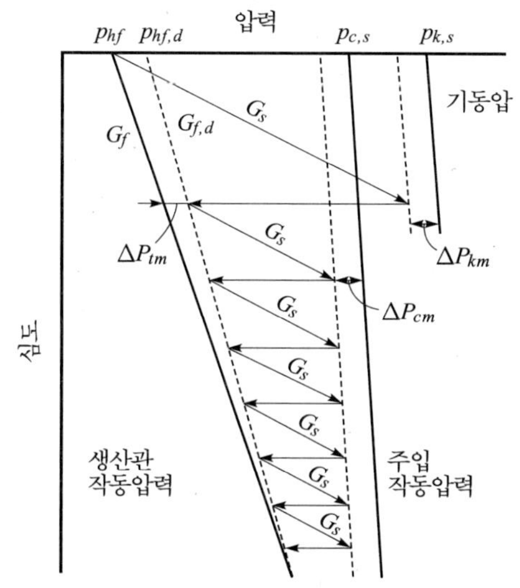

그림 10.13 밸브 간격을 선정하는 절차를 나타내는 흐름도

연속 가스리프트에서 이론적인 분석 절차는 아래와 같다.

1. 지상에서 필요한 정두압력 p_{hf}로부터 완전하게 가스리프트로 생산중인 상태에서 유동 생산튜빙 압력을 계산한다. 이것은 보정된 Hagedorn Brown 관계식과 같이 2상 유동 관계식을 사용하여 계산한다.
2. 지상에서 설계 정두압력 $p_{hf+d} = p_{hf} + \Delta p_{hf+d}$ 에서 시작하여, 여기서 Δp_{hf}는 $0.25p_{c,s}$이며, 생산튜빙 shoe에서 유동 생산튜빙 압력과 일치하는 설계 생산튜빙 라인을 결정한다. 이 라인에서의 압력은 p_{td}로 표시하며 생산튜빙 압력 차이를 조정한 생산튜빙 압력을 나타낸 것이다. 이 라인의 변화율을 G_{fd}로 표시한다. 만일 생산튜빙 압력 차이가 필요하지 않으면 $\Delta p_{hf} = 0$로 한다.
3. 지상에서 운영상의 주입압력 p_c은 운영상 주입압력 라인을 산출한 값이다. 이것

은 식 (10.42) 이나 식 (10.44)를 이용하여 계산할 수 있다.

4. 케이싱압력 차이 Δp_{cm}가 50psi 인 지상에서 $p_{cs}-\Delta p_{cm}$을 시작으로 설계된 케이싱 라인은 운영상의 주입압력 라인과 평행하게 설정한다. 이 라인에서의 압력은 케이싱 압력 차이를 보정한 주입압력으로 p_{cd}라 표기한다. 만일 일반적인 설계방법일 경우 케이싱 압력 차이가 없어 $\Delta p_{cm}=0$으로 설정한다.
5. 재생산(kickoff) 지표압력 $p_{k,s}$은 케이싱 압력 라인으로 설정한다. 이를 식 (10.42) 이나 (10.44)를 이용하여 구할 수 있다.
6. 재생산 압력 차이 Δp_{kd}가 50psi인 지상에서 $p_k-\Delta p_{km}$을 시작으로 설계한 재생산 라인을 재생산 케이싱압력 라인과 평행하게 설정한다. 이 라인에서 압력은 재생산 압력 차이를 보정한 재생산 압력으로 p_{kd}라 표기한다. 만일 재생산 케이싱 압력 차이가 없으면 $\Delta p_{km}=0$으로 설정한다.
7. 첫 번째 밸브의 심도를 계산한다. $p_{hf}+G_sD_1=p_{kd1}$를 바탕으로 제일 높은 밸브의 심도를 다음과 같이 표현한다.

$$D_1=\frac{p_{kd1}-p_{hf}}{G_s} \tag{10.54}$$

여기서

p_{kd1} = 첫 번째 밸브의 반대편 재생산 압력, psi

G_s = 고정된(dead liquid) 변화율, psi/ft

식 (10.44)를 대입하면

$$p_{kd1}=(p_{k,s}-\Delta p_{km})\left(1+\frac{D_1}{40{,}000}\right) \tag{10.55}$$

식 (10.54)와 (10.55)를 대입하면

$$D_1=\frac{p_{k,s}-\Delta p_{km}-p_{hf}}{G_s-\dfrac{p_k-\Delta p_{km}}{40{,}000}} \tag{10.56}$$

정적인 수위 (static liquid level)는 식 (10.56)을 사용하여 계산된 심도보다 아래에 있다. 첫 번째 밸브는 정수위보다 약간 깊게 위치한다. 만일 정수위를 알고 있다면

$$D_1 = D_s + S_1 \tag{10.57}$$

D_S는 정수위이고 S_1는 정수위 이하의 밸브의 잠김 정도이다.

8. 다른 밸브의 심도를 계산하는 것은 $p_{hf}+G_{fd}D_2+G_S(D_2-D_1)= p_{cd2}$를 바탕으로 밸브 2의 깊이를 다음과 같이 계산한다.

$$D_2 = \frac{p_{cd2} - G_{fd}D_1 - p_{hf}}{G_s} + D_1 \tag{10.58}$$

여기서

p_{cd2} = 밸브 2에서 설계한 주입압력, psig

G_{fd} = 설계한 생산 (unloading) 구배, psi/ft

식 (10.44)를 대입하면

$$p_{cd2} = (p_{c,s} - \Delta p_{cm})\left(1 + \frac{D_2}{40{,}000}\right) \tag{10.59}$$

식 (10.58)과 (10.59)를 대입하면

$$D_2 = \frac{p_{c,s} - \Delta p_{cm} - p_{hf,d} + (G_s - G_{fd})D_1}{G_s - \dfrac{p_c - \Delta p_{cm}}{40{,}000}} \tag{10.60}$$

이와 유사하게 세 번째 밸브의 깊이는 다음과 같다.

$$D_3 = \frac{p_{c,s} - \Delta p_{cm} - p_{hf,d} + (G_s - G_{fd})D_2}{G_s - \dfrac{p_c - \Delta p_{cm}}{40{,}000}}$$

게다가 i 번째 밸브의 심도를 계산하는 식은 다음과 같다.

$$D_i = \frac{p_{c,s} - \Delta p_{cm} - p_{hf,d} + (G_s - G_{fd})D_{i-1}}{G_s - \dfrac{p_c - \Delta p_{cm}}{40{,}000}} \tag{10.62}$$

모든 밸브의 심도는 최소 밸브 간격(~400ft)에 도달할 때까지 유사한 방식으로 계산될 수 있다.

10.2.6 가스리프트 설치방법 설계

생산정의 상태에 따라 다른 형태에 가스리프트 방법들이 현장에서 사용되고 있다. 설치 방법에는 크게 4가지가 있는데 (1) open 설치, (2) semiclosed 설치, (3) closed 설치 (4) chamber 설치이다. 그림 10.14a에 나타난 것과 같이 open 설치 시에는 패커가 사용되지 않는다. 이 설치법은 유체의 유출이 없는 생산정에서 연속 가스리프트 적용 시 적합하다. 이 설치법이 간단하지만 환체공간에서 유체 높이가 동적으로 변화하면서 발생하는 유체 유출을 피하기 위해 모든 밸브가 가스 주입 위치 아래에 설치되어야 한다. Open 설치는 패커를 설치할 방법이 없는 경우가 아니라면 권장하지 않는다.

그림 10.14b는 semiclosed 설치를 나타낸 것으로 생산튜빙과 케이싱 사이에 패커가 설치되는 것을 제외하고는 open 설치와 동일하다. 이 설치법은 연속, 불연속 가스리프트에 모두 사용할 수 있고, open 설치 시 발생할 수 있는 문제점을 피할 수 있는 장점이 있으나, 불연속 가스리프트에서 특히 중요한 저류층으로의 유체 역유동을 완전히 차단할 수 없다는 단점이 있다. 그림 10.14c에 나타난 closed 설치는 생산튜빙이나 가스리프트 밸브 아래에 standing 밸브를 설치하여 불연속 가스리프트에서 발생하는 저류층으로의 역유동을 방지하고 일일 생산량을 증가시킬 수 있다.

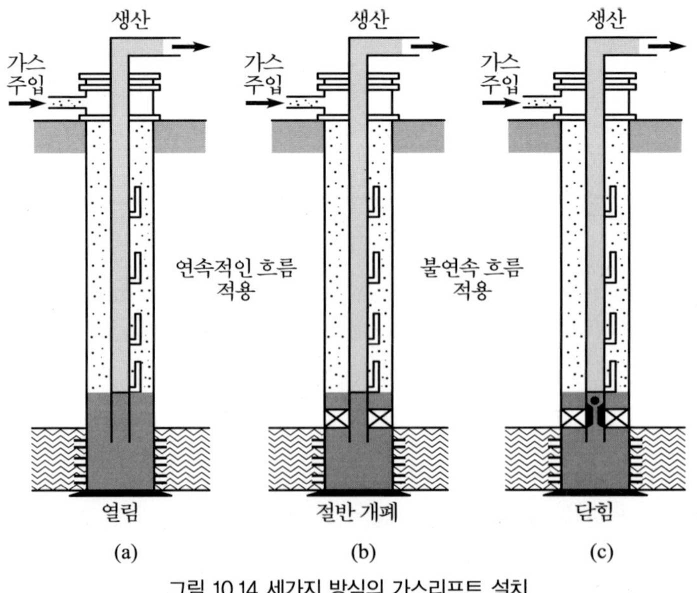

그림 10.14 세가지 방식의 가스리프트 설치

10.3 기타 인공채유 방법

10.3.1 개요

석유 산업에서는 빔 펌프와 가스리프트 이외에 다른 인공채유 시스템도 일반적으로 사용된다. 빔 펌프와 가스리프트 이외의 인공채유 방법은 전기공서펌프(ESP : electrical submersible pump), 수압피스톤 펌프(hydraulic piston pump), 수압제트펌프(hydraulic jet pump), progressive cavity pumping(PCP), 플런저 채유 시스템 등이 있다. 이러한 채유 방법들은 플런저 채유 방식을 제외하고는 모두 연속 펌핑 방식이다. 플런저 방식은 불연속 가스리프트 방식과 유사하다.

10.3.2 전기공저펌프 (ESP)

ESP 시스템의 장점은 설치와 작동이 간단하고, 생산량이 많은 오일 저류층에서 사용이 가능하다. 또한 경사정에서 사용에도 문제가 되지 않고 해상에서도 사용이 가능하다. 일반적으로 생산 기간에 투입되는 비용이 매우 낮은 편이다.

하지만 높은 전압을 사용하므로 전기가 지원되지 않는 곳에서는 적합하지 않다. 또한 저류층 심도가 너무 깊거나 온도가 높은 경우 사용이 제한되고 가스와 고체 생산에서 고질적인 문제를 가지고 있다. 또한 설치비와 수리비가 많이 드는 단점을 가지고 있다. ESP 시스템은 높은 마력을 가지고 작동 시 열을 발생시켜 두 개의 장비를 설치하고 예비 공저 장비를 준비한다. ESP는 모니터링, 분석, 작동 등이 자동화되어 있다.

ESP는 비교적 효과적인 인공채유 방법이다. 펌프 선택에 대한 확실성이 떨어지는 상태에서는 흡입 로드 빔 펌프보다 더욱 효과적이다. 다음 그림은 ESP의 지상과 공저 장비 구성을 나타내낸다.

a. 공저장비

- 펌프
- 모터
- seal 전기 케이블
- 가스 분리기

b. 지상장비

• 모터 컨트롤러
• 변환기
• 지표 전기 케이블

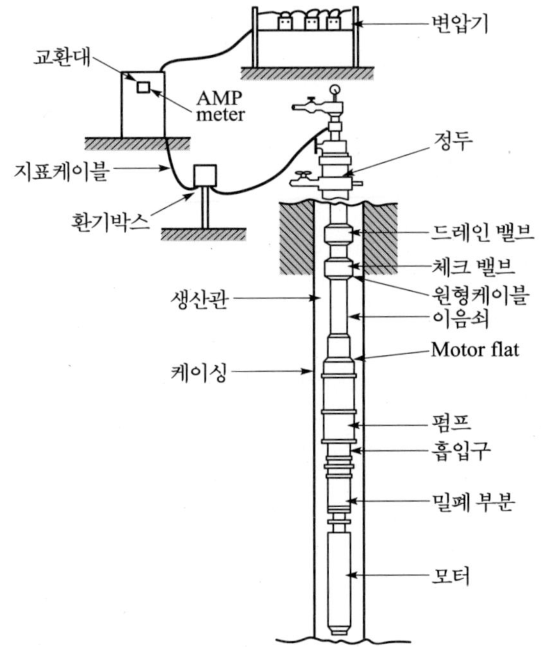

그림 10.15 ESP 설치 모식도 (Centrilift-Hughes, Inc., 1998).

(1) ESP 원리

전체적인 모습을 보면 여느 다른 산업에 쓰이는 전기펌프 장치와 유사하다. ESP는 전기적 에너지를 전기 케이블을 통해 공급받고 아래의 모터에서 기계적인 운동으로 변환시키고 그 힘으로 액체를 지하에서 지상으로 끌어올린다. 이 전기케이블은 생산 튜빙 바깥쪽에 장착되어 지상까지 연결된다.

ESP는 동적펌프 부분과 원심펌프 부분으로 구성된다. 아래의 그림 10.16은 단일 원심펌프 유닛의 단면 모식도이고, 그림 10.17은 멀티 원심펌프 단면의 모식도이다.

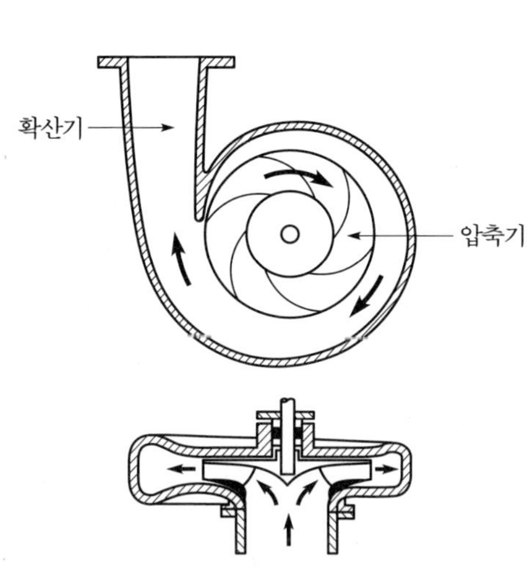

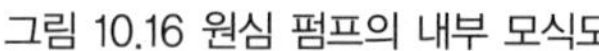

그림 10.16 원심 펌프의 내부 모식도

그림 10.17 다단계 원심 펌프 모식도

ESP시스템에서 전기모터는 원심펌프와 직접적으로 연결되는데 이 구조는 모터 축과 펌프 축이 직접적으로 연결된다는 것을 의미한다. 따라서 펌프 회전이 모터의 속도와 같아지게 된다.

대부분 유전에서 공저장비처럼 ESP도 바깥직경이 나눠지고(3.5~10.0), 이 숫자들이 유량을 결정하게 된다. 또한 펌프의 길이는 40~344in까지 적용될 수 있다. 전기모터는 세 가지의 형태를 가지는데 AC, squirrel cage, induction type가 이에 해당된다. 모터는 10~750 마력을 내고 50 또는 60hz를 이용한다. 전력은 420~4200W 정도 필요하다.

밀폐 시스템(보호벽)은 생산정 내부의 전기모터 윤활제와 전기 배선장치를 나누는 역할을 한다. 전기 관리자는 ESP의 과부하 상태, 펌프 가동 중단, 케이블의 누전과 같은 것들을 모니터링 해야한다. 또한 공저압력 변화, 탱크내 유체 용량, 원격 제어와 같은 것들에 적절히 대응해서 작업을 착수하거나 중지해야한다. 일반적인 전기 장치 제어는 유량과 펌핑 속도를 고정하게 된다. 따라서 이러한 제한요소를 극복하기 위해 solid state devices를 이용하여 유량과 펌핑 속도를 다양하게 바꿀 수 있게 하였다. 이 결과 다양한 RPM과 유량을 적용할 수 있게 되었다. 이것은 언제든지 생산체적

(static level), 압력, 가스액체비 또는 물생산비(WOR) 변화에 따라서 장비의 교체가 가능하다는 것을 의미한다. 이에 따라 PI가 정확히 규명되지 않은 생산정에서도 변화에 유동적으로 대처하면서 작업이 가능하다.

원심력을 이용한 펌프는 고정된 유량이 표시가 되지 않는다. 하지만 압력 증가에 따른 유량 시스템에서의 상대적인 상수를 만들어 냈다. 생산되는 유체의 유량 조절은 역압력을 통해 이루어진다. 여기서 압력의 증가는 펌핑 헤드를 통해 나타나고 순수한 물에 대해 계산된 헤드를 통해 유추할 수 있다.

펌핑 헤드는 US 현장 단위로 다음과 같이 나타낸다.

$$h = \frac{\Delta p}{0.433} \tag{10.63}$$

h = 펌핑 헤드, ft

Δp = 펌프 압력 차, psi

원심펌프의 용적 측정에 대한 처리량이 증가할수록 원심분리 펌프의 펌프 헤드가 감소하고 파워가 근소하게 증가한다. 하지만 펌프 효율이 최대화되는 유량의 최적화된 범위가 존재한다. 그림 10.18은 일반적인 EPS특성을 보여준다.

EPS는 넓은 범위의 매개변수(깊이와 체적) 상황 하에서 사용이 가능하다. 깊이는 12,000ft, 유량은 45,000B/D까지 가능하다. ESP는 아래의 변수를 포함한 다양한 변수에 따라서 사용이 제한될 수 있다.

- 생산되는 자유가스
- 심도에 따른 온도
- 오일의 점성도
- 유체 내 모래 함량
- 유체 내 파라핀 함량

자유가스량이 허용 용량을 초과하면 추진기 뒤에 진공현상이 생기고 이로 인해 모터의 변형을 일으키며 수명과 신뢰성을 떨어뜨린다. 깊은 심도에서 나타나는 고온 현상은 thrust bearing, 에폭시 캡슐(epoxy encapsulation), 절연체(insulation), 탄성 중합체(elastomer) 수명을 줄인다. 펌핑되는 유체의 점성도 증가는 펌프 시스템이 생산할 수 있는 전체 헤드를 감소시킨다. 이것은 펌프 장비 마력의 단계적 상승을 초래한다. 모래와 파라핀의 함량은 장비의 마모와 막힘 현상을 일으킨다.

(2) ESP 적용

아래의 요소들이 ESP를 설계하는데 있어서 중요하다.

- 생산정의 PI
- 케이싱과 생산튜빙 크기
- 정적 유체 높이 (level)

ESP는 일반적으로 PI가 높은 생산정에 사용되고 해상 생산정에서 더욱 선호된다. ESP 공저 장비의 외경은 생산정의 내경(ID)에 의해 결정되게 된다. 가스와 물이 펌프 쪽으로 유동하게 하기 위해 공저 외벽을 깨끗하게 유지해야한다. 필요한 유량과 생산튜빙 크기는 ESP의 전체 dynamic head (TDH)에 의해 결정된다. TDH는 펌프 위의 생산튜빙 내에서의 압력 수두를 말한다. TDH는 일반적으로 물의 열용량을 나타내기 때문에 유체 컬럼, 마찰손실, 역압력 헤드의 합으로 나타낸다.

ESP를 선정하는 절차는 아래와 같다.

1. 생산정의 IPR로부터 적절한 생산유량 q_{Ld}을 결정한다. 제조회사의 장비 규격에 따른 장비 선택 시 최소유량 q_{Lp}가 q_{Ld}보다 커야한다.
2. IPR에서 공저압력 p_{wf}은 q_{Ld}가 아닌 q_{Lp}에 맞춰 결정해야한다.
3. 케이싱 압력이 0이라 가정하고, 환체 가스의 무게를 무시하고 최소 펌프의 심도를 계산하면

$$D_{\text{pump}} = D - \frac{p_{wf} - p_{\text{suction}}}{0.433\gamma_L} \tag{10.64}$$

D_{pump} = 최소심도, ft

D = 생산 간격 깊이, ft

p_{wf} = 유동 공저압력, psia

p_{suction} = 펌프의 흡입압력 요구량, 150–300psi

γ_L = 생산 유체의 비중

4. 정두압력, 생산튜빙크기, 유량, 유체특성을 기반으로 펌프의 요구압력을 정의한다.
5. 식 (10.63)을 이용한 펌핑 헤드 값과 압력 변화량 $\Delta p = p_{discharge} - p_{suction}$ 값 계산한다.
6. 제조사 펌프 특성곡선으로부터 펌프헤드 또는 헤드/스테이지를 읽는다. 그리고 필요한 스테이지 넘버를 계산한다.
7. 펌프에 요구되는 총 힘을 계산한다.

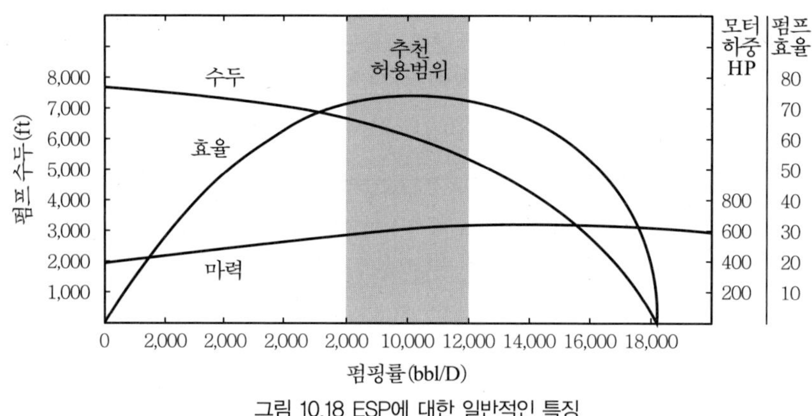

그림 10.18 ESP에 대한 일반적인 특징

10.3.3 수압피스톤펌프 (hydraulic piston pump)

수압 피스톤 펌핑 시스템은 압력이 낮고 심도가 깊은 생산정에서도 많은 양의 유체를 끌어올릴 수 있다. 경사정에서도 크게 문제가 발생하지 않는다. 천연가스와 전기 두 가지를 동력원으로 사용할 수 있다. 또한 이 펌프는 해상 설비와 다중완결에서도 사용된다. 오일을 동력원으로 사용하는 시스템에서는 화재, 비용, 물, 폐기물 문제가 발생할 수 있다.

그림 10.19에서 나타난 것과 같이 이 펌프는 수압 피스톤 펌핑 엔진을 갖추고 있는데 이것이 펌프안의 반복적인 피스톤 운동을 생성한다.

HPP는 일반적으로 2번 움직인다. 즉 유체는 펌프안에서 상행행정과 하행행정으로 바뀐다. 동력원으로 사용되는 유체(power fluid)는 생산튜빙 아랫쪽으로 주입되고 다른 생산튜빙에서 지상으로 돌아오거나 혹은 생산스트링에서 생산유체와 혼합된다. 왜냐하면 펌프와 엔진 피스톤은 직접적으로 연결되어 있기 때문이다. 펌프와 엔진 안에서의 유량의 관계는 아래의 식과 같다.

$$q_{pump} = q_{eng}\frac{A_{\mathrm{pump}}}{A_{eng}} \tag{10.65}$$

여기서

q_{pump} = 펌프에서의 생산량, B/D

q_{eng} = 동력 유체의 유량, B/D

A_{pump} = 펌프 피스톤의 순 단면적(net cross-sectional area), in^2

A_{eng} = 엔진 피스톤의 순 단면적, in^2

식 (10.65)에서 동력원으로 사용되는 유체의 주입량과 액체 생산량은 비례한다. 비례계수인 $A_{\mathrm{pump}}/A_{\mathrm{eng}}$은 P/E 비로 불리워지고, 동력 유체 주입량의 조절에 의해 생산량을 비례적으로 조절할 수 있다. 비록 P/E 비는 생산비율을 증가시키지만, P/E 비가 크면 동력 유체의 주입압력이 커지게 된다.

HPP의 힘 평형으로부터 압력 관계는 다음과 같이 유도된다.

$$p_{eng,i} - p_{eng,d} = (p_{\mathrm{pump},d} - p_{\mathrm{pump},i})(P/E) + F_{\mathrm{pump}} \tag{10.66}$$

여기서

$p_{\mathrm{eng},i}$ = 엔진주입구 압력, psia

$p_{\mathrm{eng},d}$ = 엔진 배출 압력, psia

$p_{\mathrm{pump},d}$ = 펌프 배출 압력, psia

$p_{\mathrm{pump},i}$ = 펌프 주입 압력, psia

F_{pump} = 마찰 유도 압력, psia

식 (10.66)은 $p_{\mathrm{eng},d} = p_{\mathrm{pump},d}$(open power fluid system)에서 유효하다.

마찰 유도 압력손실 F_{pump}는 펌프의 종류, 펌핑 속도, 동력 유체의 점성도에 의해 결정된다. 이 밸브의 아래와 같은 경험식으로 추정되어진다.

CHAPTER 10 제10장 인공 채유법

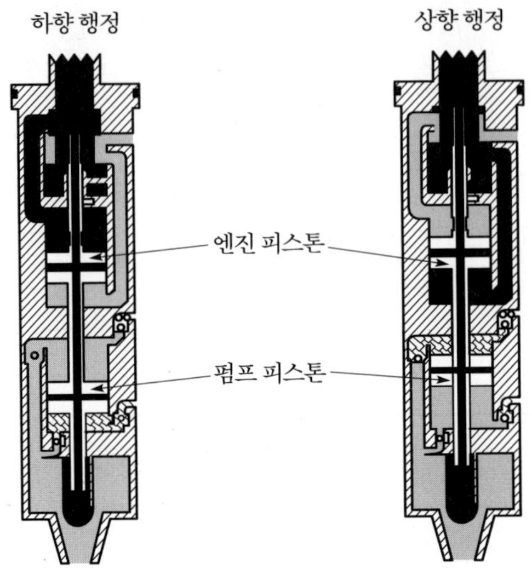

그림 10.19 수압 피스톤 펌프의 모식도

$$F_{pump} = 50\gamma_L(0.99 + 0.01\upsilon_{pf})(7.1e^{Bq_{total}})^{N/N_{max}} \tag{10.67}$$

여기서

γ_L = 생산 유체의 비중

ν_{pf} = 동력 유체의 점성도, cST

q_{total} = 총 유체 유량, B/D

N = 펌프 속도, spm

N_{max} = 최고 펌프 속도, spm

B = $2\frac{3}{8}$ –in. 생산튜빙에서 0.000514

= $2\frac{7}{8}$ –in. 생산튜빙에서 0.000278

= $3\frac{1}{2}$ –in. 생산튜빙에서 0.000167

= $4\frac{1}{2}$ –in. 생산튜빙에서 0.000078

펌프 주입압력 $p_{pump,\,i}$은 생산정 IPR에 기초해서 가정할 수 있고 원하는 유량을 정할 수 있다. 만약 IPR이 Vogel의 모델을 따른다면 공저 가까운 곳에 설치된 HPP는 아래와 같이 가정할 수 있다.

$$p_{\text{pump},i} = 0.125\bar{p}[\sqrt{81-80(q_{Ld}/q_{\max})}-1] - G_b \times (D - D_p) \tag{10.68}$$

여기서

G_b = 펌프 아래의 압력 구배, psi/ft

D = 저류층 심도, ft

D_p = 펌프 설치 심도, ft

펌프 방출 압력 $p_{\text{pump},d}$는 정두압력과 생산튜빙 유동 관계식(TPR)에 기초하여 계산할 수 있고, 엔진 방출 압력인 $p_{\text{eng},d}$는 동력 유체의 TPR를 기초로 하여 계산된다. 모든 값들을 알고 있다면 엔진 주입 압력 $p_{\text{eng},i}$을 식 (10.68)을 이용하여 계산할 수 있다.

따라서 지상 작동 압력은 다음과 같이 정의된다.

$$p_s = p_{eng,i} - p_h + p_f \tag{10.69}$$

여기서

p_s = 지표 작동 압력, psia

p_h = 펌프 설치 심도에서의 동력 유체의 수압, psia

p_f = 동력 유체 주입 생산튜빙에서의 마찰압력손실, psia

필요한 주입 힘은 다음 식에서 추정한다.

$$HP = 1.7 \times 10^{-5} q_{eng}\ p_S \tag{10.70}$$

HPP의 선택은 net lift에 기초하여 정의되는데

$$L_N = D_p - \frac{p_{pump,i}}{G_b} \tag{10.71}$$

그리고 P/E의 경험적인 값은 다음과 같이 정의된다.

$$P/E = \frac{10,000}{L_N} \tag{10.72}$$

HPP의 선택은 아래의 과정을 거쳐 수행된다.

1. 생산정 IPR으로 부터 유체 생산량 q_{Ld}을 계산한다.

2. 식 (10.71)과 식 (10.72)를 이용하여 net lift와 P/E비를 계산한다.
3. 펌프 흡입 지점에서의 유량을 $q_{Ls} = B_o q_{Ld}$를 이용하여 계산한다. 여기서 B_o는 오일의 가스용적인자이다. 펌프 효율 E_p를 추정한다.
4. 펌프 비 N/N_{max}를 0.2와 0.8사이에서 선택하고 펌프의 설계 유량을 계산한다.
5. q_{pd}와 P/E값을 기초로 하고 제조업자 규격서로부터 배수량 값 q_{pump}, q_{eng}, N_{max} 값을 얻는다. 만약 이러한 정보들이 제공되지 않을 때 스트로크 당 유량을 아래와 같이 계산된다.

$$q'_{pd} = \frac{q_{Ls}}{E_p(N/N_{\max})}$$

$$q'_{eng} = \frac{q_{eng}}{N_{\max}}$$

6. 펌프 속도는 아래와 같이 계산된다.

$$N = \left(\frac{N}{N_{\max}}\right) N_{\max}$$

7. 동력 유체 유량은 다음과 같이 계산된다.

$$q_{pf} = \left(\frac{N}{N_{\max}}\right) \frac{q_{eng}}{E_{eng}}$$

8. 생산되는 유체의 전체 유량은 아래와 같이 된다.

$$q_{total} = q_{pf} + q_{Ls}$$

이 식은 개방 동력 유체 시스템을 위한 식이고

$$q_{total} = q_{Ls}$$

위의 식은 폐쇄 동력 유체 시스템을 위한 식이다.

9. 생산튜빙 유동 능력에 기초하여 펌프와 엔진의 분출 압력 $p_{\text{pump},d}$, $p_{\text{eng},d}$을 계산한다.
10. 식 (10.67)을 이용하여 펌프 유도 마찰 손실을 계산한다.
11. 식 (10.66)을 이용하여 엔진압력요구량을 계산한다.
12. 지상으로부터 엔진 심도까지 단상 유동일 때 동력 유체 주입 생산튜빙에서의 압력변화량 Δp_{inj}

$$\Delta p_{inj} = p_{\text{potential}} - p_{\text{friction}}$$

13. 필요한 지상 운영 압력을 아래의 식을 이용하여 계산한다.

$$p_{so} = p_{eng,i} - \Delta p_{inj}$$

14. 필요한 지상 운영 마력을 아래의 식을 이용하여 계산한다.

$$HP_{so} = 1.7 \times 10^{-5} \frac{q_{pf} p_{so}}{E_s}$$

여기서 E_s는 지표 펌프의 효율이다.

10.3.4 Progressive cavity pump (PCP)

PCP는 유용한 배수펌프이다. 전기적으로 회전하는 나선의 회전자를 사용하고 고정자 내부에서 회전운동을 한다. 회전자는 높은 강도를 가진 강철 재질의 로드로 설계가 되고 일반적으로 double-chrome plate로 만들어 진다. 고정자는 복원력 있는 탄성체인 double-helical로 강철 케이싱 내부에 성형하게 된다. 그림 10.20은 PCP 시스템의 모습이다.

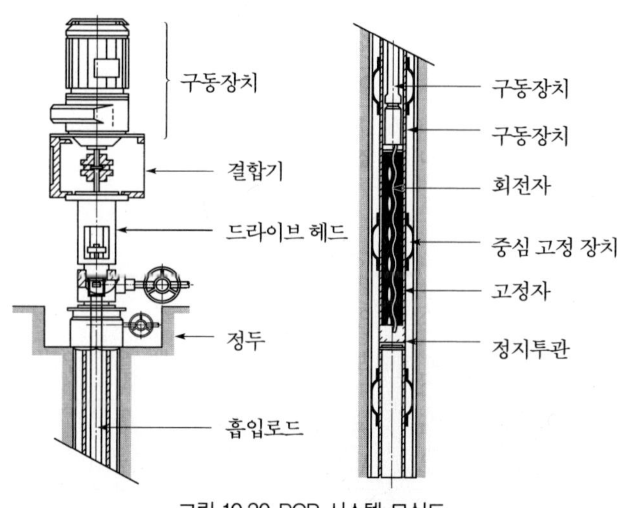

그림 10.20 PCP 시스템 모식도

PCP 시스템은 유량 변동이 심한 중질유(heavy oil) 생산에 사용 가능하다. 모래 생산과 자유 가스 생산 문제들도 현재 최소화되고 있다. 이 펌프는 많은 양의 유체를 유동시킬 수 있는 능력이 있고 석탄층 메탄가스, 탈수, 양수펌프에도 사용된다. PCP는 효율을 높여 에너지 소비량을 낮춰 운영비를 줄일 수 있다. 그러나 PCP의 주요한 단점은 운용 기간(2~5년)이 짧다는 것과 운영 비용이 상대적으로 높다는 것이다.

(1) 공저 PCP 특징

적절한 PCP를 선택하기 위해서는 기하학 구조, 배수량, 헤드, 토크요구량에 대한 정보가 필요하다. 그림 10.21은 PCP의 회전자와 고정자의 모습을 보여준다.

D = 회전자 직경, in

E = 회전자/고정자 편심, in

P_r = 회전자의 최고 길이, in

P_s = 고정자의 최고 길이, in

고정자의 로브 수와 회전자의 로브 수는 PCP의 기하학 구조를 결정한다. 단일 나선형 회전자와 두 개의 나선형 고정자를 가진 펌프는 “1-2pump” $P_s = 2P_r$로 나타낸다. 다중 로브 펌프에서는 다음과 같이 나타난다.

$$P_s = \frac{L_r + 1}{L_r} P_r \tag{10.73}$$

여기서 L_r은 회전자 로브들의 수이고, P_r/P_s는 “kinematics ratio”라 불린다.

펌프의 배수량은 회전자의 한 레볼루션에서의 유체의 생산 체적에 의해 결정된다.

$$V_0 = 0.028DEP_s \tag{10.74}$$

여기서 V_0는 펌프의 배수량, ft^3이다.

펌프의 유량은 다음과 같이 나타내면

$$Q_c = 7.12DEP_sN - Q_s \tag{10.75}$$

여기서

Q_c = 펌프의 유량, B/D

N = 회전자 속도, rpm

Q_s = leak rate, B/D

PCP의 헤드 비는 다음과 같이 정의된다.

$$\Delta p = (2n_p - 1)\delta p \tag{10.76}$$

여기서

ΔP = 펌프 헤드비, psi

n_p = 고정자의 피치 수

δ_p = 헤드 비

PCP 기계적 저항 토크를 나타내면

$$T_m = \frac{144 V_0 \Delta P}{e_p} \tag{10.77}$$

여기서

T_m = 기계적 저항 토크, lb_f-ft

e_p = 효율

드라이브 스티링을 통한 트러스트 베어링의 하중은 아래와 같이 표현된다.

$$F_b = \frac{\pi}{4}(2E+D)^2 \Delta p \tag{10.78}$$

여기서

F_b = 축방향의 하중, lb_f

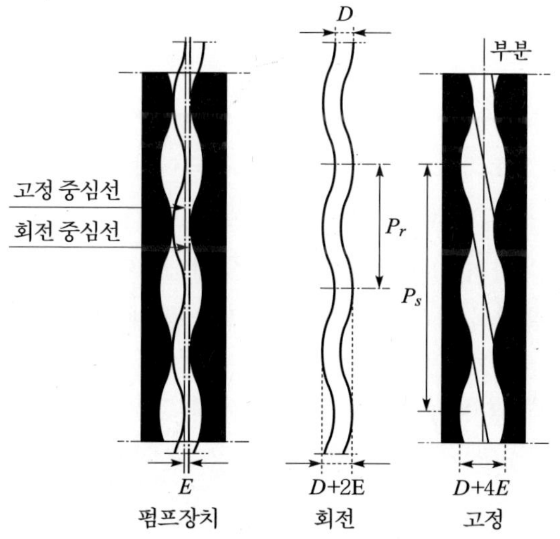

그림 10.21 PCP rotor와 stator 형태.

(2) 공저 PCP 선택

아래의 과정을 거쳐 PCP 선택를 선택할 수 있다.

1. 생산정의 IPR로부터 필요한 펌프 설치심도에서 생산유량 q_{Lp}을 결정한다. 이에 근거하여 펌프 아래 유입 압력 $p\pi$를 결정한다.
2. 제조업자 규격서를 기초로 하여 선택한 PCP는 $Q_{Lp}<q_{Lp}$일 때 유량 Q_{Lp}를 이송할 수 있다. 기본적인 용량 δ_p로부터 헤드 레이팅의 값을 얻을 수 있다.
3. 정두 압력, 생산튜빙의 크기, 유량 Q_{Lp}, 유체의 특성을 기초로 필요한 펌프 방출 압력 p_{pd}를 결정한다.
4. 필요한 pump head를 아래의 식으로 구한다.

$$\Delta p = p_{pd} - p_{\pi} \tag{10.79}$$

5. 식 (10.76)을 이용해 요구되는 pitches 수 n_p를 계산한다.
6. 식 (10.77)을 이용해 기계적 저항 토크를 계산한다.
7. 식 (10.78)을 이용해 생산튜빙에서의 하중을 계산한다.

(3) 드라이브 스트링의 선택

빔펌프에서 사용되는 흡입 로드 string는 PCP시스템에서도 드라이브 스트링으로 사용된다. 드라이브 스트링을 선택하는 과정은 아래와 같다.

1. 선택된 로드 스트링안의 폐유체(effluent fluid) 무게 W_r를 계산한다.(환체안의 유체 높이는 부력 효과를 조정하기 위해 고려되어야 한다.)
2. 식 (10.78)의 펌프 F_b의 헤드 비를 이용하여 thrust를 계산한다.
3. 식 (10.77)을 이용하여 기계 저항 토크 T_m를 계산한다.
4. 생산튜빙 내 폐유체의 점성도를 이용하여 토크를 계산한다.

$$T_v = 2.4\times10^{-6}\mu_f LN\frac{d^3}{(D-d)}\frac{1}{\ln\frac{\mu_s}{\mu_f}}\left(\frac{\mu_s}{\mu_f}-1\right) \tag{10.80}$$

여기서

T_v = 점성도저항토크, lb_f-ft

μ_f = 주입 온도에서의 effluent의 점성도, cp

μ_s = 지포 온도에서의 effluent의 점성도, cp

L = 생산튜빙의 심도, ft

d = 드라이브 스티링 직경, in

5. 드라이브 스트링의 총 축 하중을 계산한다.

$$F = F_b + W_r \ (10.81) \tag{10.81}$$

6. 총 토크를 계산한다.

$$T = T_m + T_v \tag{10.82}$$

7. 스트링에서의 축방향 응력을 계산한다.

$$\sigma_t = \frac{4}{\pi d^3}\sqrt{F^2 d^2 + 64T^2 \times 144} \tag{10.83}$$

여기서 인장 응력 σ_t는 psi이다. 이 응력값은 로드의 강도와 안전요소를 비교해야 한다.

(4) 지상 장비의 선택

PCP 주모터는 전기 포터, 수력 장비, 내부 연소 엔진을 사용할 수 있다. 최소 힘 요구량은 총 저항도크의 요구량에 의해 결정된다. 이것은

$$P_h = 1.92 \times 10^{-4} TN \tag{10.84}$$

여기서 수력 P_h 는 마력이다. 장비의 효율과 안전 요소는 장비 설명서에서 장비 선택 시 사용된다.

참고문헌

- Aabercrombie, B., 1980, *Plunger lift. In: The Technology of Artificial Lift Methods (Brown, K.E., ed.),* Vol. 2b, PennWell Publishing Co., Tulsa, Oklahoma, USA, pp. 483–518.
- Beeson, C.M., Knox, D.G., and Stoddard, J.H., 1955, "Plunger Lift Correlation Equations and Nomographs," *Presented at AIME Petroleum Branch Annual meeting,* New Orleans, Louisiana, October 2–5.
- Brown, K.E., 1977, *The Technology of Artificial Lift Methods,* Vol. 1, PennWell Books, Tulsa, Oklahoma, USA.
- Brown, K.E., 1980, *The Technology of Artificial Lift Methods,* Vol. 2a, Petroleum Publishing Co., Tulsa, Oklahoma, USA.
- Brown, K.E., 1980, *The Technology of Artificial Lift Methods,* Vol. 2b, PennWell Publishing Co., Tulsa, Oklahoma, USA.
- Centrilift–Hughes, Inc., 1998, *Oilfield Centrilift–Hughes Submersible Pump Handbook,* Claremore, Oklahoma, USA.
- Cholet, H., 2000, *Well Production Practical Handbook,* Editions TECHNIP, Paris, France.
- Coberly, C.I., 1938, "Problems in Modern Deep–Well Pumping," *Oil Gas J.,* May 12.
- Economides, M.I., Hill, A.D., and Ehig–Economides, C., 1994, *Petroleum Production Systems,* Prentice Hall PTR, New Jersey, USA.
- Foss, D.L. and Gaul, R.B., 1965, "Plunger Lift Performance Criteria with Operating Experience–Ventura Avenue Field," *Drilling Production Practice,* API.
- Gilbert, W.E., 1954, "Flowing and Gas–Lift Well Performance," *Drilling and Production Practice,* API.
- Golan, M. and Whitson, C.H., 1991, *Well Performance,* 2nd Ed.. Prentice Hall, Englewood Cliffs.
- Guo, B. and Ghalambor, A., 2005, *Natural Gas Engineering Handbook,* Gulf Publishing Co., Houston, Texas, USA.
- Guo, B. and Ghalambor, A., 2002, *Gas Volume Requirements for Underbalanced Drilling Deviated Holes,* PennWell Books, Tulsa, Oklahoma, USA.
- Katz, D.L., Cornell, D., Kobayashi, R., Poettmann, F.G., Vary, J.A., Elenbaas, J.R., and Weinaug, C.F., 1959, *Handbook of Natural Gas Engineering,* McGraw–Hill Publishing Company, New York, USA.
- Lea, J.F., 1999, "Plunger Lift vs Velocity Strings," *Energy Sources Technology Conference & Exhibition,* Houston, Texas, February 1–2.
- Lea, J.F., 1981, "Dynamic Analysis of Plunger Lift Operations," *Presented at the 56th Annual Fall Technical Conference and Exhibition,* San Antonio, Texas, October 5–7.
- Lebeaux, J.M. and Sudduth, L.F., 1955, "Theoretical and Practical Aspects of Free Piston Ooperation," *J. of Petro. Tech.,* Vol. 7, No. 9, pp. 33–37.
- Listiak, S.D., 2006, *Plunger Lift(Petroleum Engineering Handbook),* Lake, L. Ed., Society of Petroleum Engineers, Dallas, USA.
- Mower, L.N., Lea, J.F., Beauregard, E., and Ferguson, P.L., 1985, "Defining the Characteristics and Performance of Gas–Lift Plungers," *Presented at the SPE Annual Technical Conference and Exhibition,* Las Vegas, Nevada, September 22–26, SPE 14344.
- Nind, T.E.W., 1964, *Principles of Oil Well Production,* McGraw–Hill Book Co., New York, USA.
- Rosina, L., 1983, A Study of Plunger Lift Dynamics, MS Thesis, University of Tulsa, USA.
- Turner, R.G., Hubbard, M.G., and Dukler, A.E., 1969, "Analysis and Prediction of Minimum Flow Rate for The Continuous Removal of Liquids from Gas Wells," *J. of Petro. Tech.,* Vol. 21, No. 1, pp. 1475–1482.
- Weymouth, T.R., 1912, "Problems in Natural Gas Engineering," *Trans. ASME,* Vol. 34, p. 185

CHAPTER 11

제11장 생산 증대 기법

11.1 유정 문제 판별
11.2 암체 산처리
11.3 수압파쇄
11.4 생산 최적화

chapter 11

제11장 생산 증대 기법

11.1 유정 문제 판별

11.1.1 개요

석유와 가스 생산량을 증진하거나 유지하기 위해 공학적으로 접근할 수 있는 방법은 유정의 낮은 생산량, 빠른 생산 감퇴 또는 불필요한 유체의 급격한 증가를 발생시키는 문제를 파악하는 것으로부터 시작된다. 표 11.1은 일반적으로 유정에서 발생할 수 있는 문제들을 나타낸다. 여기서, 모래 생산과 관련한 문제는 비교적 규명하기 쉬우나, 그 외 유정에서의 생산튜빙 관련 문제들의 원인을 규명하기 위해서는 유정시험과 생산 검층이 필요하다.

표 11.1 오일 및 가스정에서의 문제점

구분	오일정	가스정
문제점	• 낮은 생산성 • 과도한 가스 생산 • 과도한 물 생산 • 모래 생산	• 낮은 생산성 • 과도한 물 생산 • 액체 집적 • 모래 생산

11.1.2 낮은 생산성

오일 또는 가스정의 생산성이 예상보다 낮을 경우, 노달 분석(nodal analysis)을 이용하여 유정의 실제 생산량과 예상 생산량을 비교함으로써 낮은 생산성의 원인을 예측할 수 있다. 이 때 노달 분석에 사용된 저류층 유입 모델이 적합할 경우, 예상보다 낮은 생산성은 다음의 원인들에 의해 발생된다.

① 저류층 압력의 과대평가
② 저류층 투과도(절대투과도 및 상대투과도)의 과대평가
③ 지층 손상(기계적인 손상 및 유사표피인자(pseudo-skin))
④ 저류층 불균질성(단층, 층리 등)
⑤ 비효과적인 유정완결(출입 제한, 천부 천공, 낮은 천공 밀도 등)
⑥ 시추공에서의 막힘 현상(파라핀, 아스팔텐, 가스하이드레이트, 모래 등)

①에서 ⑤는 저류층 유입 거동 즉, 저류층의 생산성 영향을 미치는 요인들이며, 압력 천이자료 분석(pressure transient data analysis)을 통해 평가할 수 있다. 서로 다른 구역에서의 실제 생산 단면도는 온도 및 스피너 유량계 검층과 같은 생산 검층에 기인하여 얻을 수 있다. 그림 11.1에 나타난 예를 보면, A 구역은 전체 유동의 약 10% 이하로 생산됨을 알 수 있으며, B 구역은 전체 생산량의 약 70%, C 구역은 약 25%

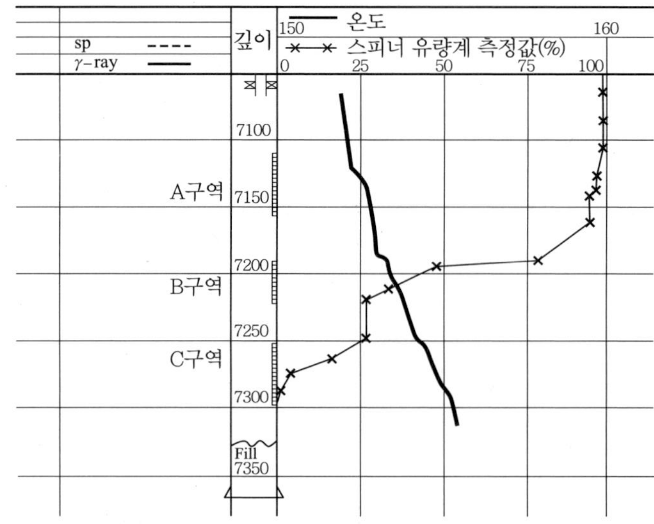

그림 11.1 온도 및 스피너 유량계 검층에 의한 생산단면도

정도로 생산됨을 알 수 있다.

⑥의 경우, 유정의 생산성을 제어하며, 유동 구배 조사(flowing gradient survey, FGS)와 같은 생산 검층으로부터 얻은 자료를 이용하여 평가할 수 있다. 높은 압력변화를 가지는 심도 구간은 일반적으로 파라핀, 아스팔텐, 가스하이드레이트의 퇴적이 의심된다.

(1) 압력 천이자료 분석

압력 천이 시험은 탐사 및 개발 광구를 평가하는데 중요한 역할을 한다. 적합하게 설계된 유정 시험은 저류층 압력, 매장량, 유동능력 그리고 저류층 평가에 필수적인 모든 요인들을 제공하며, 압력 천이 시험을 통해 얻을 수 있는 요인은 다음과 같이 분류될 수 있다.

- 초기 저류층 압력
- 평균 저류층 압력
- 방향성 투과도
- 시추공으로부터 변화되는 방사성 유효투과도
- 유동에서의 가스 컨덴세이트 강하 영향
- 시추공 부근 손상/자극
- 표피인자(skin)에서의 유량
- 저류층 경계 규명
- 유동에서의 부분 침투 영향
- 유효 균열 길이
- 유효 균열 전도도
- 이원공극 특성(저류계수 및 투과도)

유정의 생산성에 직접적으로 영향을 미치는 저류층 물성을 얻기 위한 자료 분석의 원리는 다음과 같다.

① 저류층 압력

저류층 압력은 유정의 전달성을 제어하는 중요한 요인이다. 압력상승 시험

(pressure buildup test)을 하는 동안 저류층 경계에 도달하지 않았을 경우, 초기 저류층 압력의 규모를 결정하기 위한 간단한 방법은 Horner plot이다. 반면에 저류층 경계 영향이 나타날 경우, Horner plot과 MBH plot으로부터 추정된 초기 저류층 압력에 기인하여 평균 저류층 압력을 추정할 수 있다.

② 유효투과도(effective permeability)

유정의 전달성을 제어하는 저류층의 유효투과도는 장기간 생산동안 저류층에서 나타난 유동형태로부터 얻어야한다.

③ 수평 방사형 유동(horizontal radial flow)

완전관입 비균열 저류층의 수직정에서 수평 방사형 유동은 수학적으로 다음과 같이 묘사할 수 있다.

$$p_{wf} = p_i - \frac{qB\mu}{4\pi k_h h}\left[\ln\left(\frac{k_h t}{\phi\mu c_t r_w^2}\right) + 2s + 0.80907\right] \tag{11.1}$$

p_{wf} = 공저압력	p_i = 초기 저류층 압력
q = 생산량	B = 지층 용적 계수
μ = 유체의 점성도	k_h = 평균 수평 투과도
h = 두께	t = 유동 시간
ø = 공극률	c_t = 저류층 압축성
r_w = 공저 반경	s = 전체 표피인자

④ 수평 선형 유동(horizontal linear flow)

수압 파쇄 유정에서 수평 선형 유동은 수학적으로 다음과 같이 정의된다.

$$p_{wf} = p_i - \frac{qB\mu}{4\pi k_y h}\left[\sqrt{\frac{\pi k_y t}{\phi\mu c_t x_f^2}} + s\right] \tag{11.2}$$

여기서 x_f는 균열의 절반길이이며 k_y는 균열면의 수직방향 투과도를 말한다.

⑤ 수직 방사형 유동(vertical radial flow)

그림 11.2에서 묘사된 수평정과 같이 초기의 수직 방사형 유동은 수학적으로 다음과 같이 정의된다.

$$p_{wf} = p_i - \frac{qB\mu}{4\pi k_{yz} L}\left[\ln\left(\frac{k_{yz}t}{\phi\mu c_t r_w^2}\right) + 2s + 0.80907\right] \tag{11.3}$$

여기서 L은 수평 시추공의 길이이며, k_{yz}는 수평과 수직투과도를 의미하고 다음과 같이 나타낸다.

$$k_{yz} = \sqrt{k_y k_z} \tag{11.4}$$

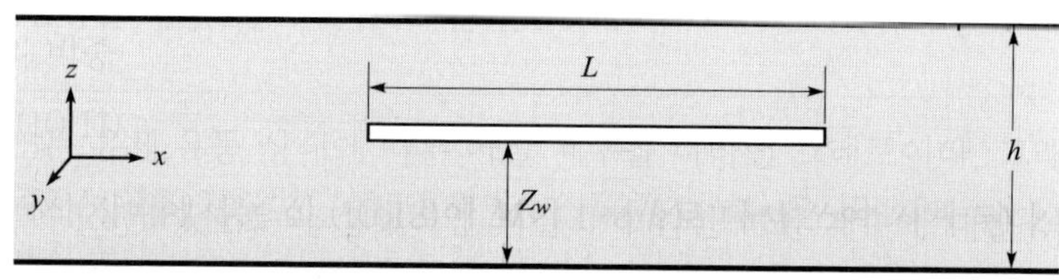

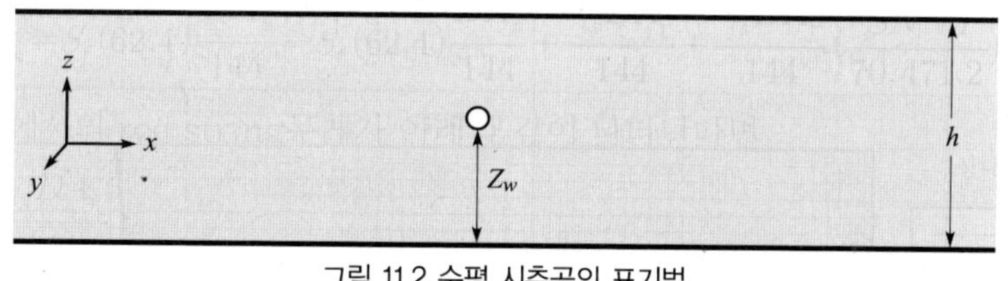

그림 11.2 수평 시추공의 표기법

⑥ 수평 유사-선형 유동(horizontal pseudo-linear flow)

수평시추공 방향으로의 유사-선형 유동은 수학적으로 다음과 같이 정의된다.

$$p_{wf} = p_i - \frac{qB\mu}{2\pi k_y (h - Z_w)}\left[\sqrt{\frac{4\pi k_y t}{\phi\mu c_t L^2}} + s\right] \tag{11.5}$$

⑦ 수평 유사-방사형 유동(horizontal pseudo-radial flow)

수평시추공 방향으로의 유사-방사형 유동은 다음과 같이 정의된다.

$$p_{wf} = p_i - \frac{qB\mu}{4\pi k_h h}\left[\ln\left(\frac{k_h t}{\phi\mu c_t r_w^2}\right) + 2s + 0.80907\right] \tag{11.6}$$

완전관입 비균열 저류층 수직정의 경우, 장기간 생산 거동에서 평균 수평 투과도 k_h가 중요한 특징이다. 이 평균 수평 투과도는 수평 방사형 유동 형태로부터 얻을 수 있다. 수압파쇄 저류층 유정에서, 장기간 생산거동을 제어하는 중요한 특징은 균열면의 수직방향 투과도이다. 균열면 수직투과도는 수평 선형 유동형태로부터 얻을 수 있다. 비균열 저류층 수평정의 경우, 장기간 생산거동의 중요한 특징은 수평투과도이며 평균 수평투과도는 유사 방사형 유동형태에서 얻을 수 있다. 부분관입 비균열 저류층 수직정의 경우, 수평과 수직투과도 모두 장기간 생산 거동에 영향을 미친다. 이러한 투과도들은 반구형의 유동형태로부터 얻을 수 있다.

유동형태는 일반적으로 진단 압력 도함수 p'를 이용하여 규명된다.

$$p' = \frac{d\Delta p}{d\ln(t)} = t\frac{d\Delta p}{dt} \tag{11.7}$$

여기서 t는 시간이며, Δp는 다음과 같이 정의된다.

$$\Delta p = p_i - p_{wf} \tag{11.8}$$

압력강하 시험(drawdown test)에서, p_i와 p_{wf}는 각각 초기 저류층 압력과 공저압력을 의미한다. 압력상승 시험(pressure buildup) 시험에서 Δp는 다음과 같이 정의된다.

$$\Delta p = p_{sw} - p_{wfe} \tag{11.9}$$

여기서 p_{sw}와 p_{wfe}는 각각 폐쇄(shut-in) 공저압력과 폐쇄전 공저압력을 의미한다. 방사형 유동(수평 방사형 유동, 수직 방사형 유동, 수평 유사-방사형 유동)의 경우, 진단 도함수는 식 (11.1), (11.3), (11.6)으로부터 얻을 수 있다.

$$p' = \frac{d\Delta p}{d\ln(t)} = \frac{qB\mu}{4\pi \bar{k} H_R} \tag{11.10}$$

여기서 $\bar{k}$는 유동면(k_h 또는 k_{yz})에서의 평균 투과도를 말한다.

$$k_h = \sqrt{k_x k_y} \tag{11.11}$$

H_R은 방사형 유동의 두께(h 또는 L)이며, 진단 도함수는 방사형 유동 시간 형태에 대해 일정하다. 시간 t에 대한 p'에 대한 그림은 t축과 평행을 이루는 직선의 경향을 나타낸다.

선형 유동 즉, 수압파쇄 방향으로의 유동이 일어나는 경우, 진단 도함수는 식

(11.2)로부터 얻을 수 있다.

$$p' = \frac{d\Delta p}{d\ln(t)} = \frac{qB}{4\pi x_f}\sqrt{\frac{\mu t}{\pi\phi c_t k_y}} \tag{11.12}$$

유사-선형 유동 즉, 수평정 방향으로의 유동이 일어나는 경우, 진단 도함수는 식 (11.5)로부터 얻을 수 있다.

$$p' = \frac{d\Delta p}{d\ln(t)} = \frac{qB}{2L(h-z_w)}\sqrt{\frac{\mu t}{\pi\phi c_t k_y}} \tag{11.13}$$

식 (11.12)와 (11.13)에 로그를 취하면 다음과 같다.

$$\log(p') = \frac{1}{2}log(t) + \log\left(\frac{qB}{4\pi x_f}\sqrt{\frac{\mu}{\pi\phi c_t k_y}}\right) \tag{11.14}$$

$$\log(p') = \frac{1}{2}log(t) + \log\left(\frac{qB}{2L(h-z_w)}\sqrt{\frac{\mu}{\pi\phi c_t k_y}}\right) \tag{11.15}$$

식 (11.13)과 (11.14)를 통해 선형 유동 형태의 특징은 시간-진단 도함수의 로그-로그 그래프에서 1/2 기울기를 갖는 것을 알 수 있다.

일단 유동 형태가 규명되면, 유동 형태와 관련된 투과도는 기울기 분석을 통해 결정될 수 있다. 방사형 유동의 경우, 식 (11.1), (11.3), (11.6)에서 시간-공저압력의 반로그(semi-log) 그래프가 일정한 기울기 m_R을 보임을 알 수 있다.

$$m_R = -\frac{qB\mu}{4\pi\bar{k}H_R} \tag{11.16}$$

유동면(k_y 또는 k_{yz})에서의 평균 투과도는 다음 식에 의해서 추정할 수 있다.

$$\bar{k} = -\frac{qB\mu}{4\pi H_R m_R} \tag{11.17}$$

선형 유동의 경우, 식 (11.2)와 식 (11.5)에서 시간제곱근에 따른 공저압력 그래프가 일정한 기울기 m_L을 보임을 알 수 있다.

$$m_L = -\frac{qB}{H_L X_L}\sqrt{\frac{\mu}{\pi\phi c_t k_y}} \tag{11.18}$$

여기서, 선형유동의 경우 $H_L=h$, $X_f=2x_f$이며, 유사-선형유동에서는 $H_L=h-z_w$, $X_L=L$이다. 유동면에서의 투과도는 다음의 식에 의해서 추정할 수 있다.

$$k_y = \frac{\mu}{\pi \phi c_t}\left(\frac{qB}{m_L H_L X_L}\right)^2 \tag{11.19}$$

만일 수평정이 유사-방사형 유동을 감지할 정도로 충분히 오랜 시간동안 시험이 진행된다면 다른 방향의 방향성 투과도는 다음에 의해서 추정할 수 있다.

$$k_x = \frac{k_h^2}{k_y} \tag{11.20}$$

$$k_z = \frac{k_{yz}^2}{k_y} \tag{11.21}$$

유정의 생산성 분석에서 k_x와 k_z가 사용되지는 않으나, 저류층의 이방성에 대한 정보를 제공할 수 있다.

⑧ 표피인자(skin factor)

표피인자는 균질하고 등방성을 갖는 다공성 매질과 같이 이상적인 조건으로부터 얻어진 유동방정식을 실제조건에 적용하기 위해 사용되는 상수이다. 이는 유동방정식을 얻을 때 이론적인 면에서 고려할 수 없는 영향인자들을 보정하기 위해 이용되는 경험적 인자이다. 표피인자 값은 식 (11.1), (11.2), (11.3), (11.5), 그리고 (11.6)과 압력 천이자료 분석을 이용하여 얻을 수 있다. 그러나 이 값들은 유동형태에 따라 다른 의미를 지닌다. 표피인자의 일반적인 표현은 다음과 같다.

$$s = s_D + s_{C+\theta} + s_P + \sum s_{PS} \tag{11.22}$$

여기서 s_D는 시추, 시멘팅, 유정완결, 유체주입과 석유 · 가스의 생산 동안 생기는 저류층 손상을 의미하며, 이는 내부 또는 외부에 있는 고체 입자와 유체에 의한 공극 막힘현상 때문이다. 이러한 표피인자의 영향은 유정자극 과정에서 제거되거나, 무시되어질 수 있다. $s_{C+\theta}$는 시추공 부근에서 이상적인 방사형 유동패턴을 벗어나게 만드는 부분완결(partial completion)과 편차각(deviation angle)에 의한 영향이다. 이러한 영향인자의 경우, 물코닝(water coning)이나 가스코닝(gas coning) 시스템에서는 제거될 수 없다. s_p는 케이싱공 완결과 관련된 천공 부근에서의 실제 유동에 의해 나타나는 영향인자이다. 이는 천공밀도, 위상각(phase angle), 천공깊이, 직경 등의 요인들에 의해 결정되는 영향인자이며, 최적화된 천공 기술에 의해 최소화될 수 있다. $\sum s_{PS}$는 non-darcy 유동영향, 다상효과와 시추공 부근의 유동 집중 현상으로 인한 유사-표피인자(pseudo-skin component)를 나타내며, 이러한 인자들은 인위적으로 제거될 수 없다. 압력 천이시험 자료 분석으로부터 얻어진 표피인자 s를 구성하는 인자들의 중요도를 파악하는 것은 필수적이다.

예제

두께가 100 ft이며 공극률이 23%인 저류층에 수평정이 위치하고 있다. 오일용적계수(oil formation volume factor)는 1.25 RB/STB이며 점성도는 1cp이다. 그리고 전체 저류층 압축계수(total reservoir compressibility factor)는 10^{-5}psi^{-1}이다. 그림 11.3은 유정시험 동안 측정된 공저압력 자료를 나타낸 것이다. 시험자료를 이용하여 방향성 투과도(directional permeability)와 표피인자(skin factor)를 추정하시오.

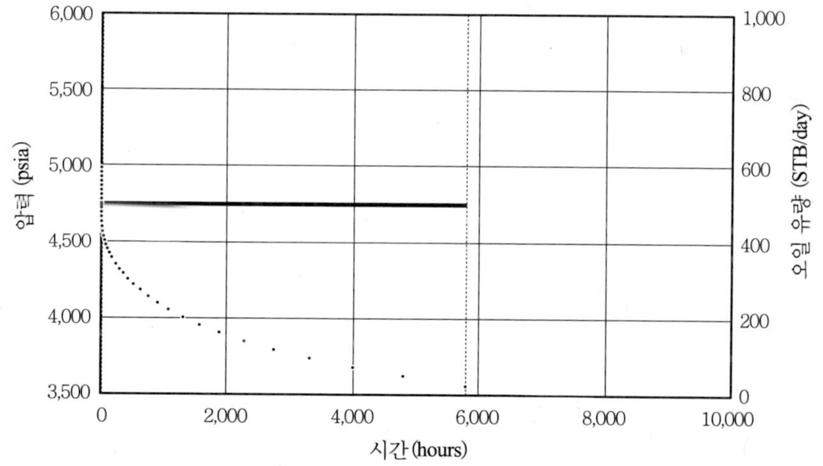

그림 11.3 압력강하 시험동안 측정된 공저압력과 오일생산량 변화

풀이

그림 11.4는 시험자료의 로그 진단 그래프를 나타낸 것이다. 이는 초기의 수직방사형 유동, 중기의 유사선형 유동 그리고 말기에서 유사방사형 유동이 일어남을 나타낸다.

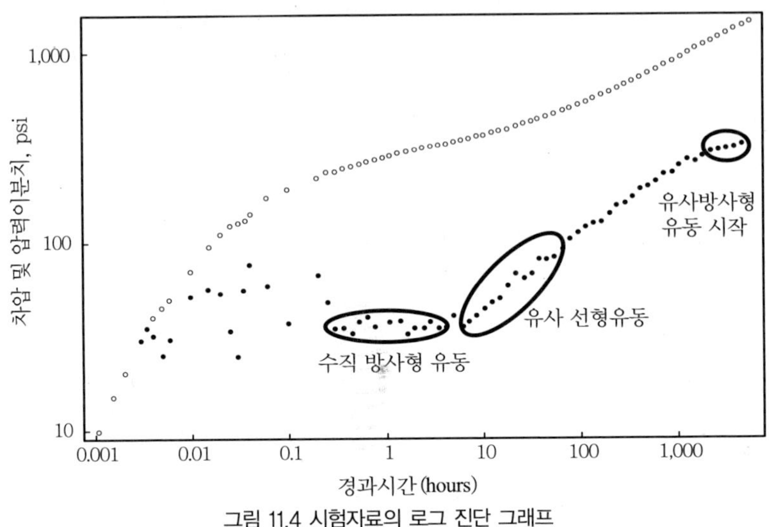

그림 11.4 시험자료의 로그 진단 그래프

수직방사형 유동의 반로그 그래프 분석결과는 그림 11.5에 나타나 있다. k_{yz}= 0.9997 md이며, 공저부근의 표피인자 s = −0.0164이다.

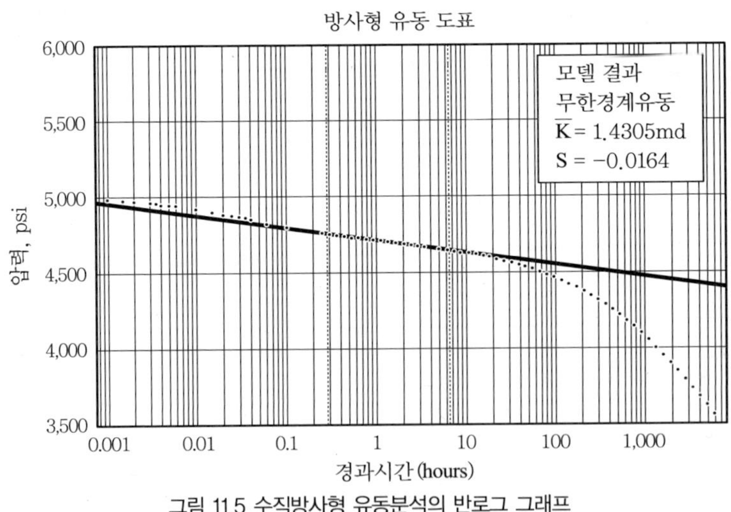

그림 11.5 수직방사형 유동분석의 반로그 그래프

유사선형 유동의 시간제곱근 그래프 분석은 그림 11.6에 나타나있다. 유효 공저길이 L= 1,082.75 ft이며, 수렴에 의한 표피인자 값은 3.41이다.

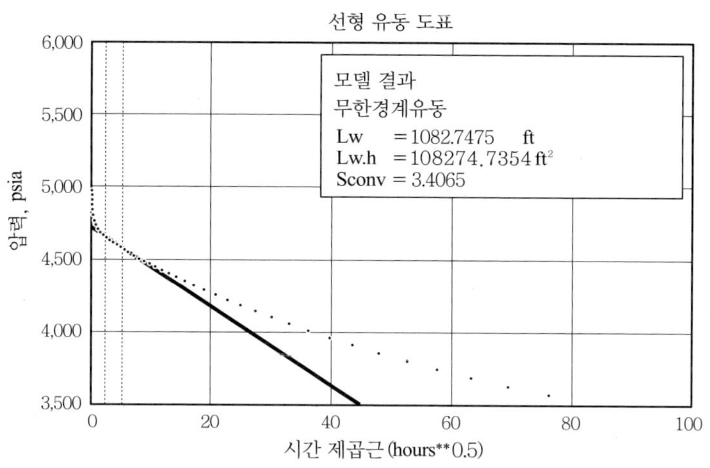

그림 11.6 유사선형 유동분석의 시간제곱근 그래프

수평 유사 방사형 유동의 반로그 그래프 분석결과는 그림 11.7에 나타나있다. k_h= 1.43 md이며, 유사 표피인자 s= −6.17이다.

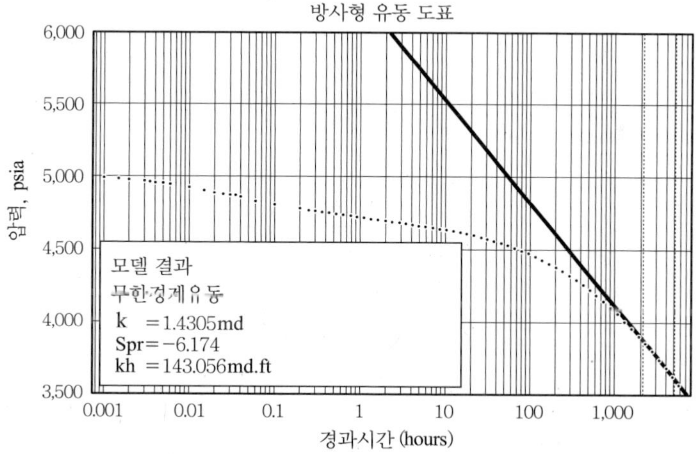

그림 11.7 수평 유사 방사형 유동분석의 반로그 그래프

그림 11.8은 압력 측정값과 최적화기법에 의한 계산값 사이의 관계를 나타낸다. 이러한 관계를 통해 다음의 값들을 얻을 수 있다.

k_h = 1.29 md

k_z = 0.80 md

s = 0.06

L = 1,243 ft

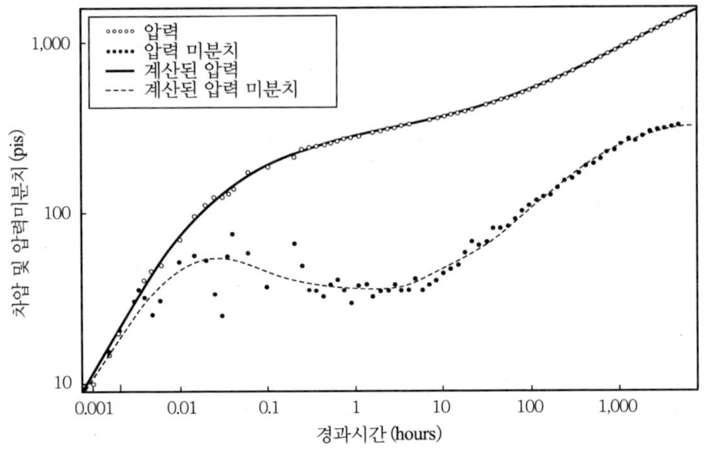

그림 11.8 측정 압력과 최적화기법에 의해 계산된 압력의 비교

11.1.3 과도한 가스 생산

과도한 가스의 생산은 보통 불완전한 시멘팅으로 인해 케이싱 주변에서의 편류(channeling) 현상, 고투과도 저류층을 통한 선택적 유동, 가스코닝과 케이싱 누수 등으로 인해 발생한다(Clark and Schultz, 1956). 케이싱 주변에서의 편류 현상과 가스 코닝은 온도와 잡음 검층과 같은 생산 검층을 통하여 규명할 수 있다. 유정에서의 과도한 가스 생산은 예측치 못한 가스층으로부터 가스생산에 의해 발생될 수 있으며, 이는 온도와 밀도 검층과 같은 생산 검층을 통해 확인할 수 있다.

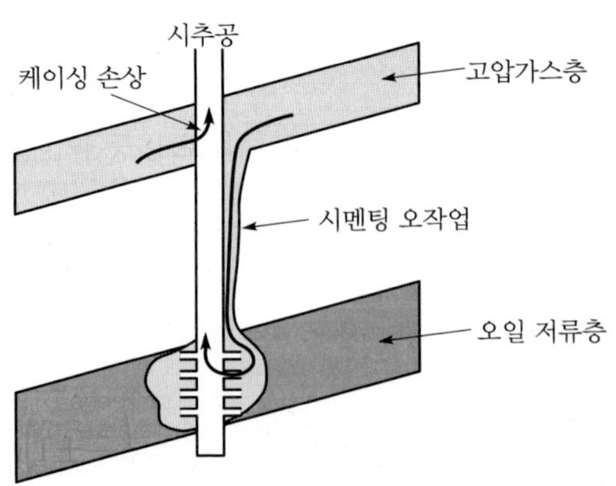

그림 11.9 케이싱 주변의 편류현상에 의한 가스 생산

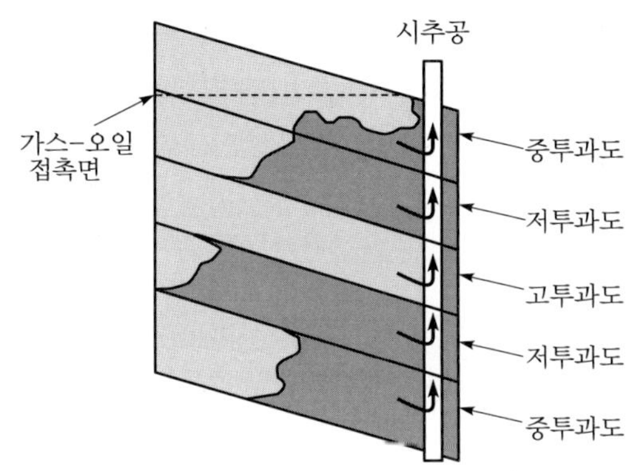

그림 11.10 고투과도 저류층에서의 선택적 유동에 의한 가스 생산

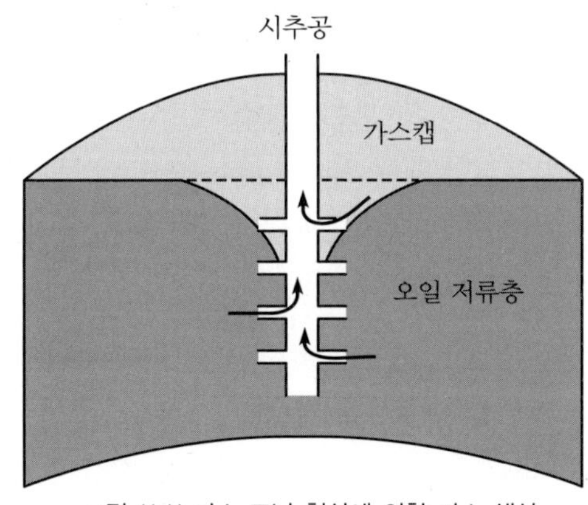

그림 11.11 가스 코닝 현상에 의한 가스 생산

11.1.4 과도한 물 생산

과도한 물 생산은 원유지층에서의 원생수(connate water)가 아니라 지층수 구역(water zone)으로부터 발생된다. 물은 케이싱 주변의 편류 현상, 고투과도 저류층을 통한 선택적 유동, 물코닝(water coning), 지층수 구역에서의 수압파쇄와 케이싱 누출로 인해 유정으로 유입된다.

그림 11.12는 수압파쇄 의한 저류층 내 균열이 지층수 구역으로 확장되었는지를 확인하기 위해 파쇄 전과 파쇄 후 검층을 이용하여 균열 높이를 확인하는 방법을 나타낸 그림이다. 앞서 언급된 생산 검층 외에도, 다른 종류의 검층을 이용하여 물 생산층을 확

인할 수 있다. 특히, 유체의 밀도검층은 물의 유입을 규명하기 위해 활용되며, 물 생산량과 스피너 유량계 검층 간의 비교를 통해 물이 유입되는 경로를 확인할 수도 있다.

11.1.5 가스정의 액체 집적

가스정은 미립자 형태로 천연가스가 포함된 물이나 컨덴세이트를 생산한다. 저류층 압력의 급격한 감소로 인해 유정에서의 가스 유동속도가 떨어지면 가스의 운반능력도 감소한다. 가스의 속도가 임계 수준으로 떨어졌을 때, 유정내의 액체가 증가하기 시작하며, 슬러그유동(slug flow) 형태에 이어 환상유동(annular flow) 형태를 보일 수 있다. 액체의 증가는 공저압력을 증가시켜 가스 생산을 감소시킨다. 가스 생산량이 낮아지면 가스의 속도는 더욱 감소되며, 이후 유정은 거품유동(bubbly flow) 형태를 보이다 결국 생산이 중단될 것이다.

몇몇 방법들을 이용하여 이러한 액체 집적(liquid loading)문제를 해결할 수 있다. 물속에 기포를 발생시키는 방법을 통해 유정에서 가스가 물을 밀어 올릴 수 있으며, 작은 사이즈의 튜빙을 사용하거나 지표압력(wellhead pressure)을 낮게 설정함으로써 미립자형태 유동을 유지할 수 있다. 즉, 가스 리프팅(gas-lifting)이나 펌핑을 통한 액체 배출을 통해 가스정에서의 액체집적 현상을 방지할 수 있다. 또한 유정을 가열하여 오일 컨덴세이트의 생성을 방지하거나 지층 하부 배출구역에 직접 물을 빼내는 것 또한 하나의 방법이다. 그러나 액체 집적 현상이 항상 분명하게 나타나는 것은 아니며, 액체 집적 문제를 확인하는 것 또한 쉬운 문제가 아니다. 따라서 유정자료에 대한 철저한 진단분석이 수행될 필요가 있다. 액체 집적이 일어남을 확인할 수 있는 징후에는 지표에서의 액체 슬러그 발생, 시간에 따른 케이싱과 튜빙 간의 압력 차이 증가, 유동 압력 조사에서 기울기의 급격한 변화와 생산감퇴곡선의 급격한 감소 등이 있다.

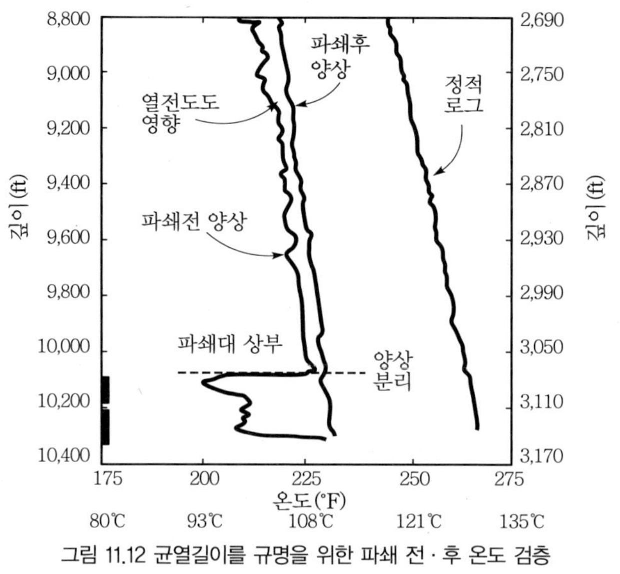

그림 11.12 균열길이를 규명을 위한 파쇄 전 · 후 온도 검층

11.2 암체 산 처리

11.2.1 서론

암체 산 처리(matrix acidizing)는 유정으로의 유체 거동을 향상시키기 위한 유정 자극법의 하나로, 저류층에 산 용해액을 주입시킴으로써 저류층 공극내의 광물질을 용해시켜 투과도를 증가시킨다. 산 처리법 적용 시, 사암(sandstone) 저류층의 경우 표피효과(skin effect)에 의한 지층 손상부분이 제거되며, 탄산염암(carbonate) 저류층의 경우 시추공 주변에 웜홀(wormhole, 탄산염 저류층에 산처리 법 적용시 생성되는 통로)을 형성하여 지층의 공극을 증가시킴으로써, 투과도를 증가시킨다.

11.2.2 산-암석의 상호작용

시추, 시멘팅, 유정완결 시, 사암 공극내에 유체가 침투되면서 몬모닐로나이트(montmorillonite), 카올리나이트(kaolinite), 방해석(calcite), 백운석(dolomite), 능철석(siderite), 석영(quartz), 조장석(albite)등과 같은 광물질이 저류층내로 함께 침투하게 된다. 또는 이런 광물질은 저류층 내에서 자연적으로 생성되기도 한다. 이들

광물질은 지층의 투과도에 영향을 미치며, 위의 광물질을 용해시키기 위해서 산처리법이 적용된다. 이때 주로 사용되는 산의 종류는 HCl과 HF이다.

(1) 1차 화학 반응

사암의 공극내에 있는 점토, 장석과 같은 규산염 광물은 일반적으로 HF와 HCl의 혼합물을 사용하여 제거되며, 탄산염 광물은 HCl에 의해서 제거된다. 산 처리법 적용시 고려해야 될 변수는 산의 용해력, 적합한 산의 선정, 주입된 산의 체적, 저류층 두께에 따른 주입량과 주입압력 등이다. 따라서 이를 산정하기 위해서는 우선적으로 용해시킬 광물질의 양에 따라 요구되는 산의 양을 추정해야한다. 이는 표 11.2의 화학반응을 참고로 화학양론에 의해서 결정된다. 즉, 예를 들면 HCl과 $CaCO_3$의 화학반응에서는 1몰의 $CaCO_3$를 용해하기위해서는 2몰의 HCl이 요구된다.

표 11.2 산처리의 1차 화학반응

Montmorillonite (Bentonite)-HF/HCl	$Al_4Si_8O_{20}(OH)_4 + 40HF + 4H^+ \leftrightarrow 4AlF_2^+ + 8SiF_4 + 24H_2O$
Kaolinite-HF/HCl	$Al_4Si_8O_{10}(OH)_8 + 40HF + 4H^+ \leftrightarrow 4AlF_2^+ + 8SiF_4 + 18H_2O$
Albite-HF/HCl	$NaAlSi_3O_8 + 14HF + 2H^+ \leftrightarrow Na^+ + AlF_2^+ + 3SiF_4 + 8H_2O$
Orthoclase-HF/HCl	$KAlSi_3O_8 + 14HF + 2H^+ \leftrightarrow K^+ + AlF_2^+ + 3SiF_4 + 8H_2O$
Quartz-HF/HCl	$SiO_2 + 4HF \leftrightarrow SiF_4 + 2H_2O$ $SiF_4 + 2HF \leftrightarrow H_2SiF_6$
Calcite-HF/HCl	$CaCO_3 + 2HCl \rightarrow CaCl_2 + CO_2 + H_2O$
Dolomite-HF/HCl	$CaMg(CO_3)_2 + 4HCl \rightarrow CaCl_2 + MgCl_2 + 2CO_2 + 2H_2O$
Siderite-HF/HCl	$FeCO_3 + 2HCl \rightarrow FeCl_2 + CO_2 + H_2O$

(2) 산의 용해력

화학양론 반응을 표현하기 위해 가장 편리한 방법은 용해력이며, 중량을 기준으로 한 산의 용해력을 중량측정 용해력(gravimetric dissolving power)이라 하고 다음과 같이 정의된다.

$$\beta = C_a \frac{v_m MW_m}{v_a MW_a} \tag{11.51}$$

여기서,

β = 산 용액의 중량측정 용해력, lbm mineral/lbm solution

C_a = 산 용액 내 산의 중량 비

v_m = 광물의 양론 계수

v_a = 산의 양론 계수

MW_m = 광물의 분자량

MW_a = 산의 분자량

체적을 기준으로 한 산의 용해력은 중량측정 용해력과 물질의 밀도와 관련이 있으며, 다음과 같이 정의된다.

$$X = \beta \frac{\rho_a}{\rho_m} \tag{11.52}$$

X = 산 용액의 체적 용해력, ft^3 mineral/ft^3 solution

ρ_a = 산의 밀도, lb_m/ft^3

ρ_m = 광물 밀도, lb_m/ft^3

(3) 반응속도론

저류층 암체에 산 처리법 적용 시, 산과 광물질은 친친히 반응한다. 반응속도론 모델(kinetics model)에 의해서 묘사되는 반응속도는 경험적으로 평가되어지며, 이 분야에 대한 선행연구는 Foger 등(1976), Lund 등(1973, 1975), Hill 등(1981), Kline and Fogler(1981) 과 Schechter(1992)에 의해서 수행되었다. 일반적으로 반응속도는 광물질의 특징, 산의 물성, 저류층 온도, 광물질 표면으로의 산의 이동 속도, 그리고 지표로부터의 부산물 제거에 의해서 영향을 받는다.

11.2.3 사암의 산 처리법 설계

사암의 산 처리법은 지층손상이 유정의 생산성에 큰 영향을 미칠 때 적용되는 것으로, 시추와 유정완결과정에서 발생된 시추공 주변의 지층손상(주로 표피현상에 의한 손상)을 감소시킴으로써 투과도를 증가시켜 생산성을 증대시킨다.

(1) 적용가능한 산 용해액의 선정

산 처리 시 적용되는 산 종류와 산의 농도는 지층내의 광물질 종류 또는 현장 경험에 의해 선택된다. 사암의 경우, 15wt% HCl을 먼저 선주입(preflush1)[1]한 후, 12wt%의 HCl과 3wt% HF 혼합물의 산 용해액을 사용하여 산 처리법을 수행한다. McLeod(1984)는 다양한 현장 경험을 바탕으로 권장되는 산의 세기와 산의 종류 선정에 대해 다음 표 11.3을 제시하였다. McLeod(1984)의 연구는 특성이 각기 다른 지층에서 산 처리법 작용 시, 산의 세기를 달리하면서 코어의 반응을 보는 실험실 연구 수행 시 적용가능하다. 그림 11.13은 전형적인 산의 공극 체적에 따른 투과도의 변화를 나타낸 곡선이다.

표 11.3 사암 산처리에 사용하는 산의 유형과 강도

HCl 용해도 > 20%	HCl 만 사용
고투과성 사암 (k>100 md)	
고함량 석영 (80%), 서함량 점토 (<5%)	10% **HCl**–3% **HF**[a]
고함량 장석 (>20%)	13.5% **HCl**–1.5% **HF**[a]
고함량 점토 (>10%)	6.5% **HCl**–1% **HF**[b]
고함량 철 녹니석 점토	3% **HCl**–0.5% **HF**[b]
저투과성 (k<10 md)	
저함량 점토 (<5%)	6% **HCl**–1.5% **HF**[c]
고함량 녹니석	3% **HCl**–0.5% **HF**[d]

a 15% HCl로 선주입
b 5% HCl로 선주입
c 7.5% HCl 또는 10% 아세트산으로 선주입
d 5% 아세트산으로 선주입

1) preflush ; wellbore 주변의 광물질 K, Na, Ca 등을 제거시키고, 광물질의 결정화에 의해 생성되는 pore plug의 가능성을 감소시킴 또한, 탄산염 광물을 용해시키고 낮은 pH 환경을 조성하기 위하여 산을 선 주입하는 것을 말함.

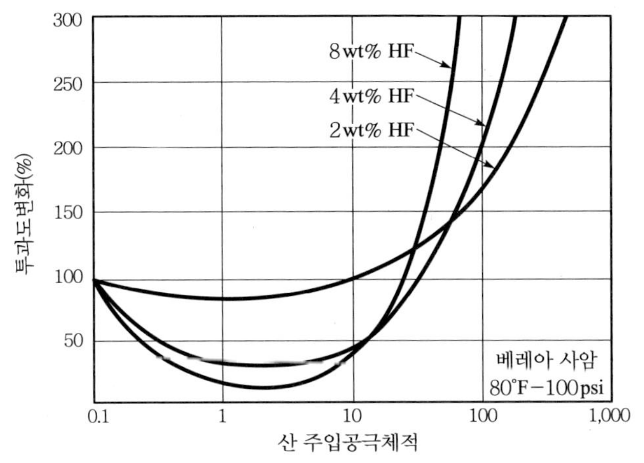

그림 11.13 산 반응 곡선 (Smith and Hendrickson, 1995)

(2) 산 용해액의 적정 체적

산 용해액의 체적은 경제적으로 효율성을 갖춰야하며, 시추공 주변의 지층손상을 감소시킬 수 있어야한다. 산 용해액의 체적은 측정하기 어려운 손상된 지층의 깊이에 영향을 받으며, 산 용해액을 저류층에 주입시 손상된 지층에 고르게 분포되지 않는 제약 사항이 있다. 따라서 산 처리법의 효율성과 산 용해액의 체적은 산 용해액의 주입량에 따라 결정되며, 손상된 지층과 반응하는 산 용해액의 적정 체적을 산정하기 위해서는 많은 양의 산 용해액이 필요하다. 또한 산 용해액은 광물질의 종류, 산의 종류 및 산도에 의해서도 영향을 받는다. 산 용해액의 선 주입 체적은 대개 공극의 체적 계산을 기초로 하며, 산 용해액의 최소 적정 체적은 식 (11.53)을 통해서 계산된다. Economides and Nolte(2000)는 전형적인 산처리 단계를 제안하였으며, 사암의 산처리법 적용 시, HCl의 적정 체적은 HF 농도 5%~20% 범위에서 50gal/ft에서 200gal/ft 유효생산구간(pay zone)의 범위를 갖으며, HF의 적정 체적는 농도 3.0~13.5% HCl과 농도 0.5~3.0% HF에서 75~100gal/ft 생산구간의 범위를 갖는다. 지난 20년 동안 산 용해액의 적정 체적 산정방법에 대한 많은 연구가 이루어졌다. 가장 흔히 사용되는 방법인 2-광물 모델(two-mineral model)은 Hill 등(1981), Hekim 등 (1982), Taha 등 (1989)에 의해 연구되었으며, 이 모델의 일반해를 얻기 위해서는 수치적인 적용이 필요하며, 이에 Schechter(1992) 등은 Damkohler number 10보다 훨씬 더 큰 근사해를 제시하였다. 산 처리법은 지층내의 광물질을 용해시키는 것이 아니라 공극을 막는 형태로 지층의 유동을 방해하는 광물질을 용해시키기 위한 것이기 때문에, Economides and Nolte(2000)은 산 처리법 적용시 중요한 단계로써, 산 처리법 적용 지층반경 내에서 초기 공극 체적을 고려해야하며, 추가적으로 주입되는 산 체적은 주입 튜빙라인(tubing string)에서의 손실에 대해서도 고려해야 한다고 제안하였다.

$$V_a = \frac{V_m}{X} + V_p + V_m \tag{11.53}$$

V_a = 최소 산 체적, ft^3

V_m = 제거 광물 체적, ft^3

V_p = 초기 공극 체적, ft^3

$V_m = \pi(r_a^2 - r_w^2)(1-ø)C_m$

$V_p = \pi(r_a^2 - r_w^2)ø$

where,

r_a = 산 처리 반경, ft

r_w = 정호 반경, ft

ø = 공극률, fraction

C_m = 광물 함량, volume fraction

예제

공극률이 20%이며 10% $CaCO_3$을 포함한 사암층이 HF/HCl 혼합 용액으로 산처리 되었다. 15 wt% HCl 용액을 포함한 선주입 용액(preflush)은 탄산염광물을 용해시키고 낮은 pH 환경을 조성하기 위해 먼저 주입되었다. 만일 HF/HCl이 주입되기 전에 0.328 HCl 선주입용액이 0.328ft 반경의 시추공 주변 1 ft 내의 모든 탄산염광물을 용해시킨다면, ft당 필요한 최소 선주입 용액 체적은 몇 gallon인가?

풀이

제거하기 위한 $CaCO_3$ 체적 :

$$\begin{aligned} V_m &= \pi(r_a^2 - r_w^2)(1-\phi)C_m \\ &= \pi(1.328^2 - 0.328^2)(1-0.2)(0.1) \\ &= 0.42\ ft^3\ CaCO_3/ft \quad \text{pay zone} \end{aligned}$$

초기 공극체적:

$$V_P = \pi (r_a^2 - r_w^2)\phi$$
$$= \pi(1.328^2 - 0.328^2)(0.2) = 1.05\ \mathrm{ft^3/ft}\quad \text{pay zone}$$

15 wt% HCl 용액의 중량 용해력:

$$\beta = C_a \frac{\upsilon_m MW_m}{\upsilon_a MW_a}$$
$$= (0.15)\frac{(1)(100.1)}{(2)(36.5)}$$
$$= 0.21\ \mathrm{lb_m\ CaCO_3/lb_m}\quad 15\ \mathrm{wt\%\ HCl\ solution}$$

15 wt% HCl 용액의 용량 용해력:

$$X = \beta \frac{\rho_a}{\rho_m}$$
$$= (0.21)\frac{(1.07)(62.4)}{169}$$
$$= 0.082\ \mathrm{ft^3\ CaCO_3/ft^3}\quad 15\ \mathrm{wt\%\ HCl\ solution}$$

필요한 최소 HCl 체적:

$$V_a = \frac{V_m}{X} + V_P + V_m$$
$$= \frac{0.42}{0.082} + 1.05 + 0.42$$
$$= 6.48\ \mathrm{ft^3}\ 15\ \mathrm{wt\%\ HCl\ solution/ft\ payzone}$$
$$= (6.48)(7.48)$$
$$= 48\ \mathrm{gal}\ 15\mathrm{wt\%\ HCl\ solution/ft\ payzone}$$

(3) 산 용해액 주입량

산 용해액의 주입량은 광물질의 용해 및 제거, 손상된 지층의 깊이에 따라 달라진다. 적정 산 용해액 주입량 결정은 손상된 지층의 범위 및 깊이를 정확히 추정할 수 없고, 특히 광물질의 용해와 반응 시 생성되는 침적물 때문에 어렵다. 산 처리법 효율은 산 용해액의 주입량에 따라 달라지며, 주입량이 높아질수록 산 처리법 효율이 증가한다. McLeod(1984)는 상대적으로 낮은 주입량으로 지층과 산 용해액을 2~4시간 접촉시킬 경우 산 처리법 효율이 좋음을 증명하였으며, 또한 da Motta(1993)는 지층 손상이 적은 저류층에 산 용해액을 100gal/ft로 주입했을 경우, 잔류 표피현상 값에 거의 영향을 미치지 않았으나 보다 더 많은 양을 주입하였을 경우, 잔류 표피현상 값을 감소시킨다는 사실을 실험을 통해 증명하였다. Paccaloni 등(1988)과 Paccloni and Tambini(1990)의 연구에서도 현장에서 산 처리법을 적용했을 시, 주입량이 높을수록

산 처리법 효율이 좋음을 보고하였다.

산 주입량은 산 처리법에 의해 생성된 균열 압력(formation breakdown pressure)에 따라 달라지며, 유사정상상태 유동(pseudosteady state flow)을 가정했을 때, p_{bd}에 따른 산 용해액 주입량은 식 (11.54)로 계산된다.

$$q_{i,\max} = \frac{4.917*10^{-6} kh(p_{bd} - \bar{p} - \Delta p_{sf})}{\mu_a (\ln \frac{0.472}{r_w} + S)} \tag{11.54}$$

q_i = 최대주입률, bbl/min
k = 비손상영역 투과도, md
h = 처리 생산 구역의 두께, ft
p_{bd} = 지층 파괴 압력, psia
$\bar{p}$ = 저류층 압력, psia
Δp_{sf} = 안전역(safety margin), 200 to 500 psia
μ_a = 산 용액 점도, cp
r_e = 배유 반경, ft
r_w = 정호 반경, ft
s = 표피 인자

(4) 산 용해액 주입압력

저류층에 산 처리법 적용시, 지표의 튜빙 압력만을 측정하는데, 이 튜빙 압력은 펌프 선정 설계단계에서 지표 산 용해액 주입 압력을 예측하기 위해 필요하다. 지표 튜빙 압력은 공저압력(bottom-hole flowing pressure)과 관련 있으며, 이는 식 (11.55)로 계산된다.

$$p_{si} = p_{wf} - \Delta p_h + \Delta p_f \tag{11.55}$$

p_{si} = 지표 주입압력, psia
p_{wf} = 유동 공저압력, psia

Δp_h = 정수 압력 손실, psia

Δp_f = 마찰압력 손실, psia

여기서, Δp_f는 마찰 저항 계수를 결정하는 절차를 생략하기 위해 Economides and Nolte(2000)가 제안한 식 (11.56)을 통해 계산된다. 이는 유동량이 9bbl/min이하에서 뉴튼 유체(Newtonian fluid)를 사용한 마찰압력으로 상대적으로 정확하다.

$$\Delta p_f = \frac{518\rho^{0.79}q^{1.79}\mu^{0.207}}{1{,}000D^{4.79}}L \tag{11.56}$$

ρ = 유체 밀도, g/cm³

q = 주입률, bbl/min

μ = 유체 점도, cp

D = 튜빙 직경, in

L = 튜빙 길이, ft

예제

심도 9,500ft에 위치하며, 60ft 두께, 50md 투과도를 가지는 사암층을 내경이 2인치인 코일 튜빙을 통해 비중이 1.07이고 점성도가 1.5 cp인 산 용해액으로 산처리하였다. 지층 파쇄구배가 0.7 psi/ft이며, 시추공 반경은 0.328 ft이다. 저류층 압력이 4,000 psi, 배유지역 반경이 1,000 ft, 표피인자가 15라고 가정하였을 때 다음을 계산하시오.

(1) 300 psi의 안전여유를 사용하여 최대 산 용해액 주입량을 계산하시오.

(2) 최대 주입량에서 지표 주입압력의 최대치를 계산하시오.

풀이

(1) 최대 산 용해액 주입량:

$$q_{i,\max} = \frac{4.917\times10^{-6}kh\left(p_{bd}-\bar{p}-\Delta p_{sf}\right)}{\mu_a\left(\ln\frac{0.472r_e}{r_w}+s\right)}$$

$$= \frac{4.917\times10^{-6}(50)(60)\{(0.7)(9{,}500)-4{,}000-300\}}{(1.5)\left(\ln\frac{0.472(1{,}000)}{(0.328)}+15\right)}$$

$$= 1.04\,\text{bbl/min}$$

(2) 최대 지표 주입압력:

$$p_{wf} = p_{bd} - \Delta p_{sf} = (0.7)(9{,}500) - 300 = 6{,}350\,\text{psia}$$

$$\Delta p_h = (0.433)(1.07)(9{,}500) = 4{,}401\text{psi}$$

$$\begin{aligned}\Delta p_f &= \frac{518\,\rho^{0.79} q^{1.79} \mu^{0.207}}{1{,}000\,D^{4.79}} L \\ &= \frac{518(1.07)^{0.79}(1.04)^{1.79}(1.5)^{0.207}}{(1{,}000)(2)^{4.79}}(9{,}500) \\ &= 218\,\text{psi}\end{aligned}$$

$$\begin{aligned}p_{si} &= p_{wf} - \Delta p_h - \Delta p_f \\ &= 6{,}350 - 4{,}401 + 218 = 2{,}167\,\text{psia}\end{aligned}$$

11.2.4 탄산염암의 산 처리법 설계

탄산염암 산처리법(carbonate acidizing)의 목적은 시추공 주변 지층 손상을 제거하는 것이 아니라 유정 자극법을 적용한 후 오일 또는 가스가 웜홀을 통해 유동되도록 하는 것이다. 그림 11.14는 실험실에서 산에 의한 석회암 용해에 의하여 만들어진 웜홀을 나타낸다(Hoefner and Folgler, 1988).

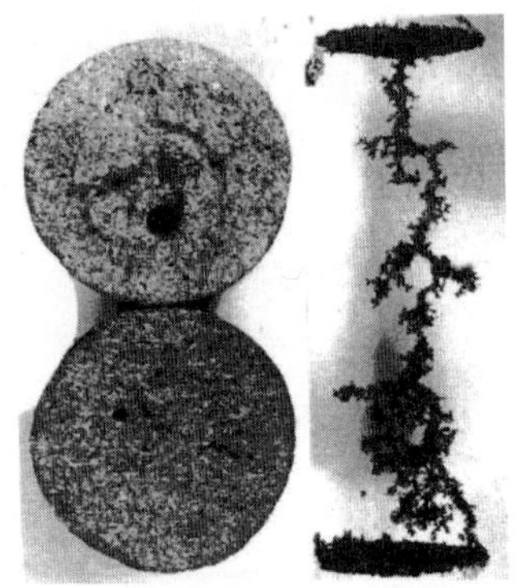

그림 11.14 석회암의 산 용해에 의해 생성된 웜홀 (Hoefner and Folgler, 1988).

탄산염암 저류층에서는 지표 반응 속도가 매우 높고, 탄산염 광물의 이동이 저류층 내의 오일과 가스 유동을 국지적으로 제한하기 때문에, 매우 불균질한 용해 패턴을 형성함으로 탄산염암의 산처리는 사암의 산처리 설계보다 훨씬 더 복잡하다. 따라서 산처리법 적용 시 생성되는 웜홀의 구조는 유체 기하학, 산의 주입량, 반응속도, 탄산염 광물의 이동에 따라 달라지며, 산처리법 설계는 실험실 자료를 이용한 수치적인 모델에 의해서 이루어진다.

(1) 산의 선정

탄산염암의 산처리에서는 주로 염산(HCl)을 사용한다. 약산은 지층 내를 천공하거나, 천공 후 세정(cleanup)을 하는데 이용되며, 강산은 그 외의 처리 시에 권장된다. 또한 농도가 높은 산을 적용할수록 유체가 더 지층내로 깊숙이 유동된다. 표 11.4는 Mcleod(1984)에 의해서 제안된 탄산염암 산처리에 적용되는 산의 종류 및 산도를 나타낸 것이다.

표 11.4 탄산염암 산처리에 사용하는 산 유형과 농도

천공 유체	5% 아세트산
손상된 천공	9% 포름산 10% 아세트산 15% HCl
하부 시추공 손상	15% HCl 28% HCl 유화 HCl

(2) 산 처리 시 주요변수

산 처리법 수행 시 적용되는 산의 체적과 산의 주입률, 주입 압력 등은 중요 변수이다. Economides 등(1994)은 산의 체적 산정법으로 다음 두 가지 모델을 제시하였다. (1) Daccord의 웜홀 전파 모델(wormhole propagation model) (2) 체적 모델(volumetric model) (wormhole을 관통하는 산의 체적 모델) (1)의 모델이 이상적인 반면에 (2)는 실제적이다. Daccord 등(1989)에 의해 발표된 웜홀 전파 모델에서 지층의 단위 두께 당 요구되는 산의 체적은 식 (11.57)을 이용하여 계산되며, 체적 모델 적용 시 지층의 단위두께 당 요구되는 산의 체적은 식 (11.59)로 산출된다.

$$V_h = \frac{\pi \phi D^{2/3} q_h^{1/3} r_{wh}^{d_f}}{b N_{Ac}} \tag{11.57}$$

V_h = 지층 단위 두께 당 산 체적, m^3/m

ø = 공극률, fraction

D = 분자 확산계수, m^2/s

q_h = 지층 단위 두께 당 주입률, m³/sec−**m**

r_{wh} = 원하는 웜홀 침투 반경, m

d_f = 1.6, fractal dimension

b = 105×10^{-5} in SI units

N_{Ac} = 산 모세관 수(acid capillary number), dimensionless

여기서,

$$N_{Ac} = \frac{\phi \beta \gamma_a}{(1-\phi)\gamma_m} \tag{11.58}$$

γ_a = 산 비중, 물 = 1.0

γ_m = 광물 비중, 물 = 1.0

$$V_h = \pi \phi (r_{wh}^2 - r_w^2)(PV)_{bt} \tag{11.59}$$

여기서, $(PV)_{bt}$는 코어의 끝에 wormhole breakthrough에서 요구되는 공극 체적이다.

예제

공극률 15%를 가지는 석회암 층(비중 2.71)에서 반경이 0.328 ft인 시추공으로부터 3 ft 웜홀로 28 wt% HCl을 전파시키는 것이 필요하다. 설계된 주입량은 0.1 bbl/min−ft이며, 확산계수는 10^{-9} m²/sec, 28 wt% HCl의 밀도는 1.14g/cm³이다. 선형 코어유동에서 코어의 끝단에서 웜홀 파쇄를 위해서는 1.5 공극체적이 필요하다. Daccord 모델과 체적법을 이용하여 필요한 산 용해액 체적을 계산하시오.

풀이

(1) Daccord 모델:

$$\begin{aligned} \beta &= C_a \frac{v_m MW_m}{v_a MW_a} \\ &= (0.28)\frac{(1)(100.1)}{(2)(36.5)} \\ &= 0.3836\,\text{lb}_\text{m}\ \text{CaCO}_3/\text{lb}_\text{m}\ 28\,\text{wt\%}\ \text{HCl solution} \end{aligned}$$

$$N_{Ac} = \frac{\phi\beta\gamma_a}{(1-\pi)\gamma_m} = \frac{(0.15)(0.3836)(1.14)}{(1-0.15)\,(2.71)} = 0.0285$$

$$q_h = 0.1\,\text{bbl/min} - \text{ft} = 8.69 \times 10^{-4}\,\text{m}^3/\,\text{sec} - \text{m}$$

$$r_{wh} = 0.328 + 3 = 3.328\,\text{ft} = 1.01\,\text{m}$$

$$\begin{aligned} V_h &= \frac{\pi\phi D^{2/3} q_h^{1/3} r_{wh}^{d_f}}{b N_{Ac}} \\ &= \frac{\pi(0.15)(10^{-9})^{2/3}(8.69\times10^{-4})^{1/3}(1.01)^{1.6}}{(1.5\times10^{-5})(0.0285)} \\ &= 0.107\,\text{m}^3/\text{m} = 8.6\,\text{gal}/\,\text{ft} \end{aligned}$$

(2) 체적법

$$\begin{aligned} V_h &= \pi\phi\,(r_{wh}^2 - r_w^2)\,(PV)_{bt} \\ &= \pi(0.15)(3.328^2 - 0.328^2)(1.5) \\ &= 7.75\ \text{ft}^3/\,\text{ft} = 58\,\text{gal}/\,\text{ft} \end{aligned}$$

11.3 수압파쇄

11.3.1 개요

오일과 가스는 다양한 지질학적 형태를 갖는 저류층에서 생산된다. 저류층내 탄화수소는 지질학적 작용에 의해 퇴적암의 공극 속에 포획되어 있다. 이 때, 압력을 받고 있는 저류층을 시추하게 되면 저류암의 공극내에 함유된 오일과 가스는 시추공안으로 흘러 지상으로 유출되는 경향을 가진다. 또한, 탄화수소가 시추공 주변에 분포하기 때문에 저류층의 모든 부분에서 시추공으로 이동하며, 이 때 발생하는 유체의 유동 형태를 방사형 유동(radial flow)이라 한다(그림 11.15). 방사형 유동을 보이는 유정에서의 생산 능력(production capacity)은 지층과 시추공간의 압력차(Δp), 지층 유동 용량

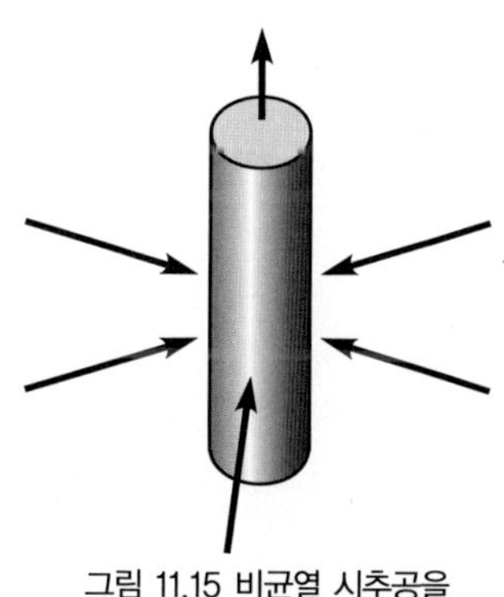

그림 11.15 비균열 시추공을 향한 방사형 유동

(kh), 생산 지층의 투과도(k), 그리고 지층 두께(h)에 의존한다.

유정의 생산 능력은 수압파쇄법(hydraulic fracturing)으로 크게 향상될 수 있으며, 수압파쇄의 과정은 다음과 같다. 먼저 고압의 유체를 시추공으로 주입하여 지층에 균열을 야기한다. 또한, 지속적인 유체 주입을 통해 지층에 높은 투과도를 갖는 균열을 발생시킨다. 이 때, 지층에 생성된 균열은 모래나 인공의 낟알 모양을 갖는 물질과 같은 지지체(proppant)를 사용하여 유지한다. 탄산염으로 구성된 저류층의 경우, 주입 유체로 산이 사용되며, 주입되는 산은 지층과 반응하여 지층을 용해시킨다. 이 때, 산은 지층과의 반응을 통해 균열이 닫히지 않게 유지시켜주는 역할을 하며, 지층 내에 채널을 생성하여 균열의 투과도를 증가시킨다. 저류층 내에서 인위적인 균열을 통해 그림 11.16과 같이 유체가 시추공으로 선형적으로 유동한다. 선형 유동 발생시 저류층의 회수율이 증대되며, 균열은 저류층내 유체 유동에 필요한 압력을 크게 감소시킨다. 따라서, 저류층에 수압파쇄를 수행함으로써 생산 능력을 향상시키고 경제성을 확보할 수 있다. 여기서, 회수율의 향상은 저류층 내의 탄화수소를 보다 단기간에 생산할 수 있음을 의미하며, 유체의 생산기간은 지층의 투과도와 큰 관련이 있다.

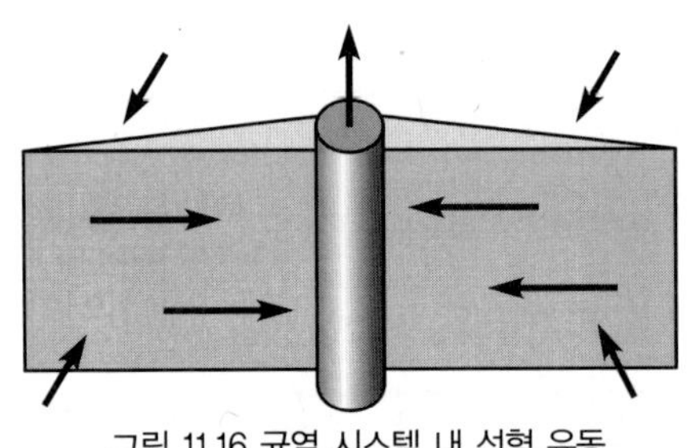

그림 11.16 균열 시스템 내 선형 유동

수압파쇄법은 일반적으로 낮은 투과도를 갖는 유정에서 생산 능력을 증가시키기 위해 사용한다. 수압파쇄를 통해 생성된 균열 접촉면은 낮은 투과도를 가지는 유정에서의 유량을 향상시키고, 경제적인 생산을 발생시킬 수 있다. 또한, 높은 농도의 지지체와 비교적 작은 부피의 파쇄팩(frac pack)이라 불리는 처리제를 사용하여 사암층의 투과도를 높이는 수압파쇄법이 효과적이다. 산성파쇄(acid fracturing)는 적정한 투과도를 갖는 탄산염층에서 가스 생산시에 높은 생산량을 유지하는데 사용된다. 수압파쇄법은 균열로 인해 초기 생산성을 향상 시킬 뿐 만 아니라 선형 유동을 유도하고 유체 생산 중에 발생하는 저류층의 압력 하강을 감소시켜 저류층의 생산 효율을 증가시킨다.

수압파쇄의 효율은 생산성 지수(productivity index, PI)를 이용하여 나타낼 수 있다. 수압파쇄를 통해 향상된 투과도는 유량에 영향을 주기 때문에 수압파쇄가 효율적으로 수행되었다면, 생산성 지수가 증가하게 된다. 생산성 지수(J)에 대한 방정식은 다음과 같다:

$$J = \frac{q}{\Delta p} \tag{11.60}$$

J = 생산성 지수, STBPD/psi

q = 유량, STBPD

Δp = 저류층 압력(p_r) − 유동하는 유체의 공저 압력(p_{wf})

11.3.2 파쇄 형태

균열 메커니즘과 저류층 조건에 따라 균열의 성장의 정도가 변화한다. 따라서, 효율적인 수압파쇄를 수행하기 위해서는 균열을 모델링하고 설계하기 이전에 다음의 인자들 간의 상관관계를 이해하는 것은 중요하다.

(1) 파쇄 방위와 방위각

1940년대와 1950년대 수압파쇄법 적용 초기에는 대부분의 균열이 얇은 판 모양의 층 사이에서 발생하였기 때문에 수압파쇄로 인해 발생한 대부분의 균열면은 시추공과 수평한 형태일 것으로 예측되어져왔다. 하지만, 1960년대에 들어서 응력을 받는 암석 시료를 가지고 실험실에서 수행된 시추공의 속성작용 실험은 대부분의 균열이 수평적이라는 이전의 추측과는 달리 시추공에 대해서 수직임을 보여주었다. 또한, 이러한 실험을 통해 암석의 응력은 생성된 균열면의 방향을 지시하고, 또한 방위나 생성된 균열면의 투영된 방위각에 영향을 준다는 것을 확인하였다.

응력이 균열에 미치는 영향을 분석하기 위해 지층에 작용하는 응력을 그림 11.17에서와 같이 두 개의 수평 응력(σ_x, σ_y)과 하나의 수직 응력(σ_z)으로 나눌 수 있다. 지층에 작용하는 총 응력은 응력의 세 요소 합에 유체 공극압력(또는 저류층압력, p_r)을 추가한 것이다. 공극압력은 봉압된 유체(탄화수소 저류층에서는 주로 오일과 가스)와 과압을 받는 지층의 무게에 의해 발생된다. 이때 공극압력은 지층에 작용하는 세 가지 주요 응력의 축을 따라 발생한다.

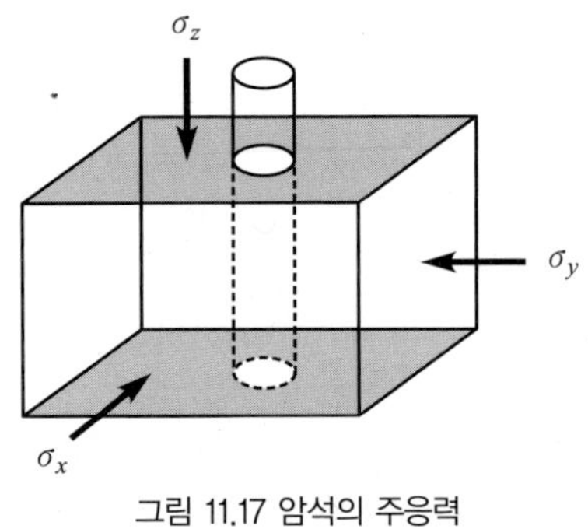

그림 11.17 암석의 주응력

수압파쇄 처리제가 지층안으로 주입되면, 시추공에서는 인장에 의한 암석 파괴를 통해 균열이 생성되며, 생성된 균열의 방향은 암석의 초기 응력에 의해 결정된다. 이때, 수압파쇄로 인해 발생된 균열은 항상 암석의 최소 주응력과 수직한 방향으로 생성된다. 예를 들어, 만일 σ_x이 최소 주응력이라면, 생성된 균열은 아래의 그림 11.18에서 보여지는 단면과 같은 방향으로 발생될 것이다.

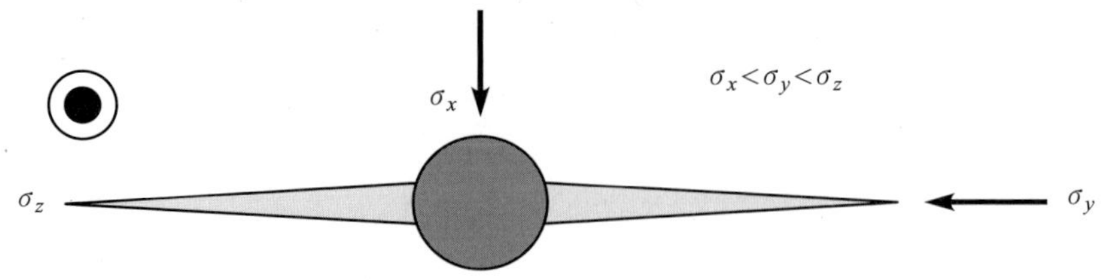

그림 11.18 최소 주응력(σ_x)의 방향과 수직으로 생성된 균열

만일 수직 응력인 σ_z이 최소 주응력이라면, 생성된 균열은 시추공에 수직한 평면내에서 발생할 것이다. 수평의 균열은 수직 응력(σ_z)이 최소 주응력인 천부의 저류층에

서 발생된다. 그러나 수직의 균열이 1,100*ft*의 천부 유정에서 측정되었다면, 편향된 균열과 다른 이상대가 심한 습곡과 단층으로 인해 비정상적인 응력이 작용하는 지역일 가능성도 있다. 하지만, 석유공학 분야에서는 대부분 수직 균열만을 다루기 때문에 균열 발생과 관련된 모델 개발과 균열의 거동을 이해하기 위한 균열 압력은 수직적인 균열 시스템에 기반 한다.

(2) 파쇄 방위각

주응력은 균열의 수직 또는 수평 방향을 결정할 뿐만 아니라, 균열의 방위에도 영향을 준다. 다음과 같은 두 가지 이유로 인해 균열의 방위를 파악하는 것이 중요하다: 1) 균열을 갖는 유정간의 간섭을 최소화한다. 2) 2차 및 3차 회수 공법 적용에 유리하다. 그림 11.19는 두 개의 수압파쇄정에서 균열의 방위에 따라 간섭이 발생함을 보여준다.

그림 11.19 간섭이 일어난 수압파쇄정의 모식도

일반적인 균열의 방위 경향을 지질학적 영역에서 알고 있다 하더라도 특정 유정에 대한 균열의 방위는 지역적으로 결정되어야만 한다. 균열의 방위를 측정하고 예측하는 기술은 여러 가지가 있으며, 수압파쇄 적용시 일반적으로 아래와 같은 방법을 이용하여 균열의 방위를 결정한다.

- 경사 측량계 (tiltmeters)
- 코어를 가지고 전단력 감소와 이방체의 실험적 측정
- 시추공의 탄성파 탐사 (borehole seismic surveys)
- 시추공의 타원율 측정 (measurement of borehole ellipticity)

(3) 파쇄 높이, 폭 및 길이

유정의 생산성을 향상시키기 위한 균열형상은 균열 높이, 균열 폭, 유효 균열 길이에 의존한다. 이러한 변수들은 상호 의존하고 암반의 응력에 의해 크게 영향을 받는다. 그림 11.20은 균열파쇄의 모식도를 나타낸다.

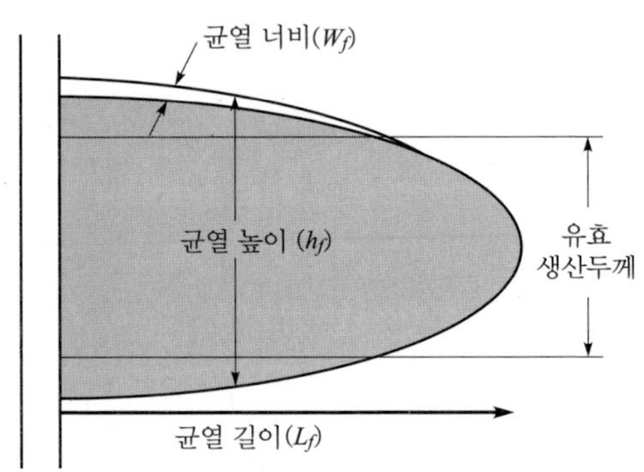

그림 11.20 균열 형상의 모식도

그림 11.20은 시추공을 중심으로 수압파쇄로 인해 균열이 발생했을 때, 이론적인 총 균열 형태의 절반을 나타낸다. 이런 경우, 균열 길이(L_f)는 실제 균열 길이의 반이 된다. 유정의 생산성과 균열의 관계를 고려할 때 이와 같은 점에 유의해야 한다.

균열 형태와 관련해서 균열 너비(w_f)와 균열 투과도(k_f)는 균열에서의 탄화수소 이동능력인 균열 전도도(w_f, k_f)를 결정할 수 있다. 또한, 균열 높이(h_f)는 순생산구간(net pay)이나 지층 두께와 관련되며, 균열의 높이가 너무 클 경우 처리제 용량이 도달할 수 있는 균열 길이가 제한될 수 있다. 균열 길이는 생산 구간 안으로의 수평 균열의 확장 정도를 의미하며, 균열에서 생산할 유효생산구간 범위를 결정할 수 있다.

(4) 파쇄 형태에 영향을 미치는 요소

다음의 저류층 특성은 균열 형태에 영향을 준다:

- 지층의 투과도(k_o) (formation permeability)
- 암석의 초기 응력 (in situ rock stresses)

• 암석의 성질 (rock properties)
• 저류층 압력 (reservoir pressure)

11.3.3 파쇄요소의 결정

수압파쇄 동안 실시간으로 균열의 성장을 관측할 수 있는 유일한 수단은 압력의 모니터링과 해석이다. 수압파쇄 공법은 일반적으로 다음의 과정을 동반한다:

• 지층 붕괴
• 초기의 균열 성장
• 균열 확장 및 확대
• 균열의 닫힘

따라서, 이러한 과정에 영향을 주는 변수를 이해하는 것은 성공적인 수압파쇄 설계와 적용에 있어 중요하다. 미니파쇄(mini-frac) 또는 자료취득 파쇄(data-frac)라 불리는 파쇄전 주입시험(pre-frac injecton test)은 수압파쇄에 앞서 균열에 대한 정보를 제공할 수 있으며, 수압파쇄가 수행되는 동안에 지층이 어떻게 거동할 것인지를 지시해 줄 수 있다. 이것은 또한 천공 마찰 압력, 시추공 주변 압력(비틀림)과 초기 처리에서 복합균열 생성 여부 등의 정보 취득에도 사용될 수 있다. 파쇄전 주입 시험에 따른 전형적인 압력 거동은 그림 11.21과 같으며, 파쇄전 주입 시험으로 획득할 수 있는 정보를 보여준다.

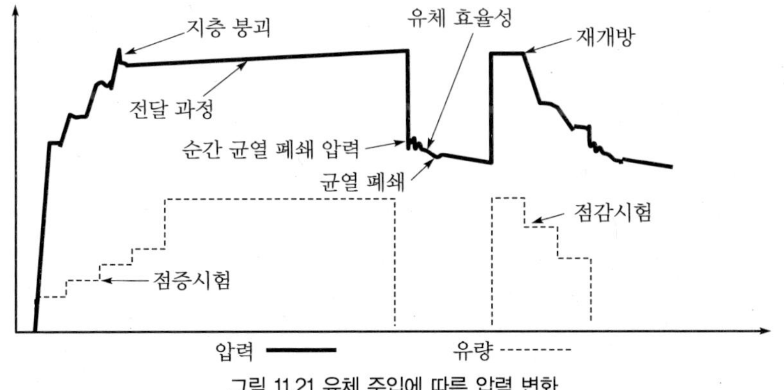

그림 11.21 유체 주입에 따른 압력 변화

다음의 변수들은 파쇄전 주입 시험을 통해 결정될 수 있다:

- 지층 붕괴 압력
- 균열 변화율
- 균열의 확장 압력
- 동시적인 봉쇄 압력(Instantaneous Shut-In Pressure, ISIP)
- 균열 폐쇄 압력
- 균열 열림 압력
- 처리 시추관 마찰압력 지시
- 천공 마찰
- 시추공 주변 마찰 (비틀림)
- 유체 효율성
- 패드(pad) 용량 측정

(1) 파쇄 설계변수

수압파쇄법을 선택하고 실행하는데 있어 다양한 변수가 있으며, 몇 개의 변수들은 특정 유정과 저류층 특징과 직접적으로 관련이 있다. 여기서, 저류층 특징은 심도, 저류층 압력, 저류층 온도, 생산구간의 두께, 천공된 구간 등이다. 이런 변수들 외에도, 다음과 같이 계획된 파쇄 처리법과 관련한 많은 변수들이 있다:

- 처리 용량
- 수압파쇄 유체 형태
- 겔(gel) 농도
- 지지체(proppant)의 형태와 크기
- 지지체 농도
- 주입률

(2) 파쇄 공법 수행절차

성공적인 파쇄 공법(fracturing treatment)은 운영 회사와 서비스 회사간의 친밀한 공동작업을 필요로 한다. 다음은 성공적인 파쇄 공법을 위해 고려되어야할 단계이다:

1) 파쇄 지역을 선택한다.

2) 모든 가능한 유정 정보와 자료를 재검토한다.

3) 파쇄 유체를 주입하는 서비스 회사로부터 제공받는 유정 정보와 취급 유체자료를 이용하여 사전 파쇄 처리 설계를 한다. 파쇄 유체 선택은 이 과정 동안 재검토될 수도 있다.

4) 파쇄 처리 설계와 관련한 서비스 회사의 입력 자료를 재검토한다.

5) 파쇄 처리 설계를 완결하고 파쇄 처리 과정에서 작업 인력의 안전과 운영회사의 정두장치(woll-head), 시추관 및 공저 완결장비 보호를 고려한다.

6) 서비스 회사 장비가 유정 지역내 이동해 들어오고 리그를 구성한다.

7) QA/QC 진행과 가능한 제품과 재료를 이용하여 파쇄법에 사용할 유체를 효율적으로 준비한다.

8) 안전에 대한 회의를 가지고 서비스 회사의 장비, 정두장치, 정두장치의 연결장치, 압력 완화 장치에 대해 압력 시험을 한다. 파쇄전 시험과 주요 파쇄 처리법은 운영회사와 서비스회사간의 원활한 의사소통을 가지고 전문적인 방법으로 해야만 한다.

9) 파쇄 처리법동안 관측되는 균열 자료와 압력 거동은 유정 파일 내에 축적되고 저장되어야 한다. 디지털 자료는 확보되어 처리 분석과 앞으로의 설계에 이용되어야 한다. 파쇄 동안 중요 사건은 기록되어야 하고, 다음의 파쇄 처리법을 위해 개량된 사항도 기록되어야 한다.

10) 파쇄 처리법 이후에는 유정 작업이 주의 깊게 관측되어야 한다. 균열배치의 효율성과 균열 높이의 성장 정도를 결정하기 위해 방사성 추적자 물리검층(radioactive tracer logs)을 하여 파쇄후(post-frac) 상태를 평가한다. 또한, 효과적인 균열 길이와 전도도를 얻기 위해 파쇄후 압력변화 시험을 하여 성공적인 파쇄와 나중의 파쇄에 대한 향상된 설계를 가능하게 한다.

11.3.4 파쇄 후보지 선정

다음은 수압파쇄 후보지 선정을 위해 수행되어야할 단계이다.

1) 저류층 특성과 완결에 관한 유정 자료의 모음
2) 유정의 잠재성 판단
3) 유정의 역학적 상황 평가
4) 파쇄법 처리 설계의 계산

유정 자료 모음 - 유정에 대해 수압파쇄가 적용될 경우, 많은 상황들이 영향을 줄 수 있으므로 전체적인 유정의 실측자료가 필요하다. 또한, 유정의 생산 자료 또한 수압파쇄의 성공률을 높일 수 있다.

저류층 특성 - 저류층은 목표 구간의 고갈 정도, 파쇄법 처리로 점진적인 생산성, 가스/오일 또는 물/오일 비율에 미치는 영향, 생산구간 및 주변 구간의 지질학적 및 암석학적 특성과 시추공 주변 균열의 영향이 고려되어야 한다. 유정 데이터, 물리검층, 생산자료, 그리고 다른 기타 정보는 파쇄 후보지 선정을 위해 파쇄 공법 수행 전에 검토되어야 한다. 저류층 다양한 조건은 파쇄 공법 후의 유정의 생산성에 영향을 준다. 따라서, 저류층에 대한 정보 취득은 유정자극(stimulation) 선택 시 필수적으로 요구되며, 다음과 같은 저류층 조건이 고려되어야한다:

- 높은 가스/오일 또는 물/오일 비율
- 인접 유정의 간섭효과
- 암석 및 초기 응력 경계를 포함한 지층의 경계
- 낮은 생산성의 원인

높은 가스/오일 또는 물/오일 비율 - 수압파쇄를 통해 발생된 균열은 높은 전도도를 가지기 때문에 저류층 생산성을 향상시키는데 큰 도움이 된다. 하지만, 그림 11.22와 같이 균열이 인근의 유정의 하부와 접촉하거나 가스 캡 상부로 수직적으로 성장한다면, 생산에 문제가 발생할 수 있다.

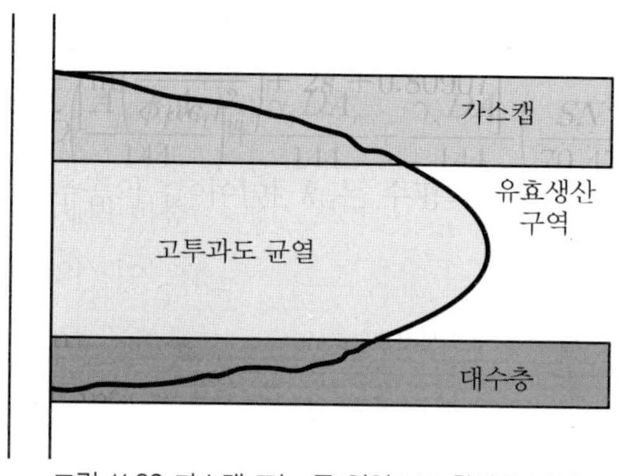

그림 11.22 가스캡 또는 물 영역으로 확장된 균열

정상적인 범위 내에서 수압파쇄가 수행되었다면, 저류층이 수압파쇄 적용 이전에 높은 가스-오일비(gas-oil ratio, GOR) 또는 물-오일비(water-oil ratio, WOR)가 균열 발생 후에는 감소한다. 하지만, 일단 균열의 범위가 유정의 하부와 접촉하거나 가스 캡 상부로 수직적으로 성장하게 되면, GOR 또는 WOR에서 문제가 발생하게 된다. 또한, 균열 성장으로 인한 문제 발생시에는 추가적인 물 또는 가스 생산을 중단하는 것은 불가능하다. 따라서, 수압파쇄 적용시 GOR과 WOR에 대한 고려가 반드시 필요하다.

인근 유정의 간섭효과 – 동일 저류층 내 높은 투과도를 갖는 균열의 성장은 다른 유정의 생산성에 영향을 준다. 발생된 균열이 다른 유정에 존재하는 균열 시스템과 맞닿는다면, 이와 같은 간섭현상은 극명하게 나타난다 따라서 유정 밀집 구역에서 수압파쇄를 수행할 경우, 균열 방위와 파쇄 균열 크기에 대한 설계가 매우 중요하며, 새로운 필드에서 도입되는 유정의 시추는 유정 사이의 간섭을 최소화하고 탄화수소의 회수를 최대화시키기 위해 균열 길이와 방위가 충분히 고려된 위치에서 수행되어져야 한다.

지층 장벽 – 수압파쇄 적용시 지층내에 발생하는 균열의 수직 성장은 초기 응력과 암석의 특징에 영향을 받으며, 이는 수압파쇄 설계시 반드시 고려되어야 하는 요소이다.

지층의 암석에 대한 물성 측정은 실험실이나 실제현장에서 수행되어지며, 일부 암석은 특별한 성질을 보인다. 특히, 암석의 특성 중에서 영률, 포아송비, 인장력은 암석

내에서 발생하는 균열의 거동에 영향을 주며, 균열의 성장률은 암석의 성질에 기반하여 변하게 된다. 셰일(shale)의 경우, 사암이나 석회암에서 발생하는 균열과 다른 거동을 보이며, 고밀도의 특성으로 인해 수직 균열을 가지거나 비교적 느린 균열 성장률을 보인다. 이때, 균열의 수직 성장은 암석의 형태보다는 초기응력에 더 큰 영향을 받는다. 최근 들어서, 수압파쇄 공법 설계에 의한 지층의 균열 발생 형태를 모사하기 위해 균열의 길이, 높이, 폭과 같은 3차원 균열의 기하학을 모델링하기 위한 컴퓨터 시뮬레이션이 사용되고 있다. 3차원 균열 모델에서 균열 생성은 길이, 높이, 폭과 같은 3-D 균열의 기하학을 이용하여 수치적으로 수압파쇄 공법을 모사할 수 있다. 3-D 균열 모델에서 사용되는 주요 입력값은 생산구간과 경계지역에 대한 암석 응력 조건이며, 암상에 따른 응력 조건과 이에 균열의 성장 형태는 그림 11.23과 같다.

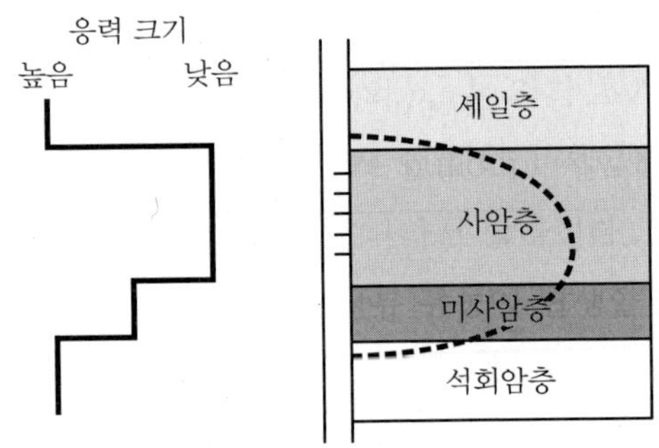

그림 11.23 암상에 따른 응력 조건이 균열 성장에 미치는 영향

암석의 응력은 음향속도를 이용한 물리검층으로부터 취득된 자료를 이용하여 분석할 수 있다. 음향 물리검층은 일반적인 물리검층보다 비용이 많이 소요되지만, 잠재적인 균열 높이 성장과 상대적 균열 정도에 대해 신뢰도 높은 자료를 제공한다. 따라서 수압파쇄에 앞서 지층의 응력 조건과 암석 특성 자료를 얻기 위한 쌍극자 음향 물리검층이 요구된다. 서비스 기업의 경우, 균열 높이를 측정하기 위해 음향 측정과 지층 암석 특징 분석을 위한 물리검층을 이용한다. 물리검층은 압력 증가에 따른 균열의 수직 성장에 관한 정보를 제공할 수 있다. 균열 높이에 대한 파쇄 후 측정은 수압파쇄 공법의 효과 평가와 동시에 파쇄법 적용에 있어 국부적인 문제를 이해하는데 활용될 수 있

다. 균열 높이를 측정하는 방법은 유체와 지지체 주입단계에서 방사성의 추적자 사용, 파쇄 후 인접 시추공에서 온도를 측정하는 방법 그리고 시추공에서 미소탄성파를 이용해 측정하는 방법이 있다.

지층의 응력 조건과 암석의 특성외에도 균열의 높이는 다양한 요인에 의해 영향을 받는다. 예를 들면, 균열의 폭은 주입 유체의 점성도, 주입률, 그리고 총 주입량의 함수로 나타난다. 균열의 폭이 증가할 경우 그림 11.24와 같이 균열의 수직 성장도 확장하는 경향이 있다. 따라서, 3-D 균열 모델에서 암석의 특성과 응력조건 입력 시, 이론적인 균열 높이를 도출할 때 주입 유체의 부피, 주입량 등의 다양한 변수를 고려한다.

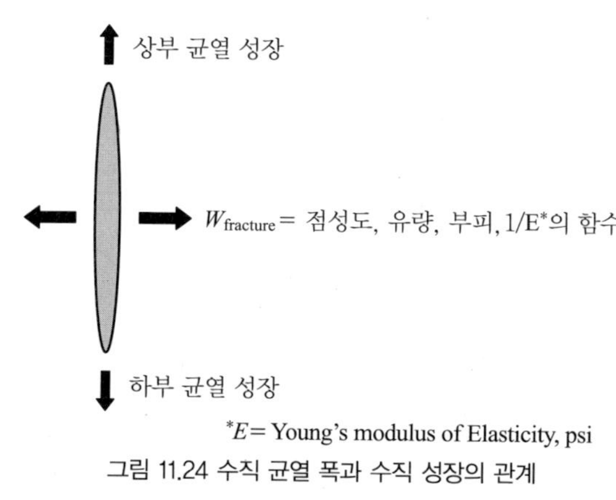

*E = Young's modulus of Elasticity, psi

그림 11.24 수직 균열 폭과 수직 성장의 관계

낮은 생산성의 원인 결정 – 수압파쇄법은 다양한 형태의 저류층에 대해 유정의 생산성을 증가시키는 효과적인 방법이며, 이미 경제적인 생산이 진행되고 있는 유 · 가스전에서도 추가적인 생산성 향상을 위해 적용되는 빈도가 증가하고 있다. 특히, 비교적 낮은 투과도를 가지고 있는 가스층에서 경제적인 생산을 수행하기 위해서 유정완결시 수압파쇄법이 반드시 필요하다.

수압파쇄법이 대상 저류층의 낮은 생산성을 향상시키기위해 사용될 경우, 수압파쇄 수행 이전에 낮은 생산성을 보이는 원인을 파악해야하며, 대표적인 원인은 다음과 같다.

- 지층의 낮은 투과도
- 지층의 손상

• 저류층 고갈

지층의 낮은 투과도 – 오일이나 가스를 생산하는 지층의 유체 전도도(kh)는 저류층 내 유체가 시추공내로 유입되는 유량을 대표할 수 있으며, 지층의 유효 투과도(k)와 생산 지층의 두께(h)에 의존한다. 일반적으로, 유전의 경우 보통 1md 이하, 가스전의 경우 0.01md 이하의 투과도를 가질 때, 낮은 투과도를 갖는 지층으로 분류된다.

대부분의 저류층은 이상대의 압력(0.5psi/ft 이상의 공극 압력 구배)을 갖지만, 지층의 낮은 유체 전도도로 인해 수압파쇄 적용전에는 매우 낮은 생산성을 보인다. 수압파쇄법은 유체의 선형 유동을 유도하는 높은 투과도의 균열을 발생시키기 때문에 낮은 투과도를 가진 저류층에서 생산을 증가시키는데 매우 효과적이다.

지층의 손상 – 생산정에 손상을 일으키는 데는 다양한 원인이 있다. 저류층내 손상 지역이 존재할 경우, 손상 지역은 투과도가 감소되기 때문에 유정의 생산성 또한 줄어든다. 저류층 손상에 의한 압력 손실은 그림 11.25와 같이 나타낼 수 있다.

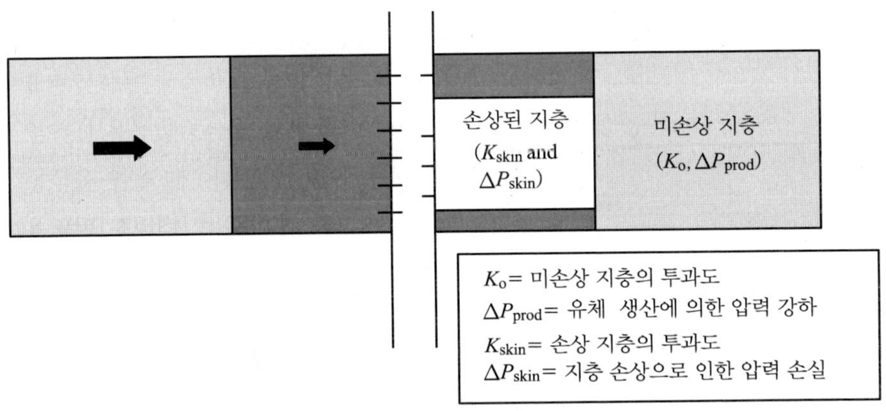

그림 11.25 손상구역에 따른 압력 손실

지층의 손상은 다음에 의해 발생한다:

• 점토 및 미세입자 충전물 형성
• 충전물의 천공
• 유상액
• 상대투과도 영향

• 아스팔트, 파라핀, 스케일의 축적
• 시추로 인한 손상

지층 손상은 시추공과 천공 부분의 지층을 처리하기 위해 고안된 암체 처리법을 통해 제거될 수 있다. 이 처리법에 사용되는 산성 기반의 주입 유체는 산성에 반응하는 물질을 용해하거나 유기 솔벤트를 분해하기 위해 사용된다. 수압파쇄의 경우 많은 비용이 소모되기 때문에 손상된 지층이 암체 처리법으로 처리될 수 없거나 반복적인 암체 처리가 요구되는 지역에 사용되기도 한다. 수압파쇄 적용시 생성된 균열의 높은 투과도에 의해서 높은 유체전도도를 갖는 통로가 생성되며, 이로 인해 손상 지역의 효과를 무마시킬 수 있다.

고갈 드라이브를 갖는 저류층의 생산성은 석유 및 가스가 생산됨에 따라 감소하며, 생산량이 경제적 한계에 도달했을 때 유정을 폐쇄하게 된다. 이러한 유정에서의 수압파쇄의 적용은 비교적 제한적이며, 이는 수압파쇄를 통해 추가적으로 회수되는 탄화수소의 생산량이 빠른 속도로 감소되기 때문에다. 또한, 수압파쇄 적용시 저류층 압력이 대체적으로 낮은 편에 속하기 때문에 탄화수소 회수에 소요되는 시간이 길다.

저류층의 품질과 손상 정도 평가 – 유정의 잠재성 평가를 위해 몇가지 시험법이 저류층에 적용된다. 유정생산시험(well-test)은 저류층에 단순한 압력 상승을 유도하여 저류층의 여러 가지 변수를 제공할 수 있으며, 압력 분석시험으로부터 얻을 수 있는 중요 자료는 다음과 같다:

• 지층의 투과도, k
• 시추공 주변 손상 (skin effect)

수압파쇄를 통해 발생시키는 인공적인 균열은 손상 지역에서 높은 투과도를 갖는 경로를 생성하는데 효과적인 방법이다.

11.3.5 기계적인 고려사항

저류층 특성을 점검한 이후에는 생산 향상에 대한 잠재성을 가진 유정이 선택되며, 선택된 유정에 수압파쇄법 적용 시 수압파쇄에 필요한 최대 압력이 계산되어야 한다.

수압파쇄 압력을 결정할 때 유정에 설치되어 있는 튜빙의 수명과 상태를 포함해 고려되어야할 역학적 사항은 공저 완결과 정두장치이다. 모든 기계적 장비는 주입 유체의 유량과 압력을 충분히 높일 수 있는 압력 범위 내에서 작동해야 한다.

균열을 발생시키는 동안에 주입 유체는 높은 압력에서 유정 내로 주입되고 균열을 성장시킨다. 정두 장비, 튜빙, 공저 완결 장비는 이런 과정에서 기계적 하중을 감당할 수 있어야 한다.

튜빙과 케이싱의 작업 압력률, 정두 장비, 기타 하부의 장비는 수압파쇄를 수행할 수 있는 최대 압력에서 결정되어야 한다. 만일 장비 중 일부가 고안된 압력과 비율에서 견딜 수 없다면, 하중에 대한 수용력을 추가하거나, 장비를 교체하거나, 주입 유체를 제한해야 한다.

케이싱과 지층간의 시멘팅 상태 – 케이싱과 지층간의 시멘트 봉합이 효율적으로 수행될 경우, 목표구간으로 수압파쇄 주입유체를 유동시키는데 효과적으로 작용한다. 시멘트 봉합이 제대로 이루어지지 않았다면, 수압파쇄 유체가 시추관 뒤로 이동하거나 저항이 낮은 지층으로 유출될 수 있다. 시멘팅 봉합 상태에 대한 확신이 서지 않는다면, 이를 확인하기 위해 시멘팅을 대상으로 물리검층을 수행하는 것이 바람직하다. 시추과정이나 유정완결 동안 온도 물리검층을 수행하여 시멘팅 봉합 상태를 지시할 수 있는 자료를 취득할 수 있다.

편류를 차단하거나 케이싱 뒤 빈 공간을 채우기 위해서는 시멘팅을 보충하고 밀어넣는 과정이 필요하다. 충진 시멘팅(squeeze cementing)은 천공을 통해 시멘트를 주입하기 때문에 유정에서 고압의 수압파쇄시 주의가 요구된다. 가능하다면, 압착된 지역은 패커와 스트링을 이용해 수압파쇄로부터 격리되어야 한다. 만일 압착된 지역이 균열이 생성된 구간 아래에 있다면, 압착된 지역은 브릿지 플러그나 샌드 플러그를 활용하여 격리시킬 수 있다. 만일 압착된 지역을 분리할 수 없다면, 시추공은 압착된 천공이 수압파쇄 압력에 견딜 수 있도록 시험을 거쳐야한다.

튜빙의 상태 – 유정자극 설계 엔지니어는 튜빙의 특성과 상태를 주의 깊게 고려해야 한다. 튜빙과 케이싱은 상대적 크기, 무게, 강철 등급에 따라 특정한 항복 응력(yield stress)을 가진다. 유정내 튜빙은 예상되는 최대 하중에 견딜 수 있도록 설계된다. 따라서, 수압파쇄에 필요한 높은 압력은 튜빙의 허용 압력을 초과할 수도 있으며, 이러한 유정을 수압파쇄하기 위한 계획에서는 특별한 계측과정이 수행되어야 한다.

유체의 최대 주입압력 영향 – 유정 자극 과정에 있어서 균열을 생성하고 유도하여 지층을 생산하기에 충분한 압력을 전달하는 것은 매우 중요하다. 튜빙과 케이싱은 수압파쇄 동안 예상되는 최대 주입 압력을 견딜 수 있어야 한다. 따라서 파쇄작업 이전에 튜빙과 케이싱은 압력 시험을 통해서 최대 허용 압력을 예측해야한다.

만일 튜빙이 최대 주입 압력에서 시험될 수 없다면, 수압파쇄동안에 주입유체의 주입률은 튜빙에 의해 제한되어야 한다. 만일 효과적인 균열을 생산하기 위해 수입률을 높여야 한다면, 튜빙을 끌어올리거나 케이싱 아래로 균열을 만들거나, 특정 고압에서 작업할 수 있는 생산 튜빙으로 교체해야한다.

튜빙/케이싱 환체공간(annulus)에서의 압력 – 패커와 같은 차단 장치에 의해 튜빙/케이싱으로부터 공간이 분리되었을 때, 수압파쇄가 튜빙 아래로 시행된다면, 환체공간이나 튜빙의 뒷면의 압력을 유지하는 것이 효율적이다. 환체공간에 가해지는 압력은 수압파쇄 동안 튜빙 누수에 대한 조기 탐지가 가능하도록 하며, 수압파쇄 동안 튜빙과 패커에 작용하는 압력차를 감소시킬 수 있다.

11.3.6 최대 지상 주입압력

설계된 수압파쇄에 대한 적격성을 평가하기 위해서는 튜빙, 정두 장비를 고려하여 최대 지상 주입압력을 계산해야 한다. 또한 예상되는 최대 지상 주입압력과 주입유체의 유량은 지층내로 유입되는 유체의 압력이 충분한가를 확인하게 해준다.

주입 압력의 구성요소는 다음과 같다:

- BHTP = Bottomhole Treating Pressure = 균열 구배×심도, psi–지속적인 유체 주입에 의한 균열의 유지와 균열 성장에 필요한 압력
- $P_{\pi pe}$ = 유체가 주입되는 동안 튜빙과 케이싱내 마찰 압력, psi–마찰 압력은 유체의 형태 및 점성도, 시추정 크기, 주입률에 의존한다.
- P_{perfs} = 천공을 통한 마찰압력, psi–이것은 초기 균열이 확대되는 동안에 발생하는 압력이다.

- $P_{\neq t}$ = 균열 길이를 따라 마찰 압력의 감소, psi-균열이 성장할수록, 높이, 폭, 길이는 증가한다.
- $P_{\text{hydrostatic}}$ = 시추공내 주입 유체의 밀도에 의한 수압. 유체 기둥의 하중은 중력으로 인해 수압파쇄에 영향을 미치며, 실제 공저압력은 정두에서의 지상압력과 수압의 합에서 여러 형태의 마찰압력을 제외한 값이다.

$$P_{\text{surface}} = BHTP + P_{\pi pe} + P_{\text{perfs}} + P_{\neq t} - P_{\text{hydrostatic}} \tag{11.61}$$

지상의 압력 요소는 그림 11.26과 같다.

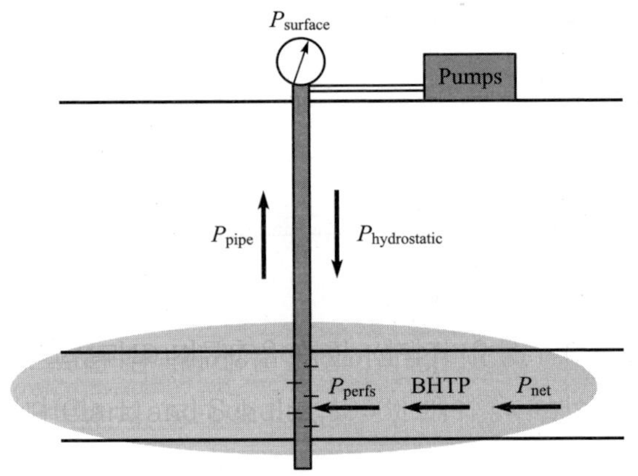

그림 11.26 주입 압력에 영향을 주는 압력 성분

따라서 지상에서의 주입압력을 설계하기 위해서는 시추공내에서 발생하는 균열 구배를 계산해야하며, 사용되는 주입 유체의 특성을 결정해야 한다. 또한, 마찰압력을 예측하기 위해 파이프 크기와 목표 구간의 심도 파악 그리고 천공을 통한 파이프 마찰과 유동에 의한 마찰도 결정되어야 한다.

- 균열 구배 결정 - 지층의 균열 구배는 공저 균열 압력을 수직 깊이로 나누어서 구한다.
- 유체 기둥 압력($\Delta P_{\text{hydrostatic}}$) + 지상에 작용하는 압력($P_{\text{surface}}$) - 마찰에 의한 압력 손실($\Delta P_f$) = 균열압력($BHTP$)이다. 균열 압력은 균열을 유지하기 위해 필요한 공저압력이다.

마찰에 의한 압력손실(ΔP_f)는 식 (11.62)와 같이 계산할 수 있다.

$$\Delta P_f = \frac{518\rho^{0.79}Q^{1.79}\mu^{0.207}}{1,000D^{4.79}}L \tag{11.62}$$

ρ = 유체 밀도, g/cm³

Q = 주입량, bbl/min

μ = 유체 점성도, cp

D = 튜빙 직경, in.

L = 튜빙 길이, ft

지층 내에서 균열 구배는 크게 붕괴 구배와 확대 구배로 나눌 수 있다. 균열 붕괴압은 균열 발생에 필요한 최소 공저 주입압력이다. 균열 확대 압력은 균열 확대에 필요한 압력 또는 균열이 시추공에서 지층으로 성장하는데 필요한 압력이다. 지층 붕괴에 필요한 압력은 균열을 확대하는 압력보다 높다. 이는 균열을 만들기에 필요한 시추공 주변의 후프 응력(hoop stress)이 존재하기 때문이다.

균열의 붕괴와 확대 거동은 지층의 형태에 따라 달라진다. 예를 들면, 연질의 고결 사암에서의 균열 팩 처리제에서 균열의 시작은 매우 미세하고, 균열 확대에 필요한 압력보다 비슷한 지층의 붕괴 압력을 가진다. 반면에 단단하고 투과도가 낮은 석회암내 붕괴 구배는 균열 확대 구배보다 약 100psi 정도 높다. 자연 균열 저류층에서는 기존의 균열을 확대하는 경향이 있기 때문에 지층의 붕괴가 관찰되지 않는 경우도 있다.

지층에 대한 붕괴압력과 균열 확대 압력은 수압파쇄 이전에 실행되는 파쇄전 공법 동안에 측정된다. 이러한 측정과정을 통해 앞서 설계한 수압파쇄의 주요 인자를 변경시키기도 한다. 새로운 유정에 대한 수압파쇄 설계 계산에서 균열 구배 평가는 인근 유정에서 행해진 수압파쇄나 저류층 자료와 암석 특성을 이용하여 얻기도 한다.

현장에서 균열 구배를 측정하기 위해서는 주입유체를 균열 생성에 충분한 유량과 압력을 유지하여 지층으로 주입해야 한다. 주입시험 시 펌프를 이용하여 순간적으로 주입을 중단할 때, 지상 압력은 순간적인 폐쇄압력(Instantaneous Shut-In Pressure, ISIP)으로 감소할 것이다. 균열의 확장 구배는 ISIP와 다음의 방정식을 사용하여 계산될 수 있다.

Fracture Gradient = ISIP/Depth + Fluid Gradient (11.63)

ISIP = 순간적인 폐쇄압력(psi)

유체 구배 = ISIP 도달 시점에서 튜빙내 유체의 정수압(psi/ft)

심도 = 천공된 구간의 중점에서의 수직 심도(ft)

ISIP에서의 순압력(net pressure)의 영향 – ISIP를 통해 정확한 균열 구배를 얻기 위해서는 지층에 주입되는 유체의 유량과 압력을 적절하게 유지해야 한다. 균열이 발생된 후 일정한 주입률과 압력을 통해서 균열이 확장하게 되며, 이때의 균열 확장에 대한 저항은 시추공으로부터 멀리 떨어진 윗방향으로부터 시작된다. 이러한 균열 성장에 대한 저항은 순압력으로 묘사된다. 대부분의 균열은 이러한 순압력에 의해 제한되기 때문에 균열이 진행되는 동안에 압력은 꾸준히 증가하게 된다. 이러한 거동은 작업의 후반부에 측정되는 ISIP가 파쇄 전 주입시험에서 측정된 ISIP보다 수백 psi에서 수천 psi 높은 이유를 설명해준다. 따라서, 순압력 거동에 대한 영향은 균열에 대한 다양한 압력 특성을 취득할 시에 고려되어야 한다.

파쇄 유체 구배($\boldsymbol{P}_{\text{hydrostatic}}$) 결정 – 정수압 구배라 불리는 파쇄 유체 구배는 파쇄 유체의 밀도와 직접적으로 관련 있다. 균열 구배와 같이 균열 유체 구배는 지상에서의 주입 압력에 영향을 줄 수 있다. 파쇄 압력에 대한 두 가지 주요 기능은 균열 확장 능력과 저류층 상태에서 지지체 수송 능력이다.

지지체 파쇄에 사용되는 파쇄 유체에는 크게 세가지 형태가 있다: 물–기반, 오일–기반, 다상 혼합물이다. 파쇄 유체 구배는 밀도에 의존하기 때문에 파쇄 유체 구배를 결정하기 위해서는 유체 시스템을 이해하는 것이 필요하다. 주요 유체 시스템에 대한 유체 구배는 표 11.5와 같다.

표 11.5 주요 유체 시스템의 유체구배

유체 시스템	유체구배 (psi/ft)
겔화된 물(gelled water)	0.44
겔화된 오일(gelled oil)	0.36
유탁액(emulsion)	0.39
폼(foam)	
이산화탄소(70%, 액상)	0.45
질소(70%, 폼)	0.22

유체압력은 다음과 같이 계산된다.

$$P_{hydrostatic} = 0.4335 \times \gamma_{fracfluid},\ g/cc \times 심도,\ ft \tag{11.64}$$

$\gamma_{fracfluid}$ = 파쇄 유체의 비중, g/cc

심도 = 천공 중간 지점에서의 진 수직 심도, ft

유체 시스템에서 유체구배는 지지체가 첨가될수록 증가하고 균열 확장을 유지하는 주입 압력을 감소시킨다. 반대로, 작업 스트링, 천공과 균열로 인해 발생되는 마찰로 인한 압력 손실은 지지체 함유량 증가에 따라 증가한다.

지지체 슬러리의 밀도는 다음과 같이 계산될 수 있다.

$$\rho_{slurry} = \frac{(\rho_{fracfluid} + P_{con})}{[1 + (AVF \times P_{con})]} \tag{11.65}$$

ρ_{slurry} = 지지체 슬러리 농도, lbs/gal

$\rho_{fracfluid}$ = 파쇄 유체 밀도, lbs/gal

AVF = 지지체 절대 용적률, gals/lb

P_{con} = 지지체 농도, lbs/gal

표 11.6은 일반적으로 사용되는 지지체의 절대 용적률을 나타낸다.

표 11.6 다양한 지지체들의 절대 용적률

지지체 유형	비중	AVF (gals/lb)
모래	2.65	0.0456
수지 코팅 모래	2.56	0.0472
econoprop/valuprop	2.70	0.0448
carbolite/naplite	2.73	0.0443
carboprop/interprop	3.29	0.0367
보크사이트(bauxite)	3.59	0.0337

천공을 통한 마찰 손실 압력(P_{perfs}) 측정 – 식 (11.66)에서, 천공을 통한 마찰 손실은 주입 압력 결정에 중요한 인자로 작용한다. 천공에 의한 마찰은 파쇄유체가 지층내 생성된 균열 시스템으로 주입되는 동안 발생한다. 천공 마찰 압력은 천공 크기와 주입률

의 함수이다. 일반적으로, 천공을 크게 할수록 천공 마찰 압력 손실은 감소하며, 주입률이 증가할수록 마찰에 의한 압력손실은 증가한다.

제한된 주입 압력은 단일 공법을 통해 수백 피트의 다층을 처리하기 위해 사용된다. 따라서, 다층의 암석이 가지고 있는 초기 응력과 균열을 발생시키기 위해 주입되는 유체가 모든 천공 안으로 유입될 때 발생할 수 있는 천공 마찰을 충분히 극복할 수 있도록 총 천공 수가 의도적으로 제한된다. 반대로, 수압파쇄의 대상이 되는 지층내 천공 수에 따라 유체의 주입이 제한될 수도 있다. 천공에 의한 압력 손실은 다음과 같이 계산될 수 있다.

$$P_{\text{per fs}} = \frac{0.2369\, Q^2\, \rho}{D^4\, C^2} \tag{11.66}$$

P_{perfs} = 천공을 통한 마찰 감소, psi
Q = 주입률 (BPM/perf)
D = 천공 직경 (inches)
C = 천공 계수 (보통 0.95)
ρ = 유체 밀도, lbs/gal

작업 스트링($P_{\pi pe}$)을 통한 마찰 압력 손실 – 케이싱이나 튜빙과 같은 작업 스트링 내로 주입되는 파쇄 유체에 의한 마찰 압력은 수압파쇄 압력에 영향을 준다. 작업 스트링을 통한 마찰 압력에는 다음과 같은 요소가 있다:

- 유체 형태
- 겔(또는 마찰 감소제) 농도
- 주입률
- 파이프 직경

위의 요소들은 아주 다양한 형태로 마찰 압력을 발생시키며, 일반적으로 서비스 기업에 의해 축적된 실험적 자료로부터 결정된다.

그림 11.27은 2 7/8인치 튜빙이나 4 1/2인치 케이싱 안으로 유입되는 가교된 파쇄 유체에 대한 손실 압력에 대한 예제이다. 도표에서 마찰에 의한 압력 손실은 “psi/1000ft” 또는 “psi/100ft”의 단위로 표현된다. 파이프에 의한 마찰은 1,000ft 마

다 천공된 중간의 측정지점에서 그래프로부터 얻어진 값을 곱하여 계산된다.

특정 유체에 의해 발생하는 파이프 마찰은 현장에 따라 아주 다양하게 나타난다. 대부분 가교된 파쇄 유체가 사용되기 때문에 화학적 가교자가 주입됨에 따라 유체에 첨가된다. 가교자의 목적은 겔 첨가물의 높은 분자량의 폴리머 체인을 연결하여 상대적으로 낮은 폴리머 하중(<12.0 lbs/gal)에서 유체의 점성도를 효과적으로 제공하는 것이다. 교차결합은 화학적 과정이기 때문에 시간과 온도는 유체 특성에 영향을 주고 파쇄 유체 마찰 손실 정도에 변화를 준다. 현장에서 발생하는 교차결합의 재반응은 대부분 유체가 천공 이후에 교차하도록 지연시키는 역할을 한다.

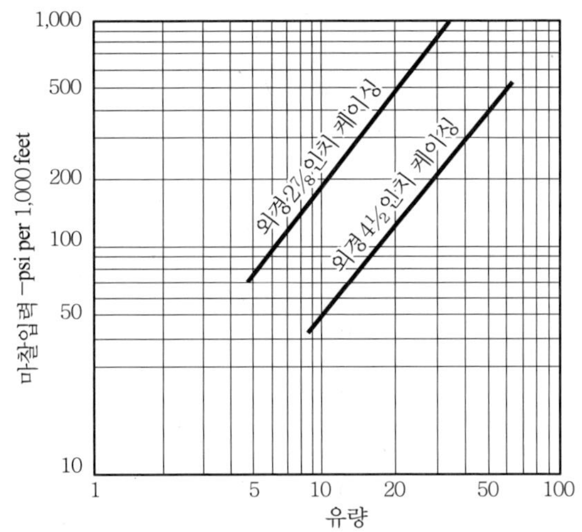

그림 11.27 파이프내 유체의 마찰 입력 (교차결합된 물 기반의 겔)

순균열압력($P_{\neq t}$) 측정 – 균열 성장으로 인해 발생하는 마찰 압력인 순균열압력($P_{\neq t}$)은 응력 경계에서 균열을 성장시키거나 지층 밖으로 이동시키는 지지체 슬러리의 저항에 필요한 압력이다. 이때, 균열과의 마찰로 인한 압력 손실은 순균열압력의 매우 작은 구성요소이로 보통은 무시한다. $P_{\neq t}$은 수압파쇄의 과정을 관찰하기 위한 균열의 속성작용에 사용된다.

정수압력(HHP) 필요조건 – 수압파쇄에 필요한 정수압력은 파쇄 유체를 높은 비율과 압력에서 주입할 수 있는 펌프를 사용하여 지층으로 공급된다. 파쇄유체 주입을 위해 사용되는 각각의 펌프는 모델의 종류와 작업 상황에 따라 각각의 정수압력을 제공할 수 있다.

수압파쇄를 설계하기 위해서는 파쇄 유체 주입 시 필요한 정수압력을 계산해야 한다. 지층으로 주입되는 유체를 고압으로 유지해야하기 때문에 가능하면 계산을 통해 도출된 정수압력 이상을 사용하거나, 정수압력 도출시 지상 주입압력을 높게 하는 것이 좋다. 상황에 따라 보통 50에서 100%로 유지될 수 있도록 정수압력을 관리해야한다.

정수압력은 처리제 주입률(Q, BPM)과 지상 처리압력($p_{surface}$)과 관련이 있으며, 관계식은 다음과 같다.

$$HHP = \frac{P_{surface} \times Q}{40.8} \tag{11.67}$$

HHP = 정수압력

$P_{surface}$ = 지상 처리 압력, psi

Q = 주입률, BPM

40.8 = HHP의 변환 인자

예제

심도가 10,000ft인 사암 저류층에 수압파쇄를 적용하고자 한다. 아래에 주어진 자료를 이용하여 수압파쇄를 위한 최대 지상 주입압력을 계산하시오.

- 지층파쇄압력(Formation breakdown pressure): 6,600psi
- 주입유체 비중(Specific gravity of fracturing fluid): 1.2g/cm^3
- 주입유체 점성도(Viscosity of fracturing fluid): 20cp
- 튜빙 내경(Tubing inner diameter): 3.0in.
- 주입량(Fluid injection rate): 10bbl/min

풀이

정수압 손실:

$$\Delta P_{\text{hydrostatic}} = (0.433)(1.2)(10{,}000) = 5{,}196\text{ psi}$$

마찰압력 손실:

$$\Delta P_f = \frac{518\rho^{0.79}Q^{1.79}\mu^{0.207}}{1{,}000D^{4.79}}L$$
$$= \frac{518(1.2)^{0.79}(10)^{1.79}(20)^{0.207}}{(1{,}000)(3)^{4.79}}(1{,}000) = 3{,}555\text{ psi}$$

지상주입압력:

$$P_{\text{surface}} = BHTP - \Delta P_{\text{hydrostatic}} + \Delta P_f = 6{,}600 - 5{,}196 + 3{,}555 = 4{,}959\text{ psi}$$

11.4 생산 최적화

11.4.1 소개

생산 최적화는 석유 · 가스 산업에서 서로 다른 공정들을 설명하는데 사용되어 왔으나 이 용어의 정확한 정의는 아직 이루어지지 않고 있다. Beggs(2003)는 생산 시스템의 거동을 분석하기 위해 노달 분석(nodal analysis) 방법을 제시하였다. 전체 생산 시스템이 전체 단위로 분석되었을지라도, 상호작용 요소, 전기 회로, 복잡한 배관망, 펌프, 그리고 압축기 등은 노달 분석을 이용하여 각각 평가되며, 만약 배관망의 일부분에서 과도한 유동저항이나 압력 감소가 나타난다면 그 위치가 규명될 수 있다.

다시 말해, 생산 최적화는 탄화수소의 생산량을 최대화하거나 기술적이고 경제적인 제약들을 최소화 시키고자하는 생산 시스템에 매개변수의 최적값을 측정하고 이를 실행하는 것이다. 시스템이 서로 다르게 정의 될 수 있으므로, 생산 최적화는 생산정 규모, 플랫폼/시설 규모, 그리고 유전 규모 등 여러 가지 수준에서 수행될 수 있다. 시스템의 생산 최적화를 위한 대상은 다음과 같다.

- 일반 유정 (naturally flowing well)
- 가스-리프트 유정 (gas-lifted well)

- 흡입대 펌프 유정 (sucker rod-pumped well)
- 분리기 (separator)
- 배관망 (pipeline network)
- 가스-리프트 설비 (gas lift facility)
- 석유 · 가스 생산 현장 (oil and gas production fields)

11.4.2 일반유정

일반 유정(naturally flowing well)은 생산 최적화에서 가장 간단한 시스템일 것이다. 단일 유동정에서 생산량은 유입 거동(inflow performance), 배관크기(tubing size), 초크 크기(choke size)에 따라 제어되는 정두 압력(wellhead pressure)에 의해 결정된다. 정두 압력은 보통 지상 설비 필요조건에 의해 제한되기 때문에, 초크 크기에 맞출만한 공간은 대부분 없다.

유정유입거동은 보통 암체 산 처리와 수압 파쇄를 포함하는 유정자극법(well-stimulation techniques)들에 의해 개선된다. 산 처리법이 상당히 손상받은 고투과도의 저류층에 효과적인 반면에, 수압파쇄법은 저투과도의 저류층에 더욱 유용하다. 방사형 유동으로 도출된 유입 방정식은 산처리된 유정의 유입 거동을 예측하기 위해 사용될 수 있고, 방사형 유동과 선형 유동 모두로 정의된 방정식은 수압파쇄 유정의 전달성을 예측하는데 사용될 수 있다.

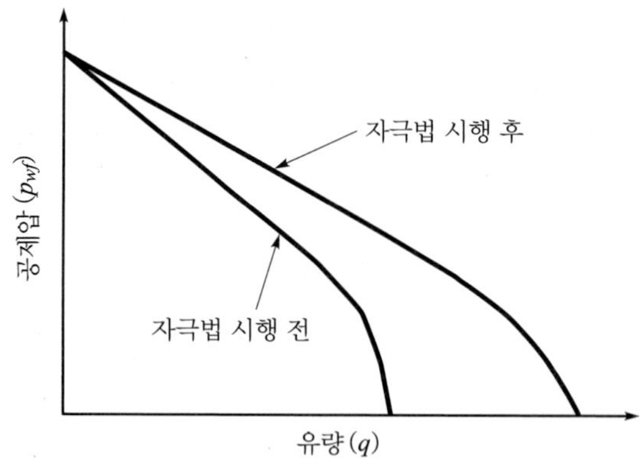

그림 11.28 자극법 시행 전후 유정유입거동(IPR) 관계곡선 비교

그림 11.28은 한 유정에서 유정 자극법이 실시된 전과 후의 유입 거동 관계(inflow performance relationship, IPR) 곡선들을 나타낸다. 이는 공저 압력이 증가함에 따라 자극을 통해 얻는 이점이 감소하는 것을 보여준다. 따라서 자극법이 적용된 단일 유정의 유입 거동을 예측한 후에 노달 분석이 수행되어야 된다. 자극된 유정과 자극되지 않은 유정의 운영 효율이 비교될 수 있다. 이러한 비교는 유정으로의 유입 유동이 유정의 전달성을 통제하는 한계 단계에 도달했는지에 대한 지표를 제시해준다. 만약 도달했다면, 처리 설계가 진행되며, 경제성 평가가 수행되어야한다. 만약 아니라면, 튜빙 크기의 최적화가 조사되어야한다.

튜빙 크기가 더 클수록 유정의 전달성이 높은 것은 아니다. 그 이유는 오일 유정에서 대형 튜빙이 가스-리프트(gas-lift) 효과를 감소시키기 때문이다. 대형 튜빙은 액체를 끌어올리는데 필요한 가스 유동의 운동에너지 때문에 가스 유정에서의 액체 집적(liquid loading) 현상도 야기한다. 최적의 튜빙 크기는 가장 낮은 마찰압력 강하와 최대 생산량을 산출해 낼 수 있다. 노달 분석은 최적의 튜빙 크기를 찾을 수 있는 튜빙 거동 곡선(가동율과 튜빙 크기로 구성)을 산출하기 위해 사용될 수 있다. 그림 11.29는 전형적인 튜빙 거동 곡선을 보여준다. 이는 3.5-in.의 내경을 갖는 튜빙이 600 STB/D의 최적 오일 생산율을 갖게 한다는 것을 나타낸다. 그러나 이 튜빙 크기는 3.0-in. 내경의 튜빙 또한 유사한 오일 생산량을 나타내며 가격 또한 저렴하기 때문에 최적환 된 것으로 볼 수 없다. 따라서 경제성 평가가 수행되어야 된다.

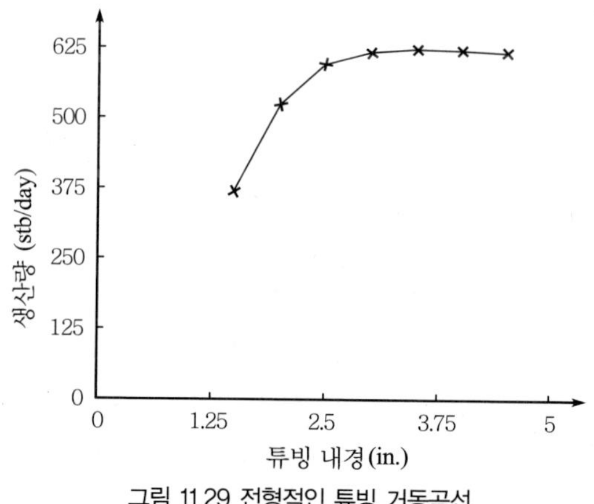

그림 11.29 전형적인 튜빙 거동곡선

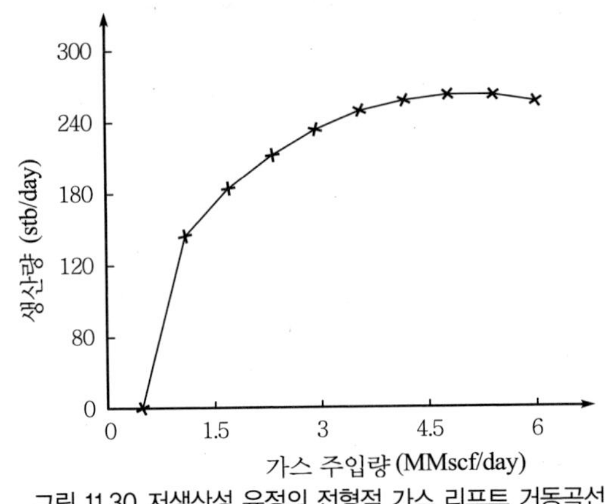

그림 11.30 저생산성 유정의 전형적 가스 리프트 거동곡선

11.4.3 가스-리프트 유정

개별로 구성된 가스-리프트 유정들의 최적화는 주로 최적화된 가스-리프트 가스 주입량을 결정하고 이용하는데 초점을 두고 있다. 가스-리프트 가스의 과주입은 많은 비용이 들며, 오일 생산량이 낮아진다. 최적 가스 주입량은 WellFlo(1997)과 같은 노달 분석 소프트웨어를 사용하여 산출된 가스-리프트 거동 곡선으로부터 알아낼 수 있다. 그림 11.30은 전형적인 가스-리프트 거동 곡선을 나타낸다. 이는 5.0-MMscf/D의 가스 주입량으로 260 STB/D의 최적화된 오일 생산량을 얻어낼 수 있음을 보여준다. 그러나 이 가스 주입량은 약간 더 낮은 가스 주입량과 비교하여 볼 때 낮은 가스 소모량을 보이면서 유사한 오일 생산량을 나타내므로 최적화된 것으로 볼 수 없다. 따라서 경제성 평가는 유사한 유정들을 묶어내는 규모에서 수행되어야 된다.

11.4.4 흡입대 펌프 유정

정상적인 흡입대 펌프 유정(sucker rod-pumped well)에서의 오일 생산량을 증가시키기는 어렵다. 이런 종류의 유정 최적화는 대부분 두 가지 영역에 초점을 두며, 이는 다음과 같다.

- 플런저 펌프의 체적효율 개선
- 펌핑 장치(pumping unit)의 에너지 효율 개선

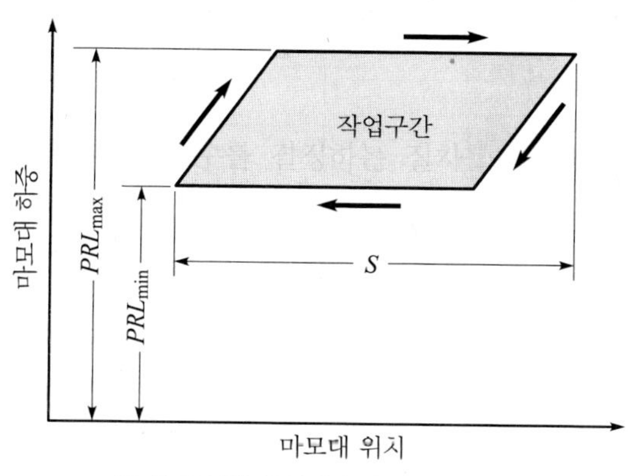

그림 11.31 탄성 흡입대의 이론적 하중 싸이클

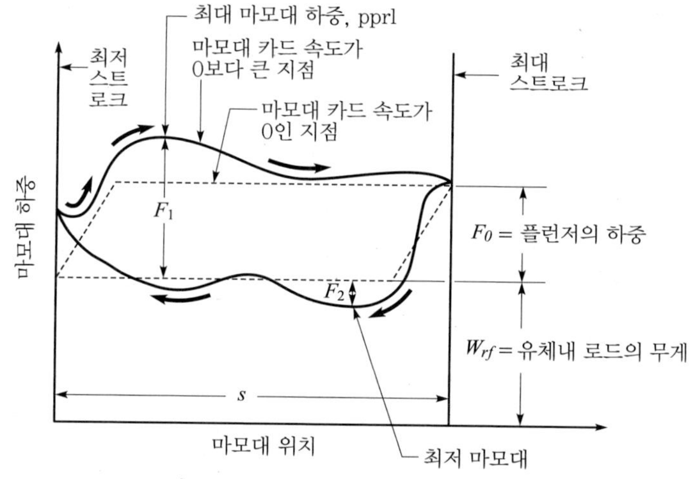

그림 11.32 정상적인 흡입대의 실제 하중 사이클

플런저 펌프(plunger pump)의 체적 효율을 산정하고 펌핑 장치의 에너지 효율을 개선시키는 것은 polished rod의 하중을 기록하는 동력계(dynamometer) 카드로부터 정보 이용을 요구한다. 그림 11.31은 탄성 흡입대(elastic sucker rods)의 하중 싸이클(load cycle)을 보여준다. 하지만 가속도와 마찰의 영향 때문에, 실제 하중 싸이클은 이론적인 싸이클과 매우 다르다. 그림 11.32는 보통 생산 조건에서 흡입대(sucker rod)의 실제 하중 싸이클을 보여준다. 이는 최대 마모대(peak polished rod) 하중이 이론적 최대 마모대 하중보다 매우 높을 수 있음을 실제로 보여준다.

많은 정보는 동력계 카드로부터 얻어질 수 있다. 이 절차는 그림 11.33에 나타난 매개 변수들로 설명되며, 그 용어는 다음과 같다.

- C = 동력계 보정 상수, lb/in.
- D_1 = 최대 편향, in.
- D_2 = 최소 편향, in.
- D_3 = 최대 편향추 효과가 나타나는 위치에서 펌핑장치를 정지하고 동력계 카드를 읽은 평형추 라인(counterbalance line)에서의 하중(상향행정에서 크랭크 암은 수평)
- A_1 = 카드의 하부 면적, in.^{2}
- A_2 = 카드의 상부 면적, in.^{2}

다음의 정보는 카드 매개 변수 값으로부터 얻어질 수 있다.

- 최대 마모대 하중(peak polished rod load): $PPRL = CD_1$
- 최소 마모대 하중(minimum polished rod load): $MPRL = CD_2$
- 하중구간(range of load): $ROL = C(D_1 - D_2)$
- 평균 상향행정 하중(average upstroke load): $AUL = \dfrac{C(A_1 + A_2)}{L}$
- 평균 하향행정 하중(average downstroke load): $ADL = \dfrac{CA_1}{L}$
- 로드 고도에 의한 일(work for rod elevation): $WRE = A_1$ (ft−lb)
- 유체 고도와 마찰에 의한 일(work for fluid elevation and friction):

  $WFEF = A_2$ (ft−lb)
- 이상적인 평형추 효과(approximate "ideal" counterbalance):

  $$AICB = \frac{PPRL + MPRL}{2}$$
- 실제 평형추 효과(actual counterbalance effect): $ACBE = CD_3$
- 보정 평형추 효과(correct counterbalance): $CCB = (AUL + ADL)/2$

$$= \frac{C(A_1 + \frac{A_2}{2})}{L}$$

• 마모대 마력(polished rod horsepower): $PRHP = \dfrac{CSNA_2}{33{,}000(12)L}$

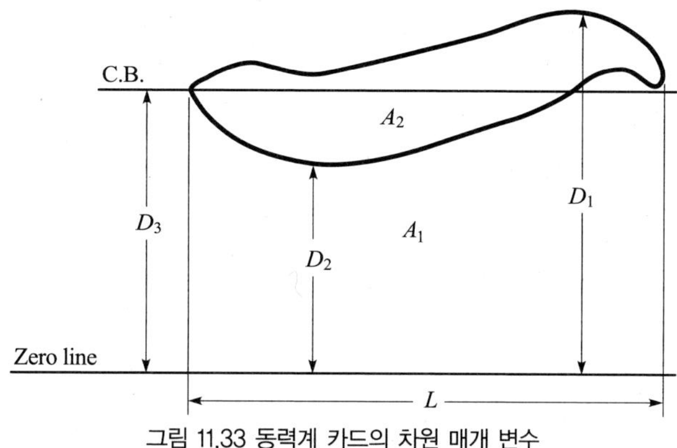

그림 11.33 동력계 카드의 차원 매개 변수

CCB(correct counterbalance)의 정보는 에너지를 절약하기 위해 평형추의 위치를 조절하는데 사용될 수 있다. 동력계 카드로부터 얻어지는 차원 매개변수 값에 더하여, 카드의 형태는 플런저 펌프의 작업 조건을 규명하는데 사용될 수 있다. 동력계 카드의 형태는 다음 조건에 영향을 받는다.

- 속도 및 펌핑 심도
- 펌핑장치 형태
- 펌프 조건
- 유체 조건
- 마찰계수

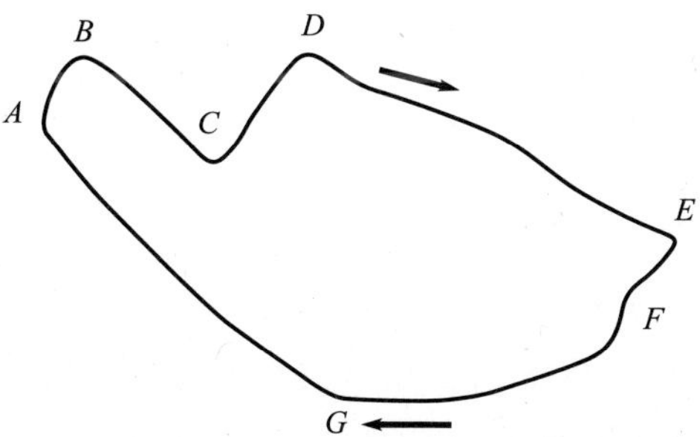

그림 11.34 동기화된 펌프 속도를 지시하는 동력계 카드

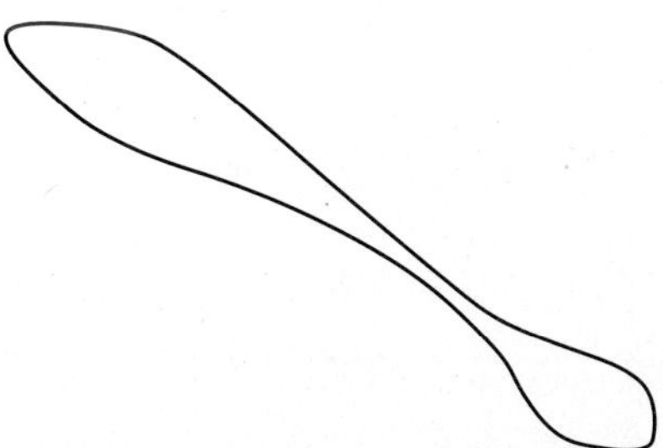
그림 11.35 Gas-lock을 지시하는 동력계 카드

Brown(1980)은 동력계 카드의 형태로부터 알 수 있는 13개의 비정상 조건들을 만들었다. 예를 들어, 그림 11.34에 나타난 동력계 카드는 동기 펌프 속도를, 그림 11.35는 Gas-lock 문제를 나타낸다.

예제

아래에 주어진 변수값을 이용하여 그림 11.33의 동력계 카드를 분석하시오.

S = 45 in.

N = 18.5 spm

C = 12,800 lb/in.

D_1 = 1.2 in.

D_2 = 0.63 in. A_1 = 2.1 in^2

L = 2.97 in. A_2 = 1.14 in^2

풀이

최대 마모대 하중: $PPRL = (12{,}800)(1.20) = 15{,}400$ lb

최소 마모대 하중: $MPRL = (12{,}800)(0.63) = 8{,}100$ lb

평균 상향행정 하중: $AUL = \dfrac{(12{,}800)(1.14+2.10)}{2.97} = 14{,}000$ lb

평균 하향행정 하중: $ADL = \dfrac{(12{,}800)(2.10)}{2.97} = 9{,}100$ lb

보정 평형추 효과: $CCB = \dfrac{(12{,}800)(2.10+\frac{1.14}{2})}{2.97} = 11{,}500$ lb

마모대 마력: $PRHP = \dfrac{(12{,}800)(45)(18.5)(1.14)}{33{,}000(12)(2.97)} = 10.3$ hp

11.4.5 분리기 (Separator)

분리 과정의 최적화는 주로 분리기(seperator)의 온도와 압력을 조절함으로써 더 많은 오일을 생산하는 데에 초점을 두고 있다. 분리기의 운영 온도를 더 낮추는 것이 유체 회수율을 증가시킨다는 사실이 현장 경험을 통해 입증되었다. 저온 분리 장치는 고압 분리기, 감압 초크와 다양한 교체 장비들로 구성된다. 초크의 사용으로 압력이 감소될 때, Joule-Thomson 또는 Throttling 효과로 인해, 유체의 온도는 떨어지게 된다. 이를 비가역성 단열처리 과정이라 하며, 이 과정에서 가스의 열 함유량은 초크를 통과해도 동일하지만, 가스의 온도와 압력은 감소된다.

일반적으로 저온 분리 장치의 오일 회수를 증가시키기 위해서는, 정두 유동압력(wellhead flowing pressure)과 배관 압력(pipeline pressure) 간에 적어도 2500~3000psi의 압력 강하가 필요하다. 분리기의 운영온도가 낮을수록, 더 가벼운 액체가 회수될 것이다. 감압 장치 사용에 적합한 가장 낮은 운영 온도는 대략 20°F이다. 이는 탄소강 변형에 의해 제약을 받으며, 현장설치 시, 낮은 온도 조건에서 고합금강을 사용하는 것은 경제적이지 못하다. 저온 분리 장치는 일반적으로 0~20°F 범위에서 운영된다. 장치의 압력 감소에 따른 실제 온도 강하는 가스의 구성 성분들을 포함하여, 가스와 액체의 유동량, 용기 온도, 주변 온도에 의해 영향을 받는다.

하이드레이트(hydrate)의 가스 팽창압력은 Katz (1945)와 Guo, Ghalambor (2005)에 의해 고안된 차트로부터 확인할 수 있다. 액체상과 기체상의 밀도는 플래시 계산(flash calculation)에 의해 예측되어질 수 있다. 저온 분리 장치 설비를 위한 특정한 조건에 따라, 감압 초크(pressure-reducing choke)는 보통 고압 분리기의 주입구에 고정된다. 낮은 가스 온도로 인해 초크 하부에 하이드레이트가 형성되어, 분리기의 하부에 떨어진다. 이것들은 분리기의 하부에 위치해 있는 액체 가열 코일(liquid heating coils)에 의해 가열되어 용융된다.

분리압력(separation pressure)의 최적화는 플래시 계산과 함께 수행되어진다. 가령 분리기에서 상평형이 일어난다고 가정하면, 유정에 있는 유체(well stream fluid)의 구성 성분들에 근거하여 분리 과정의 각 단계로부터 생산물의 품질을 예측할 수 있다. 이를 위해서는, 상평형 비율을 알고 있어야 한다.

$$k_i = \frac{y_i}{x_i} \tag{11.68}$$

k_i = i번째 구성성분의 액체/기체 상평형 비율

y_i = 기체상에서 i번째 구성성분의 몰분율

x_i = 액체상에서 i번째 구성성분의 몰분율

k_i값의 정확한 결정은 탄화수소 화합물의 상태방정식을 계산하는 컴퓨터 시뮬레이터를 필요로 한다. Ahmed(1989)는 상태방정식을 해결하기 위한 상세한 절차를 제시하였다. 1000psi 보다 낮은 압력에서, k_i값은 Standing이 제안한 식을 이용하여 계산할 수 있다.

$$k_i = \frac{1}{p} 10^{a + cF} \tag{11.69}$$

$$a = 1.2 + 4.5 \times 10^{-4} p + 1.5 \times 10^{-9} p^2 \tag{11.70}$$

$$c = 0.89 - 1.7 \times 10^{-4} p - 3.5 \times 10^{-8} p^2 \tag{11.71}$$

$$F_i = b_i \left(\frac{1}{T_{bi}} - \frac{1}{T} \right) \tag{11.72}$$

$$b_i = \frac{\log\left(\dfrac{p_{ci}}{14.7} \right)}{\dfrac{1}{T_{bi}} - \dfrac{1}{T_{ci}}} \tag{11.73}$$

p_c = 임계점, psia

T_b = 끓는점, $^{\circ}R$

T_c = 임계온도, $^{\circ}R$

1몰의 유체가 주입되었다고 가정할 때, 물질평형(mass balance)을 기반으로 하여 다음의 방정식이 성립한다.

$$n_L + n_V = 1 \tag{11.74}$$

n_L = 액체상인 유체의 몰수

n_V = 기체상인 유체의 몰수

i번째 구성성분에 대하여,

$$z_i = x_i n_L + y_i n_V \tag{11.75}$$

여기서 z_i는 주입유체의 i번째 구성성분의 몰분율이다. 식 (11.68)과 (11.75)를 조합하면,

$$z_i = x_i n_L + k_i x_i n_V \tag{11.76}$$

이고 x_i는 다음의 식을 통하여 산출된다.

$$x_i = \frac{z_i}{n_L + k_i n_V} \tag{11.77}$$

식 (11.76)에 적용된 물질평형은 다음의 조건을 필요로 한다.

$$\sum_{i=1}^{N_c} x_i = \sum_{i=1}^{N_c} \frac{z_i}{n_L + k_i n_V} = 1 \tag{11.78}$$

여기서, N_c는 유체의 구성성분들의 수이다. 또한, 식 (11.68)과 (11.75)의 조합은 다음과 같이 표현되어질 수 있다.

$$z_i = \frac{y_i}{k_i} n_L + y_i n_V \tag{11.79}$$

여기서, y_i는 다음의 식을 통하여 산출된다.

$$y_i = \frac{z_i k_i}{n_L + k_i n_V} \tag{11.80}$$

식 (11.80)에 적용된 물질평형은 다음의 조건을 필요로 한다.

$$\sum_{i=1}^{N_c} y_i = \sum_{i=1}^{N_c} \frac{z_i k_i}{n_L + k_i n_V} = 1 \tag{11.81}$$

식 (11.78)에서 식 (11.80)을 빼면,

$$\sum_{i=1}^{N_c} \frac{z_i}{n_L + k_i n_V} - \sum_{i=1}^{N_c} \frac{z_i k_i}{n_L + k_i n_V} = 0 \tag{11.82}$$

이고, 이 식을 정리하면 다음과 같이 된다.

$$\sum_{i=1}^{N_c} \frac{z_i(1-k_i)}{n_L + k_i n_V} = 0 \tag{11.83}$$

식 (11.83)과 (11.74)를 조합하면 다음과 같은 식이 산출된다.

$$\sum_{i=1}^{N_c} \frac{z_i(1-k_i)}{n_V(k_i-1)+1} = 0 \tag{11.84}$$

이 방정식은 기체상 n_V에서 유체의 몰수를 구하기 위해 사용된다. 이후, x_i와 y_i는 각각 식 (11.77)과 (11.80)을 통하여 계산할 수 있다. 액체상과 기체상의 분자량(MW)는 다음 식에 의해 계산되어진다.

$$MW_a^L = \sum_{i=1}^{N_c} x_i MW_i \tag{11.85}$$

$$MW_a^V = \sum_{i=1}^{N_c} y_i MW_i \tag{11.86}$$

여기서, MW_i는 i번째 구성성분의 분자량이다. 기체상의 분자량이 주어진 경우에, 기체상의 비중을 결정할 수 있으며, 질량÷체적(lb_m/ft^3) 관계에서 기체상의 밀도는 다음과 같이 계산되어진다.

$$\rho_V = \frac{MW_a^V p}{zRT} \tag{11.87}$$

질량체적(lb_m/ft^3) 관계에서, 액체상의 밀도는 Standing method(1981)에 의해 결정 될 수 있다. 즉,

$$\rho_L = \frac{62.4\gamma_{oST} + 0.0136 R_s \gamma_g}{0.972 + 0.000147\left[R_s\sqrt{\frac{\gamma_g}{\gamma_o}} + 1.25(T-460)\right]^{1.175}} \tag{11.88}$$

γ_{oST} = stock tank oil, water의 비중

γ_g = 용해가스의 비중, 공기의 비중=1

R_e = 오일의 가스 용해도, scf/STB

이를 통해, 기체상과 액체상의 비체적은 다음과 같이 표현되어진다.

$$V_{V_{SC}}=\frac{zn_V RT_{sc}}{p_{sc}} \tag{11.89}$$

$$V_L=\frac{n_L MW_a^L}{\rho_L} \tag{11.90}$$

$V_{V_{SC}}$ = 표준상태에서 기체상의 비체적, scf/mol-lb

R = 기체상수, 10.73ft^3-psia/lbmol-R

T_{sc} = 표준온도, 520°R

P_{sc} = 표준체적, 14.7psia

V_L = 액체상의 비체적, ft^3/mol-lb

결국, 분리기에서의 GOR은 다음과 같이 계산되어진다.

$$GOR=\frac{V_{V_{SC}}}{V_L} \tag{11.91}$$

분리 압력에서 석유의 비중과 API 비중은 식 (11.88)의 액체 밀도를 기반으로 계산되어질 수 있다. GOR 값이 더 낮을수록, API 비중과 액체 생산량은 더 높아진다. 가스 컨덴세이트의 경우, 주어진 온도에서 더 낮은 GOR 값을 산출하기 위한 최적의 분리 압력이 존재한다.

11.4.6 배관망

(1) 기초 이론

일반적으로 가스공급 시스템은 기본적인 파이프 배관뿐만 아니라 압축기, 정압기 등의 각종 밸브, 이음새, 저장탱크 등의 다양한 구성요소로 구성되어 있다. 이러한 각각의 구성요소들은 실제 배관의 압력강하와 유량 등의 배관내부의 유동에 직접적인 영향을 미치며, 실제 배관유동이나 배관망의 해석을 위해서는 이러한 모든 요소를 동시에 고려하여야 한다. 그러나 이것은 매우 방대한 내용으로 본 교과과정에서 다루어지기에는 무리가 있으므로, 본 교재에서는 기본적인 배관유동에 내용을 한정하도록 한다.

또한, 가스 공급을 위한 실제 배관시스템에 있어서 가스의 유동은 계속적으로 일정한 상태를 유지하지 않고, 시간에 따라 계속 변화하는 비정상상태(unsteady state) 흐름이다. 이러한 비정상상태 해석은 수학적으로 매우 복잡하고 유동을 지배하는 관계식들의 해석이 매우 어려워서 이론적인 방법을 통해 직접 계산하기는 불가능하여, 대부분의 경우 전산해석이나 실험적 방법을 통하여 해결하는 것이 일반적이다. 그러나 실제 설비의 운영에 필요한 일반적이고, 기본적인 정보를 구하는데 있어서는, 가스 흐름을 정상상태로 가정하여 적용하는 이론식과 실험관계식들이 대부분의 경우에도 상당히 좋은 결과를 보이고, 실제로도 널리 쓰이고 있다. 따라서, 본 절에서는 이러한 배관내부 유동을 해석하기 위한 기본적인 이론을 소개하고, 정상상태 배관 유동을 지배하는 유량방정식을 소개하고자 한다.

1) 연속방정식

질량보존의 법칙에 의하여, 배관을 흐르는 유체에 대하여 유체의 흐름이 1차원 정상상태일 때 배관내의 1지점을 흐르는 유체의 질량과 1지점으로부터 어느 거리에 있는 2지점을 흐르는 유체의 질량은 같다. 식으로 표현하면

$$q_m = \rho_1 V_1 A_1 = \rho_2 V_2 A_2 \tag{11.92}$$

여기서 q_m은 질량유량, ρ는 유체의 밀도, A는 배관의 단면적, V는 유체의 속도를 나타내고 첨자 1, 2는 배관 내의 서로 다른 두 지점을 나타낸다.

2) Bernoulli 방정식

정상상태 흐름에 있어서 단위 질량 기준의 에너지방정식으로 유도된 마찰손실을 포함하는 정상상태 Bernoulli 방정식은 다음과 같다.

$$dU + d(Vp) + \frac{1}{2g_c}dv^2 + \frac{g}{g_c}dz + dQ - dw_s = 0 \tag{11.93}$$

U = 내부에너지(ft-lbf/lbm)

V = 유체 비체적(ft^3/lbm)

v= 유체 속도(ft/sec)

p = 압력(lbf/ft^2)

z = 주어진 기준면으로 부터의 고도(ft)

W_s = 유체에 의해 주위에 행해진 일(ft−lbf/lbm)

Q = 유체에 더해진 열량(ft−lbf/lbm)

g = 중력 가속도(ft/sec^2)

g_c = 전환 요소(lbm−ft/lbf−sec^2)

여기에 열역학에서 잘 알려진 식 (11.94)의 엔탈피 관계식을 적용하면, 식 (11.95)와 같이 정리할 수 있다.

$$dU + d(pV) = dH = TdS + Vdp \tag{11.94}$$

H = 비유체엔탈피(ft−lbf/lbm)

T = 온도(°R)

S = 비유체 엔트로피(ft−lbf/lbm)

$$TdS + Vdp + \frac{1}{2g_c}dv^2 + \frac{g}{g_c}dz + dQ - dw_s = 0 \tag{11.95}$$

다시, $TdS = -dQ + dl_w$을 이용하여,

$$Vdp + \frac{1}{2g_c}dv^2 + \frac{g}{g_c}dz + dl_w - dw_s = 0 \tag{11.96}$$

l_w = 마찰에 의한 손실 에너지 (ft−lbf/lbm)

식 (11.96)에서 유체가 외부에 한 일(W_s)은 작기 때문에 무시, 양변에 유체밀도, ρ (lbm/ft^3)를 곱하면,

$$dp + \frac{\rho}{2g_c}dv^2 + \frac{g}{g_c}\rho dz + \rho dl_w = 0 \tag{11.97}$$

p = 압력

ρ = 밀도

v = 속도

g = 중력가속도

g_c = 전환요소

z = 높이

l_w = 마찰손실에너지

식 (11.97)의 왼쪽의 모든 항들은 압력의 단위를 갖고 있으며, 순서대로 압력항, 운동에너지 관련항, 고도차에 의한 위치에너지 관련항 및 손실에너지 관련항을 나타낸다. 이 식의 적분소 ***d***는 배관유동과 같이, 선형에 근사한 경우에는 식 (11.98) 및 (11.99)과 같이 표현될 수 있다.

$$\Delta p + \frac{\rho}{2g_c}\Delta v^2 + \frac{g}{g_c}\rho\Delta z + \rho\Delta l_w = 0 \tag{11.98}$$

$$\Delta p + \frac{\rho}{2g_c}\Delta v^2 + \frac{g}{g_c}\rho\Delta z + \Delta p_f = 0 \tag{11.99}$$

식 (11.95)에서 Δp_f는 유동조건에 의존하는 마찰에 기인한 압력손실을 나타낸다.

(2) 배관의 유량방정식

앞 절에서 유도한 식 (11.95)를 고도차이가 없는 수평 배관의 정상상태 흐름에 적용하면, 고도 차이에 의한 위치에너지 항이 무시되어 다음의 식 (11.96)이 얻어진다.

$$dp + \frac{\rho}{2g_c}dv^2 + \rho dl_w = 0 \quad \text{또는} \quad \Delta p + \frac{\rho}{2g_c}\Delta v^2 + \Delta p_f = 0 \tag{11.100}$$

식 (11.100)은 마찰항이 포함된 Bernoulli 방성식이고, 이 식으로부터 배관에 있어서 일반적인 유량방정식이 유도된다. 이 식 (11.100)을 인위적인 차압장치가 없는 배관에서 비교적 거리가 멀리 떨어진 두 지점에 대하여 적용하면, 정상상태에서 두 지점의 유속차이를 무시할 수 있으므로, 아래의 식 (11.101)과 같이 정리할 수 있다.

$$dp + \rho dl_w = 0 \tag{11.101}$$

여기서, 마찰에 의한 거리차이가 ***dL***인 두 지점 사이의 손실압력은 Fanning 방정식으로 잘 알려진 다음의 식 (11.102)와 같다.

$$\rho dl_w = \frac{2f'\rho v^2}{g_c D}dL \tag{11.102}$$

f' = Fanning 마찰계수

D = 배관 내부 직경

마찰계수는 일종의 비례상수로 유속(정확하게는 Reynolds 수)과 상대거칠기(ε/D)의 함수로 표현되며, 실험결과로부터 만들어진 식이나 Moody chart를 통하여 구할 수 있다.

위 식 (11.102)의 Fanning 마찰계수 대신에 실제적으로 널리 쓰이는 $4_f{}'$의 값을 갖는 Moody 마찰계수 f[2]를 사용하여 식 (11.102)를 식 (11.101)에 대입하면 다음 식 (11.103)과 같다.

$$dp + \frac{f'\rho v^2}{2g_c D}dL = 0 \tag{11.103}$$

여기서, 완전기체로 가정하고 식 (11.104)의 이상기체 상태방정식을 대입하여 정리하면,

$$\rho = \frac{pM}{zRT} \tag{11.104}$$

일반화하기 식 (11.104)를 대입하고, 표준조건[3]에서 아래의 연속방정식을 유체속도 v에 대하여 정리한 식 (11.105)를 대입하면, 식 (11.103)은 식 (11.106)과 같이 정리된다.

$$q_{sc} = q_m/\rho_{sc} = Av\rho/\rho_{sc} = (\pi\frac{D^2}{4})v(\frac{p}{T})(\frac{T_{sc}}{p_{sc}})(\frac{z_{sc}}{z})$$

또는

$$v = q_{sc}(\frac{zTp_{sc}}{pT_{sc}})(\frac{4}{\pi}D^2) \tag{11.105}$$

q_{sc} = 표준조건에서의 기체 체적유량(Mscf)

z = 압축계수

M = 가스의 분자량

R = 기체상수(= 10.732psia−ft^3/lb mole$^\circ R$)

$$-dp = (\frac{f}{2g_c D})(\frac{pM}{zRT})(\frac{16q_{sc}^2 Z^2 T^2 p_{sc}^2}{p^2 T_{sc}^2 \pi^2 D^4})dL$$

또는

$$-\int \frac{p}{Z}dp = (\frac{8fMTq_{sc}^2 p_{sc}^2}{Rg_c T_{sc}^2 \pi^2 D^5})\int dL \tag{11.106}$$

2) Blasius 혹은 Darcy–Weisbach friction factor라고도 한다.

3) standard conditions (14.73 psia 및 60$^\circ F$ 미국기준) 이며, 이 경우 z_{sc}는 1로 간주된다.

여기에서 가스온도(T)는 등온유동(isothermal flow)일 경우에는 상수이며, 그렇지 않은 경우에는 산술평균온도 또는 로그평균온도(log-mean temperature)[4]를 사용한다. 가스압축계수 z에 대하여 온도와 압력에 무관한 평균압축계수(z_{av})로 대체하여 위 식 (11.106)을 적분하면 다음 식 (11.107)과 같다.

$$-(p_2^2 - p_1^2)/2 \ = (\frac{8fMTq_{sc}^2 p_{sc}^2}{Rg_c T_{sc}^2 \pi^2 D^5})L$$

또는 q_{sc}에 대해 정리하면,

$$q_{sc}^2 = \frac{Rg_c \pi^2}{8M}(\frac{T_{sc}^2}{p_{sc}^2})\frac{(p_1^2 - p_2^2)D^5}{fTLz_{av}} \tag{11.107}$$

이를 정리하고 아래의 적당한 상수값들을 대입하고, 단위를 맞추기 위한 환산계수를 적용하면 식 (11.108)로 표현되는 배관 내 일반 유량계산식[5]을 얻을 수 있다.

R = 10.732 [psia-ft^3/lb mole-°R]

g_c = 32.17 [lbm/ft/lbf-sec^2]

G = 가스의 비중 (=M/Ma) [Ma = 공기의 분자량 = 28.97]

$$q_{sc} = 5.635382\frac{T_{sc}}{p_{sc}}\sqrt{\frac{(p_1^2 - p_2^2)D^5}{GTLz_{av}}}\sqrt{\frac{1}{f}}$$

또는

$$q_{sc} = C\frac{T_{sc}}{p_{sc}}\sqrt{\frac{(p_1^2 - p_2^2)D^5}{GTLz_{av}}}\sqrt{\frac{1}{f}} \tag{11.108}$$

q_{sc} = 표준조건에서의 가스체적유량 [MscfD]

p_{sc} = 표준조건에서의 압력 [psia] T_{sc} = 표준조건에서의 온도 [°R]

p_1 = 상류측 압력 [psia] p_2 = 하류측 압력 [psia]

D = 배관 내경 [ft] G= 가스비중(공기 = 1 기준)

T = 가스 유동 온도 [°R] z_{av} = 평균가스압축계수

4) 절대온도로 표시하는 경우 산수평균 및 로그평균 온도는 거의 같은 값을 갖는다.

5) Weymouth에 의해 유도된 정상상태의 등온유동인 유체의 수평배관 내 유량계산식임.

f = 무디마찰계수 L = 배관길이 [ft]

C = 유량계산식 계수로 사용단위에 따라 다른 값을 갖는다.(미터법에서는 0.23944)

여기서 유량방정식 계수 C는 몇 가지 단위환산 계수에 의해 결정되는 값으로, 이를 결정하는데 사용된 단위에 대하여 명확하게 정의되어 있어야 한다. 아래 표 11.7에 몇 가지 일반적인 단위조합에 대한 C값을 나타내었다.

표 11.7 단위에 따른 유량계산식 계수 C값

사용 단위					C값	
압력	온도	직경	길이	체적유량	Fanning 마찰계수 사용 시	Moody 마찰계수 사용 시
psia	°R	in.	miles	cf/day	38.77	77.54
				cf/hr	1.590	3.180
			ft	cf/day	2.817	5.634
				cf/hr	117.4	234.8
kPa	°K	m	m	m^3/day	574.7×103	114.9×10
				m^3/hr	239.4×102	478.8×10
		cm		m^3/hr	0.23944	0.4788
in.wc	°R	in.	ft	cf/day	101.7	–
				cf/hr	4.238	
			miles	cf/day	1.400	
				cf/hr	0.0583	

(3) 배관의 이송계수

일반 유량계산식 (11.108)에서 마찰계수는 $\sqrt{\frac{1}{f}}$ 의 꼴로 나타나며, 이것을 이송계수(transmission factor)라고 한다. 특정한 가스와 배관구간, 운전상태 하에서 가스유량은 이송계수에 비례하는 값을 갖는다.

이송계수도 마찰계수와 마찬가지로 Reynolds 수와 표면거칠기의 함수로 표현되며, 각각의 경우에 대한 관계식을 간략히 정리하면 다음과 같다.

- Hagen–Poiseuille 관계식 (층류에 대한 이송계수)

$$\sqrt{\frac{1}{f}} = \frac{Dv\rho}{16\mu} = \frac{Re}{4} \tag{11.109}$$

• Prandtle의 난류 모델

$$\sqrt{\frac{1}{f}} = 4\log R_e \sqrt{f} - 0.6 \text{ (부분난류 : 매끈한 관의 흐름 법칙)} \tag{11.110}$$

$$\sqrt{\frac{1}{f}} = 4\log(3.7D/k) \text{ (완전난류 : 거친 관의 흐름 법칙)}$$

위의 두 가지 형태의 난류 모델은 실험에 의해 결정된 실험 상수를 근거로 하고 있다. 따라서 배관내 유량 거동의 근사적인 묘사일 뿐 정확한 값을 나타내는 것은 아니다. 현재 실제적으로 배관의 유량계산식으로 많이 사용되고 있는 몇 가지 유량계산식과 여기에 사용된 이송계수를 다음 표 11.8에 나열하였다.

표 11.8 일반적으로 사용되는 유량계산식과 이송계수

구분	유량계산식 [a]	이송계수 ($\sqrt{\frac{1}{f}}$)
완전난류	$0.4692\frac{T_{sc}}{p_{sc}}[\frac{(p_1^2-p_2^2)D^5}{GTLz_{av}}]^{0.5}\sqrt{\frac{1}{f}}$	$4\log(3.7D/k)$
IGT Distribution	$0.6643\frac{T_{sc}}{p_{sc}}[\frac{(p_1^2-p_2^2)}{TL}]^{5/9}(\frac{D^{8/3}}{G^{4/9}\mu^{1/9}})$	$4.619R_e^{0.1}$
Muller eqn.	$0.4937\frac{T_{sc}}{p_{sc}}[\frac{(p_1^2-p_2^2)}{TL}]^{0.575}(\frac{D^{2.725}}{G^{0.425}\mu^{0.150}})$	$3.35R_e^{0.130}$
Panhandle eqn [b]	$2.450\frac{T_{sc}}{P_{sc}}[\frac{(p_1^2-p_2^2)}{TL}]^{0.539}(\frac{D^{2.618}}{G^{0.461}})$	$6.872R_e^{0.0730}$
Spitzglass(고압) [c]	$3.415[\frac{(p_1^2-p_2^2)D^3}{GL(1+3.6/D+0.03D\ )}]^{0.500}$	$[\frac{356}{(1+3.6/D+0.03D)}]^{0.500}$
Spitzglass(저압) [c]	$3.550[\frac{h_w D^3}{GL(1+3.6/D+0.03D\ )}]^{0.500}$	$[\frac{356}{(1+3.6/D+0.03D)}]^{0.500}$
Weymouth eqn.	$1.3124\frac{T_{sc}}{p_{sc}}[\frac{(p_1^2-p_2^2)D^{16/3}}{GTL}]^{0.500}$	$11.19D^{1/6}$

a) 여기 식들의 단위는 모두 다음과 같다.

o = in., L = ft, p = psia, hw = in. wc, q = Mcg/hr, μ =lbm/ ft sec, T=°R

b) 상수 2,450에는 μ = 7.0 ×10⁻⁶ *이 포한된 값임*

c) 상수 3.415 및 3.550에는 다음이 포함되어 있음 p_{sc} = 14.7 psia, T_{sc} = 520° R, T = 522.6°R

1) NCE의 수학적 모델링

배관에 존재하는 여러 종류의 NCE들은 위에서 살펴본 일반 유량방정식 (11.108)을 적용하여 수학적으로 모델링할 수 있다. 결국은 각 NCE의 역할은 서로 달라도 압력의 차이와 유량의 관계로부터 NCE의 수학적 모델링이 가능한 것이다. 위 식 (11.107)의 여러 항들을 압력 및 유량을 제외하고 유량계산식의 상수 즉, 가스물성치, 유동가스온도 등을 저항인자(resistance factor) **k**를 도입하여, 아래 식 (11.111)과 같이 단순화시킬 수 있다.

$$p_1^2 - p_2^2 = kq^2 \tag{11.111}$$

이 식 (11.111)이 NCE 수학적 모델의 기본식이다.

a) 고압 배관

$$p_1^2 - p_2^2 = k_1 q^2$$

또는

$$q = \sqrt{\frac{p_1^2 - p_2^2}{k_1}} \tag{11.112}$$

$$k_1 = 0.031489\left(\frac{p_{sc}}{T_{sc}}\right)^2 \frac{GTLz_{av}f}{D^5} \tag{11.113}$$

b) 저압 배관

저압인 경우에 압력은 거의 대기압과 가깝기 때문에 z_{av}≒1이라 볼 수 있다.

따라서,

$$p_1^2 - p_2^2 = (p_1 + p_2)(p_1 - p_2) = 2p_{sc}(p_1 - p_2) \tag{11.114}$$

$$p_1 - p_2 = k_2 q^2$$

또는

$$q = \sqrt{\frac{p_1 - p_2}{k_2}} \tag{11.115}$$

$$k_2 = 0.015744 \frac{p_{sc}\ G(Tz)_{av} f L}{T_{sc}^2 D^5} \tag{11.116}$$

c) 승압기(compressors)

압축설비의 고유 특성치는 종류나 제작사에 따라 매우 다양하다. 따라서 정확한 모델링을 하기 위해서는 각각의 승압기에 대한 제작사의 제공된 자료를 참고하여야 한다. 아래 식 (11.117)에 일반적인 승압기에 대한 개략적인 관계식을 나타내었다.

$$q = \frac{H}{k_3 (p_2/p_1)^{k_4} + k_5} \tag{11.117}$$

여기서 H는 압축력(compression power) 이고, k_3, k_4 및 k_5는 압축상수이다.

d) 정압기(pressure regulators)

정압기는 압력 및 유량을 제어하는 쵸크와 유사하다. 임계 속도이하에서는 다음의 식 (11.118)을, 임계속도에서는 식 (11.120)를 적용할 수 있다.

$$q = k_6 p_1 \ [(p_2/p_1)^{2/k} - (p_2/p_1)^{(k+1)/k}]^{0.5} \tag{11.118}$$

$$k_6 = 974.61\, C_d\ p_1 D_{ch}^2 [1/(GT_1)]^{0.5} [k/(k-1)]^{0.5} \tag{11.119}$$

k = 가스의 정압비열과 정적비열의 비(ratio of specific heat, C_p/C_v)

$$q = k_7 P_1 \tag{11.120}$$

$$k_7 = 456.71\, C_d D_{ch}^2 / (GT_1)^{0.5} \tag{11.121}$$

e) 지하 저장전

$$q = k_8 (p_1^2 - p_2^2) \tag{11.122}$$

p_1 = 평균저장압력

p_2 = wellhead 압력

k_8 = 저장조의 생산성지표(productivity index)

2) NCE 수학적 모델의 적용

가스공급시스템에 있어서 위에서 살펴본 각각의 NCE에 대한 수학적 모델을 전기 회로 모델로 잘 알려진 Kirchhoff 법칙에 적용하여 이의 해법을 도출함으로서 배관망 해석이 가능해 진다.

Kirchhoff 제 1법칙은 다음의 식 (11.123)으로 표현되는데, 각 노드에 들어오는 가스 유량의 합과 나가는 가스 유량의 합에 차이가 없음을 표현하고 있다.

$$\sum_{i=1}^{m} q_i = 0 \tag{11.123}$$

m = 노드에서 만나는 NCE의 수.

q = 노드에 들어오는 유량은 (+), 나가는 유량은 (−) 부호를 갖는 유량.

Kirchhoff 제 2법칙은 루프가 형성되어 있는 배관에서 전체 압력저하의 합은 영이고, 수학적으로는 다음의 식 (11.124)와 같이 표현된다.

$$\sum_{i=1}^{n} (p_1^2 - p_2^2) = 0 \quad \text{고압 배관의 경우}$$

$$\sum_{i=1}^{n} (p_1 - p_2)_i = 0 \quad \text{저압 배관의 경우} \tag{11.124}$$

이것에 대한 자세한 설명은 교재의 다른 부분에서 언급되어 있으므로 여기서는 생략하기로 한다.

11.4.7 단일 배관 시스템에서의 정상유동

(1) 개요

단일 배관(simple pipeline) 이란 같은 재질과 크기를 갖는 배관을 지칭하는 것은 아니다. 여기서 말하는 단일 배관의 의미는 앞장에서 살펴본 배관내 유량관계식을 다소 보완하여 적용할 수 있는 배관 시스템을 말한다. 즉, 쉬운 예로 한쪽에서 가스가 들어가고 한쪽에서 가스가 나오며 이 배관의 다른 어떤 곳에서도 추가적인 유입이나 배출이 없는 배관을 지칭하는 것이다. 이와 같은 배관의 설계는 보통 같은 압력과 압력

차이를 유지하면서 배관의 처리능력을 향상시키려는 목적(예로 기존의 배관을 사용하면서 새로운 가스정이 개발되는 경우)이나 배관이 부식 또는 노후화 되어 같은 처리능력비를 유지하면서 압력을 낮추어 배관을 운전하는 목적으로 주로 사용한다. 이러한 요구를 처리하는 세 가지의 가능한 방법을 알아보면,

① 직렬 배관 (pipelines in series) : 배관의 일부를 더 큰 배관으로 교체하는 경우
② 병렬 배관 (pipelines in parallel) : 기존의 배관 전체를 병렬로 하나 혹은 두 개 이상의 배관으로 교체하는 경우
③ 환상 배관 (series-parallel 또는 looped lines) : 기존의 배관의 일부만을 하나 혹은 두 개 이상의 배관으로 교체하는 경우

위와 같은 시스템에 있어서 배관내의 유량관계식을 알아보는 것이 여기에서의 주된 목적이다. 앞장에서 설명한 기본 유량관계식 (11.108)을 아래에 다시 나타내었다.

$$q_{sc} = C\frac{T_{sc}}{p_{sc}}\sqrt{\frac{(p_1^2 - p_2^2)D^5}{GTLz_{av}}}\sqrt{\frac{1}{f}} \tag{11.108}$$

이 식은 유명한 Weymouth 방정식으로 알려진 정상상태 등온인 유체의 수평배관내의 유량계산식인데 이는 식 (11.125)처럼 간단한 형태로 다시 표현할 수 있다.

$$q = K\sqrt{\frac{D^5}{fL}} \tag{11.125}$$

$$K = C\frac{T_{sc}}{p_{sc}}\sqrt{\frac{(p_1^2 - p_2^2)}{GTz_{av}}} \tag{11.126}$$

식 (11.126)을 배관 길이 L에 대하여 다시 정리하면,

$$L = K\frac{D^5}{fq^2} \tag{11.127}$$

이 된다. 여기서 배관은 다양한 길이와 직경을 갖고 있으므로 어떤 배관의 길이와 직경을 특정한 길이나 직경을 갖는 배관과의 등가길이(equivalent length)나 등가직경(equivalent diameter)으로 환산하여 비교하는 것이 필요해진다. 예를 들어 동일

한 종류의 가스가 동일 온도에서 흐르고 같은 압력저하가 발생하는 두 개의 배관 A, B가 있다고 할 때(결국은 식 (11.127)에서 K값이 같은 배관), A배관의 길이 L_a, 직경 D_a 및 B배관의 길이 L_b, 직경 D_b라고 하면 배관 A에 대한 배관 B의 등가길이(L_{eba}) 및 등가직경(D_{eba})은 각각 식 (11.128)과 (11.129)과 같이 나타낼 수 있다.

$$L_{eba} = L_b(f_b/f_a)(D_a/D_b)^5 \tag{11.128}$$

$$D_{eba} = D_b(f_a\ L_a/f_b\ L_b)^{1/5} \tag{11.129}$$

(2) 직렬 배관 (series pipelines)

다음의 그림 11.36과 같이 배관 A, B, C가 직렬로 연결된 배관시스템이 있다고 하자.

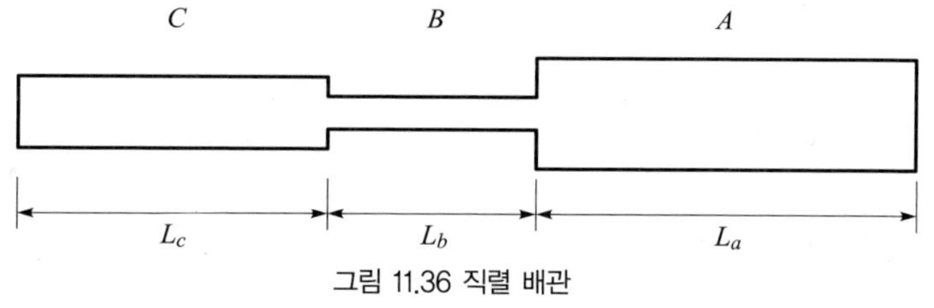

그림 11.36 직렬 배관

이 배관 시스템의 입구 압력 p_1, 출구 압력을 p_2라고 할 때, 각 배관을 흐르는 가스의 양을 q_t라 할 때, 다음 식이 성립한다.

$$q_A = q_B = q_C = q_t \tag{11.130}$$

그러나 각 배관에서의 압력 저하는 위와 동일하게 적용되지 않으며, 전체 압력의 차이는 각 배관에서의 압력차이의 합이 된다. 즉,

$$\Delta p_t = \Delta p_A + \Delta p_B + \Delta p_C \tag{11.131}$$

또한 일반 유량계산식 (11.108)에서 다른 항들을 동일하다고 보면 압력의 차이가 길이 L에 비례하기 때문에 위 식은 아래의 식 (11.132)로 표현할 수 있다.

$$L_e = L_A + L_{eBA} + L_{eCA} \tag{11.132}$$

L_e = 전체 시스템의 등가길이

L_A = 배관 A 부분의 길이

L_{eBA} = 배관 A에 대한 배관 B의 등가길이

L_{eCA} = 배관 A에 대한 배관 C의 등가길이

따라서 위 그림에서와 같이 세 개의 배관이 직렬로 연결된 배관은 등가길이 L_e 및 직경 D_A를 갖는 단일 배관으로 단순화시킬 수 있다.

다음으로는 유량의 차이를 알아보기로 하자. 위 그림에서와 같은 길이($L_A+L_B+L_C$)를 갖는 단일 직경 D_A 일대의 유량을 q_o, 배관의 B, C부분을 각각 D_B, D_C의 직경을 갖는 배관으로 교체했을 경우의 유량을 q_n라 하면, 유량(q)는 $\sqrt{\frac{1}{L}}$ 에 비례하기 때문에 다음 식 (11.133)과 같이 나타낼 수 있다.

$$\frac{q_n}{q_o} = \frac{1/L_e^{0.5}}{1/(L_A+L_B+L_C)^{0.5}} = \left(\frac{L_A+L_B+L_C}{L_e}\right)^{0.5} \tag{11.133}$$

따라서, 교체 전후의 유량의 차이는 다음 식 (11.134)과 같다.

$$\Delta q = \frac{q_n - q_o}{q_o} = \frac{q_n}{q_o} - 1 \tag{11.134}$$

$$= \left(\frac{L_A+L_B+L_C}{L_e}\right)^{0.5} - 1$$

(3) 병렬 배관

다음 그림 11.37과 같이 세 개의 배관이 병렬로 연결되어 있는 배관시스템을 가정해보자. 이 배관의 입구쪽 압력을 p_1, 출구쪽 압력을 p_2라고 하면, 이 세 배관은 공통의 입구와 출구를 갖고 있으므로 이 세 배관 사이의 압력 차이는 서로 같다. 그러나 유량은 서로 같지 않다. 즉, 전체 유량은 각각의 배관의 유량값의 합과 같다. 이를 식으로 표현하면 다음 식 (11.135), 식 (11.136)와 같다.

$$\Delta p_A = \Delta p_B = \Delta p_C = \Delta p_t \tag{11.135}$$

$$q_t = q_A + q_B + q_C \tag{11.136}$$

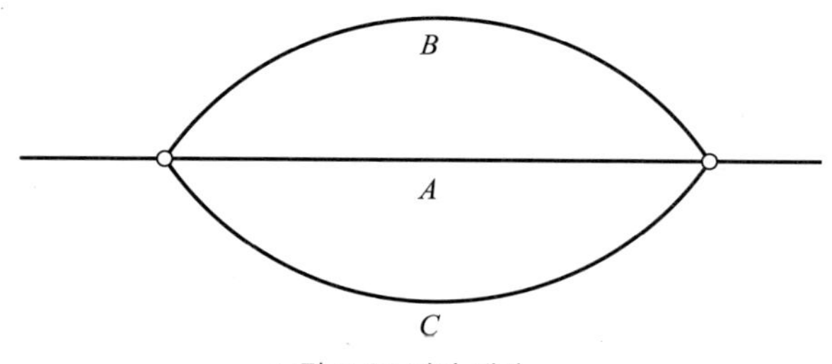

그림 11.37 병렬 배관

이 세 개의 병렬배관과 등가인 배관의 길이를 L_e, 직경을 D_e라고 하면 위 식 (11.136)은 다음과 같다.

$$\left(\frac{D_e^5}{f_e\ L_e}\right)^{0.5} = \left(\frac{D_A^5}{f_A\ L_A}\right)^{0.5} + \left(\frac{D_B^5}{f_B\ L_B}\right)^{0.5} + \left(\frac{D_C^5}{f_C\ L_C}\right)^{0.5} \tag{11.137}$$

또 등가길이는

$$L_e = \left[\frac{1}{\left(\frac{D_A^5 f_e}{D_e^5 f_A L_A}\right)^{0.5} + \left(\frac{D_B^5 f_e}{D_e^5 f_B L_B}\right)^{0.5} + \left(\frac{D_C^5 f_e}{D_e^5 f_C\ L_C}\right)^{0.5}}\right]^2 \tag{11.138}$$

로 쓸 수 있다. 여기에서 세 개의 미지수 D_e, f_e및 L_e 중 두 개가 결정되면 나머지 하나의 값은 계산으로 구할 수 있다. 위 식 (11.138)에서 D_e=D_A라고 하면 위 식은 다시,

$$L_e = \left[\frac{1}{\left(\frac{f_e}{f_A\ L_A}\right)^{0.5} + \left(\frac{D_B^5 f_e}{D_A^5 f_B L_B}\right)^{0.5} + \left(\frac{D_C^5 f_e}{D_A^5 f_C L_C}\right)^{0.5}}\right]^2 \tag{11.139}$$

로 되고, 각 배관의 길이가 서로 같다면, 즉 L_A=L_B=L_C라면 다음 식 (11.140)과 같이 된다.

$$L_e = \left[\frac{L_A^{0.5}}{\left(\dfrac{f_e}{f_A}\right)^{0.5} + \left(\dfrac{D_B^5 f_e}{D_A^5 f_B}\right)^{0.5} + \left(\dfrac{D_C^5 f_e}{D_A^5 f_C}\right)^{0.5}} \right]^2 \tag{11.140}$$

앞의 직렬배관에서와 같이, 단일배관 A의 유량(q_o)과 위와 같이 병렬로 연결한 배관의 새로운 유량 (q_n)의 비는 다음과 같다.

$$\frac{q_n}{q_o} = \frac{1/(L_e)^{0.5}}{1/(L_A)^{0.5}} = \left(\frac{L_A}{L_e}\right)^{0.5} \tag{11.141}$$

또한 직렬 배관에서와 같이 Δq는 다음 식 (11.142)와 같다.

$$\Delta q = \frac{q_n - q_o}{q_o} = \frac{q_n}{q_o} - 1 \tag{11.142}$$

특별한 경우의 예로 같은 길이를 갖는 두 개의 배관이 병렬로 연결된 경우, 다시 말해서, 완전 환상배관(fully-looped line)인 경우의 유량의 변화는 다음 식 (11.143)로 표현된다.

$$\begin{aligned} \frac{q_n}{q_o} &= \frac{L_A^{0.5}}{L_A^{0.5}\left[\left(\dfrac{f_e}{f_A}\right)^{0.5} + \left(\dfrac{D_B^5 f_e}{D_A^5 f_B}\right)^{0.5}\right]} \\ &= \left(\frac{f_e}{f_A}\right)^{0.5} + \left(\frac{D_B^5 f_e}{D_A^5 f_B}\right)^{0.5} \\ &= \left[\left(\frac{f_B}{f_A}\right)^{0.5} + \left(\frac{D_B}{D_A}\right)^{2.5}\right]\left(\frac{f_e}{f_B}\right)^{0.5} \end{aligned} \tag{11.143}$$

(4) 환상 배관 (Looped Pipelines)

환상 배관은 배관의 일부만이 병렬을 이루는 배관을 말한다. 기존의 배관의 일부 구간의 유량 능력을 향상시키기 위하여 환상 배관을 구성하는데, 그림 11.38에서와 같이 원래의 배관 *A*와 *C*가 연결되어 있는 구조에서 *A*부분에 배관 *B*를 추가하여 병렬로 연결하면 환상 배관이 이루어진다.

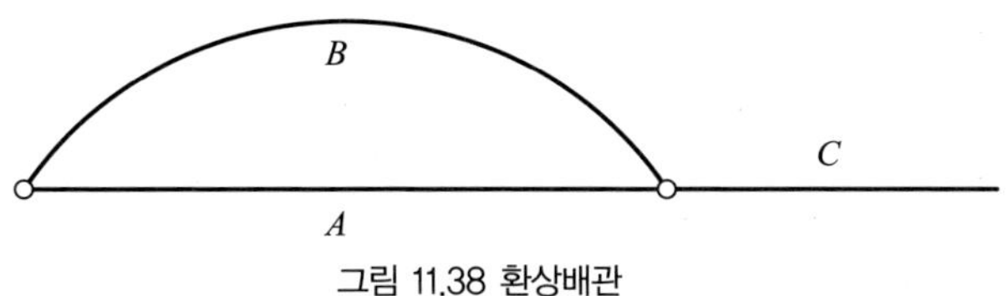

그림 11.38 환상배관

환상 배관은 그림에서와 같이 일부는 직렬 배관으로 일부는 병렬 배관으로 구성된 혼합구조를 이루기 때문에 앞에서 살펴본 직렬 및 병렬배관에서의 유량 관계식을 조합하여 사용하게 된다. 편의를 위해 위 그림에서 *B*배관의 길이를 *A*배관의 길이와 같다고 하면 *A*, *B*구간에 대한 등가길이 $(L_e)_{AB}$는 병렬 배관의 경우에서처럼 다음 식 (11.144)와 같이 표현할 수 있다.

$$(L_e)_{AB} = \left[\frac{L_A^{0.5}}{\left(\dfrac{f_e}{f_A}\right)^{0.5} + \left(\dfrac{D_B^5 f_e}{D_A^5 f_B}\right)^{0.5}} \right]^2 \tag{11.144}$$

그러므로 배관 전체에 대한 등가길이는 직렬 배관에서의 등가길이와 같이 다음 식 (11.145)로 나타낼 수 있다.

$$\begin{aligned} L_e &= L_C + (L_{eAB}) \\ &= L_C + \left[\frac{L_A^{0.5}}{\left(\dfrac{f_e}{f_A}\right)^{0.5} + \left(\dfrac{D_B^5 f_e}{D_A^5 f_B}\right)^{0.5}} \right]^2 \end{aligned} \tag{11.145}$$

다음으로 기존의 직렬배관 *A*, *C*인 경우의 유량(q_o)과 위 와 같이 환상으로 연결한 배관의 새로운 유량 (q_n)의 비를 구해보면 다음과 같다.

$$\frac{q_n}{q_o} = \left(\frac{L_A + L_C}{L_e}\right)^{0.5} \tag{11.146}$$

또는

$$\left[\frac{q_o}{q_n}\right]^2 = \frac{L_C}{L_A + L_C}$$

$$= \left[\frac{L_C}{L_A + L_C}\right] + \left(\frac{L_A}{L_A + L_C}\right)\left(\frac{1}{\left(\frac{f_e}{f_A}\right)^{0.5} + \left(\frac{D_B^5 f_e}{D_A^5 f_B}\right)^{0.5}}\right)^2 \tag{11.147}$$

원하는 유량을 얻기 위하여 환상으로 구성된 부위의 길이비율 x_f를 다음 식 (11.148)을 도입하고 위 식 (11.147)을 다시 정리하면 식 (11.149)로 나타낼 수 있다.

$$\frac{L_A}{L_A + L_C} = x_f \tag{11.148}$$

$$\frac{L_C}{L_A + L_C} = 1 - x_f$$

$$\left[\frac{q_o}{q_n}\right]^2 = (1 - x_f) + x_f\left(\frac{1}{\left(\frac{f_e}{f_A}\right)^{0.5} + \left(\frac{D_B^5 f_e}{D_A^5 f_B}\right)^{0.5}}\right)^2$$

또는

$$1 - \left[\frac{q_o}{q_n}\right]^2 = x_f\left[1 - \left(\frac{1}{\left(\frac{f_e}{f_A}\right)^{0.5} + \left(\frac{D_B^5 f_e}{D_A^5 f_B}\right)^{0.5}}\right)^2\right] \tag{11.149}$$

위 식을 x_f에 대하여 풀면, 원하는 결정된 값들에 대하여 유량비의 변화에 따른 x_f를 구할 수 있다.

$$x_f = \frac{1-\left[\dfrac{q_o}{q_n}\right]^2}{1-\left[\dfrac{1}{\left(\dfrac{f_e}{f_A}\right)^{0.5}+\left(\dfrac{D_B^5 f_e}{D_A^5 f_B}\right)^{0.5}}\right]^2} \tag{11.150}$$

(5) 주요 유량방정식의 응용

직렬, 병렬 및 환상 배관의 유량관계식에는 마찰계수 항이 포함되어 있는데, 이것은 앞 장에서 살펴본 실제적인 유량방정식, 예를 들어 Panhandle식이나 Weymouth식에서의 마찰계수 관계식을 사용하면 쉽게 계산할 수 있다. 아래 표 11.9에는 실제적으로 사용되는 유량방정식의 마찰계수 관련식을 이용하여 단순 배관에서의 계수들을 정리해 놓았다 여기에 사용된 계수에 대해서는 이 절의 뒷부분에서 언급하도록 하겠다.

표 11.9 직렬, 병렬 및 환상배관에서의 유량방정식에 따른 계수값

식	a	b	c	d
Weymouth	16/3 = 5.333	0.50	8/3 = 2.667	2.0
Panhandle (저압)	4.854	0.5394	2.618	1.86
Panhandle (고압)	4.961	0.510	2.530	–

앞 절에서 살펴본 등가길이 및 등가직경은 다음 식 (11.127)과 같이 쓸 수 있다.

$$L_{e,21} = L_2 (D_1/D_2)^a \tag{11.151}$$

$$D_{e,21} = D_2 (L_1/L_2)^{1/a}$$

여기서 $L_{e,21}$는 배관 1에 대한 배관 2의 등가길이를, $D_{e,21}$는 등가직경을 각각 나타낸다.

① 직렬 배관

직렬 배관의 경우에는 앞 절 식 (11.132)와 같으며, 각 배관의 등가길이의 합이 전체 등가길이의 합이 된다.

② 병렬 배관

병렬 배관의 경우는 앞 절에서의 식 (11.138)이 다음 식 (11.152)으로 표시된다.

$$L_e = \left[\frac{1}{\left(\frac{1}{L_1}\right)^b + \left(\frac{1}{L_{e,21}}\right)^b + \left(\frac{1}{L_{e,31}}\right)^b \cdots \left(\frac{1}{L_{e,n1}}\right)^b} \right]^{1/b} \tag{11.152}$$

여기서 모든 병렬배관의 길이가 같은 경우에는 다음 식 (11.153)과 같이 표시할 수 있다.

$$L_e = D^a \ L \left[\frac{1}{D_1^c + D_2^c + D_3^c \cdots D_n^c} \right]^{1/b} \tag{11.153}$$

이때의 유량을 비교해 보면,

$$\frac{q_n}{q_o} = 1 + \left(\frac{D_{lp}}{D_o}\right)^c \tag{11.154}$$

D_o = 원래의 하나의 배관일 때의 직경

D_{lp} = 기존의 배관을 병렬배관으로 교체한 경우의 배관직경

③ 환상 배관

앞에서 언급된 식 (11.150)은 다음 식 (11.155)와 같이 표현할 수 있다(Campbell, 1984).

$$x_f \fallingdotseq \frac{1 - \left[\frac{q_o}{q_n}\right]^d}{1 - \left(\frac{1}{1+1}\right)^d} = \frac{1 - \left[\frac{q_o}{q_n}\right]^d}{1 - 2^{-d}} \tag{11.155}$$

(6) 압력범위에 따른 배관 유량방정식

앞에서 소개된 유량방정식들의 계수들은 압력범위에 따라, 다소 다른 특성을 보인

다. 다음은 일반적으로 많이 쓰이는 고압과 중압, 저압에서의 유량방정식이다.

1) 저압 유량방정식

$$Q = K\sqrt{\frac{HD^5}{SL}},\ D = \left\{(\frac{Q}{K})^2(\frac{SL}{H})^{\frac{1}{5}}\right\}$$

Q : 가스유량(m³/h), D : 배관구경(cm), L : 배관연장(m),

S : 가스비중(공기 1), H : 시점압력 p_1과 말단압력 p_2의 차(mmH_2O),

K : 유량계수

일반적으로 유량계수는 폴의 계수 0.707과 미국과 영국에서 사용되는 $0.837/\sqrt{(1+4.35/D)}$ 가 많이 사용된다.

배관 말단의 소요압력은 출구의 최저허용압력에 공급관, 내관 및 가스메터를 통과할 때의 압력 강하분을 고려 일반적으로 공급관에서 가스관까지의 압력손실을 20~25mmH_2O 정도로 설계한다. 단, 장래의 수요를 고려하는 경우에는 도달압력에 여류를 갖게 할 필요가 있다.

2) 고, 중압 유량방정식

$$Q = K\frac{\sqrt{(p_1^2-p_2^2)D^5}}{SL},\ D = \left\{(\frac{Q}{K})^2\frac{SL}{(p_1^2-p_2^2)}\right\}^{\frac{1}{5}}$$

Q : 가스유량(m³/h), D : 배관구경(cm), L : 배관연장(m), S : 가스비중(공기 1),

p_1, p_2 : 각각 시점과 종점에서의 절대압력(kg/cm²), K : 유량계수

일반적으로 유량계수는 Cox의 계수 52.31과 Weymouth의 계수 $37.67D^{1/6}$이 많이 사용된다.

고, 중압배관의 말단 소요압력은 공급하는 정압기의 설정 최대 2차압에 정압기 작동에 필요한 압력강하분을 더한 압력이상이다.

예제

길이가 10 마일인 4in 배관에서 압축 및 송출압력의 변화가 없다고 가정했을 때, 아래 조건에 따라 변화하는 가스 용량을 계산하시오.

(1) 4in 배관 3 마일을 6in 배관으로 교체
(2) 6in 병렬 배관 설치
(3) 4in 배관 3 마일에 6in 환상배관 설치

풀이

(1) 배관 교체 부분

$L = 10\,\mathrm{mi}$

$L_a = 7\,\mathrm{mi}$

$L_b = 3\,\mathrm{mi}$

$D_a = 4\,\mathrm{in}$

$D_b = 6\,\mathrm{in}$

$$f_a = (11.19\,D_a^{1/6})^{-2} = (11.19\,(4)^{1/6})^{-2} = 0.005031$$

$$f_b = (11.19\,D_b^{1/6})^{-2} = (11.19\,(6)^{1/6})^{-2} = 0.004395$$

등가길이 $L_{eba} = L_b\,(f_b/f_a)(D_a/D_b)^5 = 3(0.004395/0.005031)(4/6)^5 = 0.3451$

시스템 전체의 등가길이 $L_e = L_a + L_{eba} = 7 + 0.3451 = 7.3451$

교체 전후의 유량차이 $\Delta q = \dfrac{q_n - q_0}{q_0} = \dfrac{q_n}{q_o} - 1 = \left(\dfrac{L_a + L_b}{L_e}\right)^{1/2} - 1$

$= \left(\dfrac{7+3}{7.3451}\right)^{1/2} - 1 = 0.1668$ 또는 16.68% 유량 증가

(2) 병렬배관 설치

$D_a = 4\,\mathrm{in}$

$D_b = 6\,\mathrm{in}$

$$f_e = f_a = (11.19\,D_a^{1/6})^{-2} = (11.19\,(4)^{1/6})^{-2} = 0.005031$$

$$f_b = (11.19\,D_b^{1/6})^{-2} = (11.19\,(6)^{1/6})^{-2} = 0.004395$$

같은 길이를 갖는 두 개의 배관이 병렬로 연결된 경우이므로 완전환상배관에 대한 유량계산식을 이용한다.

$$\frac{q_n}{q_o} = \left[\left(\frac{f_b}{f_a}\right)^{1/2} + \left(\frac{D_b}{D_a}\right)^{5/2}\right]\left(\frac{f_e}{f_b}\right)^{1/2} = \left[\left(\frac{0.004395}{0.005031}\right)^{1/2} + \left(\frac{6}{4}\right)^{5/2}\right]\left(\frac{0.005031}{0.004395}\right)^{1/2} = 3.9483$$

교체 전후의 유량차이

$$\Delta q = \frac{q_n}{q_o} - 1 = 3.948 - 1 = 2.9483 \text{ 또는 } 294.83\% \text{ 유량 증가}$$

(3) 환상배관 설치

$L = 10\,\text{mi}$

$L_a = 7\,\text{mi}$

$L_b = 3\,\text{mi}$

$L_c = 3\,\text{mi}$

$D_a = 4\,\text{in}$

$D_b = 6\,\text{in}$

$D_c = 4\,\text{in}$

$$f_e = f_a = (11.19\,D_a^{1/6})^{-2} = (11.19\,(4)^{1/6})^{-2} = 0.005031$$

$$f_b = (11.19\,D_b^{1/6})^{-2} = (11.19\,(6)^{1/6})^{-2} = 0.004395$$

$$\text{등가길이} = \left[\frac{L_a^{1/2}}{\left(\frac{f_e}{f_a}\right)^{1/2} + \left(\frac{D_b^5 f_e}{D_a^5 f_b}\right)^{1/2}}\right]^2$$

$$= \left[\frac{(3)^{1/2}}{\left(\frac{0.005031}{0.005031}\right)^{1/2} + \left(\frac{(6)^5\ (0.005031)}{(4)^5\ (0.004395)}\right)^{1/2}}\right]^2 = 0.0319$$

시스템 전체의 등가길이 $L_e = L_c + L_{eba} = 7 + 0.0319 = 7.0319$

교체 전후의 유량차이 $\Delta q = \frac{q_n - q_0}{q_0} = \frac{q_n}{q_o} - 1 = \left(\frac{L_a + L_c}{L_e}\right)^{1/2} - 1$

$$= \left(\frac{7+3}{7.0319}\right)^{1/2} - 1 = 0.1925 \text{ 또는 } 19.25\% \text{ 유량 증가}$$

11.4.8 가스-리프트 설비

한 설비를 기준으로 가스-리프트의 최적화는 대부분 가스-리프트된 유정들 사이에서 최적 리프트-가스(lift-gas) 분배에 초점을 둔다. 리프트-가스 체적이 압축 설비의 용량에 의해 제한받지 않는다면, 모든 유정은 리프트-가스 주입량을 최적 가스 주입량에 맞추어야 한다. 한계 리프트-가스 체적을 압축 설비를 통해 구할 수 있다면, 그 리프트-가스는 오일 생산이 더욱 증가하는 유정들에 먼저 부여되어야 한다. 이는 더 많은 리프트-가스 주입양이 더해진 각각의 유정들의 리프트-가스 거동 곡선들을 계산하고 비교하여 정리될 수 있다.

11.4.9 석유 · 가스 생산현장

석유 · 가스전의 설비는 유정, 유동라인(flowline) 파이프, 분리 시설, 펌프실, 압축실과 전송 파이프라인으로 구성된다. 단상유동 또는 다상유동에 따라 각각의 설비에 다른 부분이 존재할 수도 있다. 설비의 복잡성과 최적화의 목적에 따른 접근법을 이용하여 생산 최적화가 수행되어진다.

(1) 유동 네트워크(flow network)의 종류

현장 수준의 생산 최적화는 두 종류의 복잡한 유동 시스템을 다룬다: (1) 계층망 시스템 (2) 비계층망 시스템. 계층망 시스템은 다수의 유입점(sources)과 하나의 배출구(sink)를 가진 트리구조 수렴 시스템(treelike converging system)으로 정의된다. 그림 11.39는 두 개의 계층망 시스템을 나타낸다. 이 시스템에서는 유동 방향이 알려져 있다. 이 네트워크에서의 유동 방향은 순차적인 해결법을 사용하여 시뮬레이션을 수행할 수 있다. 이러한 종류의 계산을 수행하기 위한 상업적 소프트웨어에는 FieldFlo와 PipeSim과 같은 노달 분석 프로그램들이 있다.

비계층망 시스템은 다수의 유입점과 배출구를 가진 일반적인 시스템으로 정의된다. 환상망(loop)이 존재할 수도 있기 때문에, 네트워크 중 일부분에서의 유동 방향은 확실하지가 않다. 이런 종류의 네트워크에 있는 유체흐름은 동시 해결 접근법(simultaneous solving approach)을 사용하여 시뮬레이션을 수행할 수 있다. 이런 종류의 계산을 수행하기 위한 상업적 소프트웨어에는 ReO, GAP, HYSYS, FAST 등이 있다.

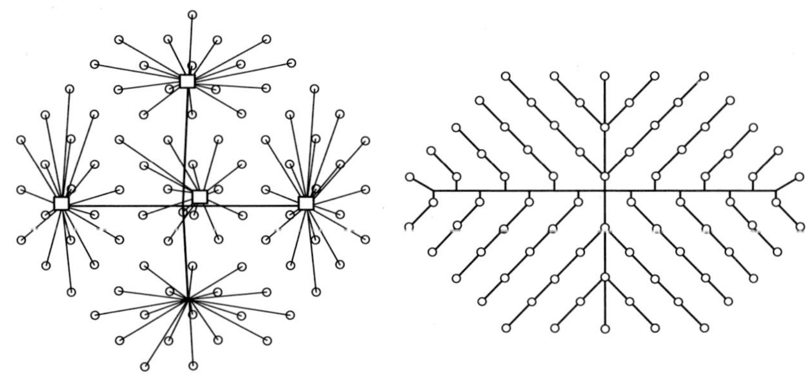

그림 11.39 두 종류의 계층망 시스템의 모형도

(2) 최적화 접근법

현장 수준의 생산 최적화는 다음의 두 가지 접근법에 의해 수행되어진다.

1) 시뮬레이션 접근법

시뮬레이션 접근법은 일종의 시행착오 접근법이다. 컴퓨터 프로그램은, 프로그램 실행 전에 고정된 값들을 이용하여(압력과 유동량에 따른) 유동 방향을 시뮬레이션 한다. 모든 변수값들은 프로그램 실행 전에 수동으로 입력된다. 다른 입력 데이터 값들의 선택과 함께 다른 시나리오가 연구된다. 다양한 변수값들을 이용한 많은 시뮬레이션 결과를 기반으로 주어진 문제를 해결하기 위한 최적의 방법이 선택되어진다. 따라서 이러한 접근법은 많은 시간이 소요된다.

2) 최적화 접근법

최적화 접근법은 일종의 지능 기반 접근법이다. 이러한 접근법은 몇몇 변수값들이 한 번의 컴퓨터 프로그램 실행으로 결정되는 것을 가능하게 한다. 기술적, 경제적인 제약조건 하에서, 목적 함수의 최대화(생산량) 또는 최소화(비용)를 위해 변수값들이 최적화된다. 이처럼, 최적화 접근법은 시뮬레이션 접근법보다 더 효율적이다.

(3) 생산 최적화를 위한 절차

다음은 생산 최적화를 위해 수행되는 절차이다.

1. 최적화 연구의 목적을 정한다. 이는 총 오일·가스 생산량을 최대화 하거나 총 운영 비용을 최소화할 수 있다.
2. 유동망(flow network)의 경계 범위를 정한다.
3. 네트워크의 특징들과 유체 특성에 근거하여, 컴퓨터 프로그램을 선택한다.
4. 유정유입거동(well-inflow performance), 배관 크기, 초크 크기, 유동라인 파이프 사이즈, 펌프 배수량, 압축기 마력 등과 같이 네트워크를 구성하는 장비/부품들의 변수값들을 수집한다.
5. 네트워크의 다양한 지점에서, 유체 구성성분과 특성을 포함한 유체에 대한 정보를 수집한다.
6. 측정된 모든 지점들에서, 압력, 유동량, 온도를 포함하여, 현재 운영 지점을 나타내는 유체 흐름 정보를 수집한다.
7. 유동망에 대한 컴퓨터 모델을 구축한다.
8. 유정/장비의 현재 운영 지점에 컴퓨터 모델을 일치시키고 시뮬레이션을 수행함으로써, 각 유정/장비에 대한 모델을 입증한다.
9. 시설의 현재 운영 지점에 일치시키고 시뮬레이션 함으로써 설비 단계의 컴퓨터 모델을 입증한다.
10. 현장의 현재 운영 지점에 일치시키고 시뮬레이션 함으로써 현장 단계의 컴퓨터 모델을 입증한다.
11. 만약 시뮬레이션 접근법을 기반으로 한 프로그램이 사용된다면, 컴퓨터 모델을 이용하여 시나리오 조사에 대한 시뮬레이션을 수행한다.
12. 만일 최적화 접근법을 기반으로 한 프로그램이 사용된다면, 컴퓨터 모델을 이용하여 최적화를 수행한다.
13. 개회로(open-loop) 또는 폐회로(closed-loop) 방법을 이용하여 최적화 결과를 완성한다.

- Argawal, R.G., Carter, R.D. and Pollock, C.B., 1979, "Evaluation and Prediction of Performance of Low-permeability Gas Wells Stimulated by Massive Hydraulic Fracturing," *J. of Petroleum Technology,* Vol 31, No. 1, pp. 362–372.
- Barree, R.D., 1983, "A Practical Numerical Simulator for Three Dimensional Fracture Propagation in Heterogeneous Media," *SPE Reservoir Simulation Symposium,* San Francisco, California, Nov. 15–18, pp. 403–411.
- Burton, R.C., Davis, E.R., Hodge, R.M., Stomp, R.J., Palthe, P.W. and Saldungaray, P., 2002, "Innovative Completion Design and Well Performance Evaluation for Effective Frac-packing of Long Intervals: A Case Study from the West Natuna Sea, Indonesia," *SPE International Petroleum Conference and Exhibition in Mexico,* Villahermosa, Mexico, Feb. 10–12.
- Chen, Z. and Economides, M.J., 1999, "Effect of Near-wellbore Fracture Geometry on Fracture Execution and Post-treatment Well Production of Deviated and Horizontal Wells," *SPE Production & Facilities,* Vol. 14, No. 3, pp 177–186.
- Cinco-ley, H. and Samaniego, F., 1981, "Transient Pressure Analysis for Fractured Wells," *J. of Petroleum Technology,* Vol. 33, No. 9, pp 1749–1766.
- Cleary, M.P., 1980, "Comprehensive Design Formulae for Hydraulic Fracturing," SPE Annual Technical Conference and Exhibition, Dallas, Texas, Sep. 21–24.
- Cleary, M.P., Coyle, R.S., Teng, E.Y., Cipolla, C.L., Meehan, D.N., Massaras, L.V. and Wright, T.B., 1994, "Major New Developments in Hydraulic Fracturing, with Documented Reductions in Job Costs and Increases in Normalized Production," *69th SPE Annual Technical Conference and Exhibition,* New Orleans, Louisiana, Sep. 25–28.
- Clifton, R.J. and Abou-Sayed, A.S., 1979, "On the Computation of the Three-dimensional Geometry of Hydraulic Fractures," *Symposium on Low Permeability Gas Reservoirs,* Denver, Colorado, May 20–22.
- Economides, M.J., Hill, A.D. and Ehlig-economides, C., 1994, *Petroleum Production Systems,* Prentice-Hall/Neodata, Upper Saddle River, New Jersey.
- Economides, M.J. and Nolte, K.G., 2000, *Reservoir Stimulation,* 3rd Ed., John Wiley & Sons, New York.
- Geertsma, J. and De Klerk, F., 1969, "A Rapid Method of Predicting Width and Extent of Hydraulic Induced Fractures," *J. of Petroleum Technology,* Vol. 21, No. 12, pp. 1571–1581.
- Guo, B. and Schechter, D.S., 1997, "A Simple and Rigorous IPR Equation for Vertical and Horizontal Wells Intersecting Long Fractures," *Annual Technical Meeting, Calgary,* Alberta, Jun. 8–11.
- Khristianovich, S.A. and Zheltov, Y.P. 1955, "Formation of Vertical Fractures by Means of Highly Viscous Liquid," *SPE Fourth World Petroleum Congress, Rome,* pp. 579–586.
- Lee, W.J. and Holditch, S.A. 1981, "Fracture Evaluation with Pressure Transient Testing in Low-permeability Gas Reservoirs," *J. of Petroleum Technology,* Vol. 33, No. 9, pp. 1776–1792.
- Meyer, B.R., Cooper, G.D. and Nelson, S.G., 1990, "Real-time 3-D Hydraulic Fracturing Simulation: Theory and Field Case Studies," *SPE Annual Technical Conference and Exhibition,* New Orleans, Louisiana, Sep. 23–26.
- Meyer, B.R. and Jacot, R.H., 2000, "Implementation of Fracture Calibration Equations for Pressure Dependent Leakoff," *2000 SPE/AAPG Western Regional Meeting,* Long Beach, California, Jun. 19–23.
- Nolte, K.G. and Smith, M.B., 1981, "Interpretation of Fracturing Pressures," *J. of Petroleum Technology,* Vol. 33, No. 9, pp. 1767–1775.
- Nordgren, R.P., 1972, "Propagation of Vertical Hydraulic Fracture," *SPE Journal,* Vol. 12, No. 4, pp.

306–314.

- Perkins, T.K. and Kern, I.R., 1961, "Width of Hydraulic Fracture," *J. of Petroleum Technology,* Vol. 12, No. 9, pp. 937–949.
- Sneddon, I.N. and Elliott, A.A., 1946, The Opening of a Griffith Crack under Internal Pressure, Quart. Appl. Math., pp. 262.
- Valko, P., Oligney, R.E., Economides, M.J., 1997, "High Permeability Fracturing of Gas Wells," *J. of Petroleum Engineer International,* Vol. 71, No. 1, pp. 75–88.
- Wright, C.A., Weijers, L., Germani, G.A., MacIvor, K.H., Wilson, M.K. and Whitman, B.A., 1996, "Fracture Treatment Design and Evaluation in the Pakenham Field: A Real-data Approach," *SPE Annual Technical Conference and Exhibition,* Denver, Colorado, Oct. 6–9.

찾아보기

1차 화학반응 282
2상 유동 53
2상 저류층 42

API 비중 14
Bernoulli 방정식 330, 332
Carr-Kobayashi-Burrows 관계 99
Chen 상관관계 69
Darcy-Wiesbach 마찰계수 69
Darcy 법칙 34
Fanning 마찰계수 69
Fanning 방정식 332
Fetkovich 방정식 42
GLR 235
Griffith 상관관계 81
Guo-Ghalambor모델 113
Hagedorn-Brown 상관식 78
IPR 곡선 235
Joule-Thomson 냉각 효과 96
Kirchhoff 법칙 339
Moody 마찰계수 69, 333
Newton-Raphson방법 111
Nikuradse 마찰 계수 84
Nikuradse 마찰인자 상관관계 121
OPR 235
Poettmann-Carpenter 모델 112
Poettmann-Carpenter 방법 123
Polished rod loads 218
Progressive cavity pump 259
Reynolds 수 69, 206
Vogel 방정식 42
Weymouth 방정식 340
z-인자 23

가

가스 밀도 26
가스 비중 18
가스 압축도 28
가스 압축도 인자 23
가스 용적인자 27
가스 컨덴세이트 184
가스 팽창인자 27
가스리프트 173, 231, 320, 352
감퇴 모델 163
감퇴 분율 154
겉보기 속도 79
계층망 시스템 352
구형 분리기 184
균일 유동 모델 74
기포 유동 72
기포점 압력 14

나

난류 206
노달 분석 109, 317, 319
노드 109

다

다상 가스정 87
다상 유정 71
다중가지(multi lateral) 유정 118
단상 가스 유동 83, 94
단상 액체 유동 53, 68, 92
단일 배관 339
동점도 21
등가길이 340
등가직경 340
등량(constant-rate) 32
로그평균온도 334

마

마모대 321, 322
메탄 196
문제 구간(thief zone) 56
물생산비(WOR) 252
물질수지 135
미세분무 유동 87
미임계유동 101
밀도 14

바

배관망 329
배출계수 105
병렬 배관 340, 342, 348
부분 2상 유동 54

분리 시스템 180
분리기 324
분리된 유동모델 78
불포화 원유 17
불포화 저류층 38
비계층망 시스템 352
비압축 유체 209

사

사오일 16
산 용해액 주입량 287
산 용해액 주입압력 288
산 처리 179, 281, 286, 318
산 체적 286
상대감퇴율 151
상변화 시뮬레이션 184
상평형 비율 325
생산 최적화 317, 354
생산감퇴분석 151
생산지수 37, 38, 39
생산튜빙 173
석탄층 메탄가스 259
선주입 284
소닉 유동 239
수압 파쇄 179
수압피스톤펌프 254
수증기 191
수직 방사형 유동 270
수직 분리기 181
수평 방사형 유동 270
수평 분리기 181
수평 선형 유동 270
수평 유사 방사형 유동 271
수평 유사 선형 유동 271
슬러그 유동 72
승압기 338
쌍곡선 감퇴 160

아

아스팔트 213
아음속 91
아음속 유동 92, 95
압력 천이 시험 269
압력강하 시험 272
압력상승 시험 269, 272
압축기 180, 201
액체 점유율(슬립) 72, 73
언로딩(생산) 절차 242
에틸렌글리콜 193
역학점도 21
연속감퇴율 156
오일 압축도 17
오일 용적계수 32
오일 용적인자 15
왁스 213
완결 유체 178
완전 환상배관 344
용해가스-오일비 13
용해력 282, 283
원심 분리 180
웜홀 281, 290
유동 네트워크 352
유량방정식 330, 332
유사임계 물성 19
유사임계압력 19
유사임계온도 19
유사정상상태 35, 37, 39, 130
유사환산온도 21
유수체계 72
유입 거동 관계 31, 37, 110, 319
유입 거동 관계 곡선 109
유정자극 179
유성자극법 318
유정작업 179
유출 거동관계 110
유출 거동관계 곡선 109
유효 감퇴율 156
음속 유동 91, 92, 96
이송계수 335
이슬점 192
인공 채유 217, 249
인공 채유 방법 31
일정 공저 압력 해법 33
임계 물성 19
임계 유동 100
임계압력비 103

자

재생산 작업 238
저류층 생산성(deliverability) 31
저항인자 337
전기공저펌프 (ESP) 249

절대개방유동(AOF) 39, 42
점도 16
정두 거동곡선 115
정두 초크 91
정두압력 245
정상상태 130
정상상태 유동 34, 37, 39
정압기 338
조화감퇴 159
주입 쵸크 239
준소닉 유동 239
중력 분리 180
지수감퇴 151
직렬 배관 340, 341, 347

차

처언류 유동 72
천이 유동 32, 37
천이 유동기 129, 143
초크 거동 곡선 92, 115
초크유동계수 95
총 질량 유동 103
최적화 접근법 354
층류 206

타

탄산염암 산처리법 290
탈수 시스템 191
탈수 장치 180, 186
튜빙 거동 곡선 319
튜빙거동관계 67

파

파이프라인 204
패커 179
펌프 200
편차인자 23
평균 압축 계수 85
포화 원유 17
포화압력 14
폴리트로프 지수 102
표준상태 13
표피인자 269, 274
플래쉬 분리기 197
플런저 펌프 321
플로우라인 204

하

하이드레이트 191
형상인자 36
혼합법칙 18, 21
환류 72
환상 배관 340, 344, 348
황화수소 194
회수비 132
회전 송풍기 202
흡수 192
흡입 로드 펌프 217
흡입대 펌프 320
흡착 192

저자소개

권순일 (동아대학교)

1999 한양대학교 자원환경공학과 공학사
2001 한양대학교 지구환경시스템공학과 공학석사
2006 한양대학교 지구환경시스템공학과 공학박사
현 재 동아대학교 에너지자원공학과 부교수

권오광 (한국석유공사)

1992 한양대학교 자원공학과 공학사
1994 한양대학교 자원공학과 공학석사
1999 한양대학교 자원공학과 공학박사
현 재 한국석유공사

성원모 (한양대학교)

1979 한양대학교 자원공학과 공학사
1983 Pennsylvania State University 공학석사
1987 Pennsylvania State University 공학박사
현 재 한양대학교 자원환경공학과 교수

신현돈 (인하대학교)

1988 서울대학교 자원공학과 공학사
1990 서울대학교 자원공학과 공학석사
2006 University of Alberta 공학박사
현재 인하대학교 에너지자원공학과 교수

이근상 (한양대학교)

1988 서울대학교 자원공학과 공학사
1990 서울대학교 자원공학과 공학석사
1995 University of Texas at Austin 공학박사
현 재 한양대학교 자원환경공학과 교수

이정환 (전남대학교)

1994 한양대학교 자원공학과 공학사
1996 한양대학교 자원공학과 공학석사
2003 한양대학교 지구환경시스템공학과 공학박사
현 재 전남대학교 에너지자원공학과 교수

석유생산공학
PETROLEUM PRODUCTION ENGINEERING

저 자 권순일 · 권오광 · 성원모 · 신현돈 · 이근상 · 이정환

발 행 처 도서출판 구미서관
발 행 인 임 해 진

인 쇄 2014년 8월 13일 초판 1쇄
발 행 2014년 8월 20일 초판 1쇄

주 소 서울시 마포구 신촌로 2길 5-15 구미빌딩
등 록 1979년 6월 29일 No. 9-6호
I S B N 978-89-8225-999-9(93530)

Tel : (대)333-1101 Fax : 335-2201
http://www.goomibook.com

정가 20,000원